普通高等院校规划教材

建筑工程概预算

JIANZHU GONGCHENG GAIYUSUAN

■ 阎俊爱　张素姣　主编 ■ 张向荣　主审

U0205511

化学工业出版社

·北京·

全书共分七章内容，主要以问题的形式介绍了工程概预算的基本概念和基本原理、建筑工程定额原理及其应用、工程造价的构成，尤其是建筑安装工程的费用构成及计算程序，重点对建筑面积的计算、目前实施的最新的国家标准《建设工程工程量清单计价规范》（GB 50500—2013）中的相关内容、《房屋建筑和装饰工程工程量清单计算规范》（GB 50854—2013）中的工程量清单的编制和工程量清单计价的实际操作进行了详细的讲解。同时对清单计价模式下的合同价款调整、合同价款期中支付、竣工结算与支付等问题也做了详细阐述，每部分均附有大量的例题和习题。

　　本书既可以作为高等院校工程管理、造价管理、房地产经营管理、审计、公共事业管理、资产评估等专业的教材，同时也可以作为建设单位、施工单位、设计及监理单位工程造价人员的参考资料。

图书在版编目（CIP）数据

建筑工程概预算/阎俊爱，张素姣主编. —北京：
化学工业出版社，2014.7（2022.10 重印）
普通高等院校规划教材
ISBN 978-7-122-20602-2

Ⅰ.①建…　Ⅱ.①阎…②张…　Ⅲ.①建筑概算
定额-高等学校-教材②建筑预算定额-高等学校-教材
Ⅳ.①TU723.3

中国版本图书馆 CIP 数据核字（2014）第 091966 号

责任编辑：吕佳丽　　　　　　　　　　　　装帧设计：韩　飞
责任校对：宋　夏

出版发行：化学工业出版社（北京市东城区青年湖南街 13 号　邮政编码 100011）
印　　装：涿州市般润文化传播有限公司
787mm×1092mm　1/16　印张 16　字数 401 千字　2022 年 10 月北京第 1 版第 10 次印刷

购书咨询：010-64518888　　售后服务：010-64518899
网　　址：http://www.cip.com.cn
凡购买本书，如有缺损质量问题，本社销售中心负责调换。

定　　价：34.00 元　　　　　　　　　　　　　　版权所有　违者必究

本书编写人员名单

主　编　　阎俊爱　张素姣

副主编　　冯　伟　石霖凯　刘文智　李晓青

参　编（按拼音排序）

邓　琳	付淑芳	高　洁	郭　霞	何　芳	胡光宇
李景林	李　静	李　伟	李文雁	刘立荣	刘　宁
刘晓霞	刘劲志	陆　媛	马维尼	毛洪宾	孟晓波
骈永富	任　娟	孙　婧	吴海顺	徐　静	许　萍
熊　燕	阳利君	羊英姿	杨桂华	袁泉福	张　洁
张　兰	张晓帆				

主　审　　张向荣

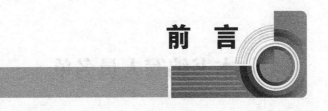

前　言

最新国家标准《建设工程工程量清单计价规范》（GB 50500—2013）和九个专业的工程量计算规范的全面强制推行，引起了全国建设工程领域内的政府建设行政主管部门、建设单位、施工单位及工程造价咨询机构的强烈关注，新规范相对于旧规范《建设工程工程量清单计价规范》（GB 50500—2008）而言，把计量和计价两部分进行分设，思路更加清晰、顺畅，对工程量清单的编制、招标控制价、投标报价、合同价款约定、合同价款调整、工程计量及合同价款的期中支付都有着明确详细的规定。这体现了全过程管理的思想，同时也体现出 2013 版《清单计价规范》由过去注重结算向注重前期管理的方向转变，更重视过程管理，更便于工程实践中实际问题的解决。另外，我们在长期的教学实践中发现，尽管目前有很多工程造价方面的图书出版，但对于培养应用型本科人才却没有合适的教材可供选择。

基于上述背景，调整工程造价课程体系和教材内容已经刻不容缓。为了及时将国家标准规定的最新规范融入到教材中，保持教材的先进性，作者根据《教育部关于进一步深化本科教学改革全面提高教学质量的若干意见》中的指导意见，以培养学生的实践动手能力为出发点，结合作者多年从事工程造价的教学经验和最新工作实践，编写了本图书，旨在满足新形势下我国对相关专业人才培养的迫切要求。

在内容结构上，每章前面都有问题导入、本章内容框架和学习要求，结束有本章小结、思考题，便于学生在学习本章内容前对本章涉及的问题、所要讲的内容和要求有个大概了解，以便学生自学和巩固知识。

全书共分七章内容，主要介绍了工程概预算的基本概念和基本原理、建筑工程定额原理及其应用、工程造价的构成，尤其是住房城乡建设部、财政部最新印发的《建筑安装工程费用项目组成》［建标（2013）44 号］及计算程序，重点对建筑面积的计算、目前实施的最新的国家标准《建设工程工程量清单计价规范》（GB 50500—2013）中的相关内容、《房屋建筑和装饰工程工程量清单计算规范》（GB 50854—2013）中的工程量清单的编制和工程量清单计价的实际操作进行了详细的讲解，同时对清单计价模式下的合同价款调整、合同价款期中支付、竣工结算与支付等问题也做了详细阐述，每部分均附有大量的例题和习题。

本书第一、二、四、五、七章由阎俊爱编写，第三、六章由张素姣编写，本书中所有的图、案例、例题由李伟等人编写。全书由阎俊爱负责统稿，张向荣审稿。

本书的编写还参考了大量同类专著和教材，书中直接或间接引用了参考文献所列书目中的部分内容，在此一并表示感谢。

本书既可以作为高等院校工程管理、造价管理、房地产经营管理、审计、公共事业管理、资产评估等专业的教材，同时也可以作为建设单位、施工单位、设计及监理单位工程造价人员的参考资料。

由于编者水平有限，书中难免有不当之处，恳求读者批评指正。

本书的 PPT 可以发送邮件至 cipedu@163.com 索要，注明书名。

编者

2017 年 6 月

目 录

第三章　工程量清单及其编制　　57

第四章　建筑面积计算　　78

第五章　建筑工程工程量计算　　96

第六章　工程量清单计价　　189

第七章　工程价款结算与竣工决算　　213

第一章 工程造价概述

 问题导入

建设项目如何分解？建设阶段如何划分？工程造价的构成包括哪些内容？工程造价计价有何特点？工程造价计价模式有哪几种？

本章内容框架

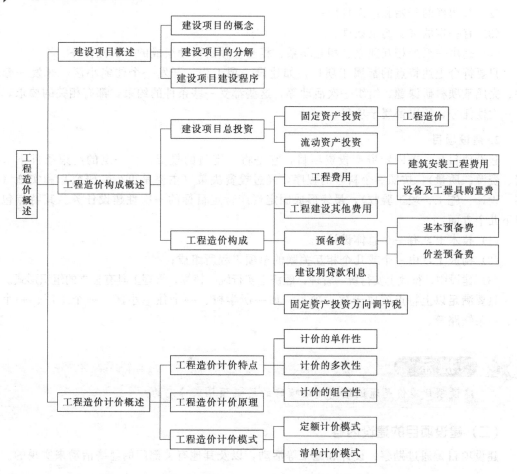

学习要求

1. 掌握建设项目的基本概念及其分解；
2. 掌握工程造价的基本概念及其构成；
3. 熟悉建设项目建设程序及其与造价之间的对应关系；
4. 熟悉工程造价的计价特点。

第一节 建设项目概述

一、建设项目相关概念及其分解

（一）建设项目相关概念

1. 项目

项目是在一定的约束条件下（主要是限定资源、限定时间），具有特定目标的一次性任务。其特点包括以下几个方面：

（1）项目具有特定目标；

（2）有明确的开始和结束日期；

（3）有一定的资源约束条件；

（4）是由一系列相互独立、相互联系、相互依赖的活动组成的一次性任务。

只要符合上述特点的都属于项目，如建设一项工程、开发一个住宅小区、开发一套软件、完成某项科研课题、组织一次活动等，这些都受一些条件的约束，都有相关的要求，都是一次性任务，所以都属于项目。

2. 建设项目

建设项目是一项固定资产投资项目，它是将一定量的投资，在一定的约束条件下（时间、资源、质量），按照一个科学的程序，经过投资决策（主要是可行性研究）和实施（勘察、设计、施工、竣工验收），最终形成固定资产特定目标的一次性建设任务。其特点包括以下几个方面：

（1）技术上，有一个总体设计；

（2）构成上，由一个或几个相互关联的单项工程所组成；

（3）建设中，行政上实行统一管理，经济上实行统一核算，管理上具有独立的组织形式。

只要满足以上特点就属于建设项目，如一所学校、一个住宅小区、一个工厂、一个企业、一条铁路等。

提示

建设项目造价是通过编制建设项目的总概预算来确定的。

（二）建设项目的建设内容

建设项目是通过勘察、设计和施工等活动，以及其他有关部门的经济活动来实现的。具体包括的建设内容如图 1-1 所示。

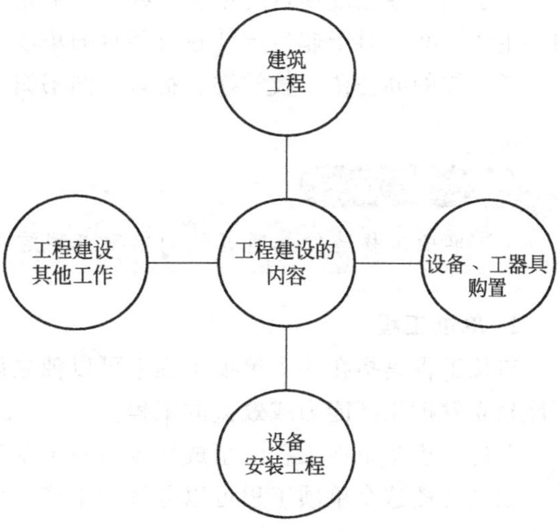

1. 建筑工程

建筑工程是指通过对各类房屋建筑及其附属设施的建造和其配套的线路、管道、设备的安装活动所形成的工程实体。主要包括以下几类：

（1）永久性和临时性的各种建筑物和构筑物，如住宅、办公楼、厂房、医院、学校、矿井、水塔、栈桥等新建、扩建、改建或复建工程；

（2）各种民用管道和线路的敷设工程，如与房屋建筑及其附属设施相配套的电气、给排水、暖通、通信、智能化、电梯等线路、管道、设备的安装活动；

（3）设备基础；

（4）炉窑砌筑；

（5）金属结构件工程；

（6）农田水利工程等。

图 1-1　建设项目的建设内容

2. 设备及工器具购置

设备及工器具购置是指按设计文件规定，对用于生产或服务于生产的达到固定资产标准的设备、工器具的加工、订购和采购。

3. 设备安装工程

设备安装工程是指永久性和临时性生产、动力、起重、运输、传动等设备的装备、安装工程，以及附属于被安装设备的管线敷设、绝缘、保温、刷油等工程。

4. 工程建设其他工作

工程建设其他工作是指上述三项工作之外与建设项目有关的各项工作。其内容因建设项目性质的不同而有所差异。如新建工程主要包括征地、拆迁安置、七通一平、勘察、设计、设计招标、施工招标、竣工验收和试车等。

（三）建设项目的分解（工作分解结构）

一个建设项目是一个完整配套的综合性产品，从上到下可分解为多个项目分项，如图 1-2 所示。

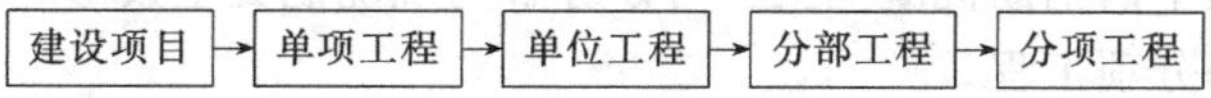

图 1-2　建设项目的分解结构图

1. 单项工程

单项工程是指在一个建设项目中，具有独立的设计文件，竣工后可以独立发挥生产能力或效益的一组配套齐全的工程项目。

单项工程是建设项目的组成部分，一个建设项目可以分解为一个单项工程，也可以分解为多个单项工程。

对于生产性建设项目的单项工程，一般是指具有独立生产能力的建筑物，如一个工厂中的某生产车间；对于非生产性建设项目的单项工程，一般是指具有独立使用功能的建筑物。如一所学校的办公楼、教学楼、宿舍、图书馆、食堂等。

提示

单项工程造价是通过编制单项工程综合概预算来确定的。

2. 单位工程

单位工程是指在一个单项工程中可以独立设计，也可以独立组织施工，但是竣工后一般不能独立发挥生产能力或效益的工程。

单位工程是单项工程的组成部分，一个单项工程可以分解为若干个单位工程。

如办公楼这个单项工程可以分解为土建、装饰、电气照明、室内给排水等单位工程。

提示

单位工程造价是通过编制单位工程概预算来确定的。
单位工程是进行工程成本核算的对象。

3. 分部工程

分部工程是指在一个单位工程中按照建筑物的结构部位或主要工种工程划分的工程分项。

分部工程是单位工程的组成部分，一个单位工程可以分解为若干个分部工程。

如办公楼单项工程中的土建单位工程可以分解为土石方工程、地基与基础工程、砌体工程、钢筋混凝土工程、楼地面工程、屋面工程、门窗工程等分部工程。

4. 分项工程

分项工程是指在分部工程中按照选用的施工方法、所使用的材料、结构构件规格等不同因素划分的施工分项。

分项工程是分部工程的组成部分，一个分部工程可以分解为若干个分项工程。

分项工程具有以下几个特点：

（1）能用最简单的施工过程去完成；

（2）能用一定的计量单位计算；

（3）能计算出某一计量单位的分项工程所需耗用的人工、材料和机械台班的数量。

如土建单位工程中的钢筋混凝土工程可以分解为现浇混凝土条形基础、现浇框架柱、现浇框架梁、现浇板等分项工程。

下面以某大学为例说明建设项目的分解，如图1-3所示。

二、建设项目建设程序

建设程序是指建设项目从设想、选择、评估、决策、设计、施工到竣工验收、投产生产等整个建设过程中，各项工作必须遵循的先后次序法则。

按照建设项目发展的内在联系和发展过程，建设程序分为若干阶段，这些发展阶段有严格的先后次序，不能随意颠倒。

目前，我国建设项目的基本建设程序划分为五个建设阶段和若干个建设环节，如图 1-4 所示。

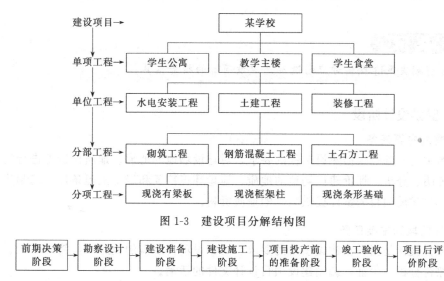

图 1-3　建设项目分解结构图

图 1-4　建设项目建设程序图

（一）前期决策阶段的主要任务

前期决策阶段的任务主要包括：编制项目建议书和可行性研究报告两项内容。

1. 编制项目建议书

项目建议书是向政府要求建设某一具体项目的建议文件，是投资决策前对拟建项目的轮廓设想。其主要作用是为了推荐建设项目，以便在一个确定的地区内，以自然资源和市场预测为基础，选择建设项目。

提 示

项目建议书被批准了，不等于项目被批准，只是可以进行下面的可行性研究，不是项目的最终决策。

2. 编制可行性研究报告

项目建议书一经批准，即可着手对项目进行详细的技术经济分析和论证，可行性研究又可以分为两个阶段：初步可行性研究和详细可行性研究。

① 初步可行性研究（筛选方案）　也称预可行性研究，是在机会研究的基础上，对项目方案进行的进一步技术经济论证，为项目是否可行进行初步判断。

研究的主要目的是判断项目是否值得投入更多的人力和资金进行进一步深入研究，判断项目的设想是否有生命力，并据以做出是否进行投资的初步决定。

② 详细可行性研究　是通过对项目的主要内容和配套条件，如市场需求、资源供应、建设规模、工艺路线、设备选型、环境影响、投资估算、资金筹措、盈利能力等，从技术、经济、工程等方面进行调查研究和分析比较，并对项目建成以后可能取得的财务、经济效益及社会环境影响进行预测、分析和评价，为项目决策提供依据的一种综合性的系统分析方

法。可行性研究的最后结果是可行性研究报告。

可行性研究报告经有关部门批准后，作为确定建设项目、编制设计文件的依据。经批准的可行性研究报告，不得随意修改和变更。如有变更应经原批准机关同意。

提示

与前期决策阶段相对应的造价是建设项目的投资估算。

（二）勘察设计阶段

1. 勘察的主要任务

勘察的主要任务是根据建设工程的要求，对建设场地的地形、地质构造等进行实地调查和勘探，查明、分析、评价建设场地的地质、地理环境特征和岩土工程条件，编制建设工程勘察文件，为建设项目的设计提供准确的地质资料。

2. 设计阶段的主要任务

建设项目设计是指根据建设项目的要求，对建设项目所需的技术、经济、资源、环境等条件进行综合分析、论证，编制建设项目设计文件的活动。

可行性研究报告和选址报告批准后，建设单位或其主管部门可以委托或通过设计招投标方式选择设计单位，按可行性研究报告中的有关要求，编制设计文件。

设计文件是安排建设项目和组织工程施工的主要依据。

对于一般的大中型项目，一般采用两阶段设计，即初步设计和施工图设计；对于技术上复杂且缺乏设计经验的项目，应增加技术设计阶段。

（1）初步设计 初步设计的目的是确定建设项目在确定地点和规定期限内进行建设的可能性和合理性，从技术上和经济上对建设项目做出全面规划和合理安排，做出基本技术决定和确定总的建设费用，以便取得最好的经济效益。

提示

1. 在初步设计阶段编制的造价是设计概算。

2. 总概算超过可行性研究报告投资估算的10%以上或其他主要指标需要变动时，重新报批。

（2）技术设计 为了研究和决定初步设计所采用的工艺过程、建筑与结构形式等方面的主要技术问题，补充完善初步设计。

提示

在技术设计阶段编制的造价是修正概算。

（3）施工图设计 施工图设计是在批准的初步设计基础上制定的，比初步设计具体、准确，是进行建筑安装工程、管道铺设、钢筋混凝土和金属结构、房屋构造等施工所采用的施工图，是现场施工的依据。

在施工图设计阶段编制的造价是施工图预算。

（三）建设准备阶段

为了保证工程按期开工并顺利进行，在开工建设前必须做好各项准备工作。这一阶段的准备工作主要包括：征地、拆迁、七通一平、招投标选择施工单位、监理单位、材料、设备供应商、办理施工许可证等。

提示

在建设准备阶段编制的造价主要是招标控制价和投标报价。

（四）施工阶段

施工阶段是将设计方案变成工程实体的阶段，建设单位取得施工许可证方可开工。施工阶段的主要任务是：按照设计施工图进行施工安装，建成工程实体，实现项目质量、进度、投资、安全、环保等目标。

提示

在施工阶段编制的造价主要是工程结算。

（五）项目投产前的准备工作

在项目竣工投产前，根据项目的实际情况，由建设单位组织专门团队或机构，有计划地做好项目的准备工作：①组建管理机构，制定管理制度和相关规定。②招收并培训生产人员，组织生产人员参加设备的安装、调试和验收。③对原料、材料、协作产品、水、电、燃料等供应及运输协议的签订。

提示

项目投产前的准备工作是由建设阶段转入经营阶段的一个关键环节。

（六）竣工验收阶段

当工程项目按设计文件的规定内容和施工图纸的要求全部完成后，由施工单位向建设单位提出竣工验收申请报告，由建设单位组织验收。竣工验收是工程建设过程的最后一环，是全面考核建设成果、检验设计和工程质量的重要步骤，也是项目建设转入生产和使用的标志。其目的为：

（1）检验设计和工程质量，及时发现和解决影响生产的问题，保证项目按设计要求的技术经济指标正常生产。

（2）建设单位对验收合格的项目可以及时移交固定资产，使其由建设系统转入生产或投入使用。凡符合竣工条件而不及时办理竣工验收的，一切费用不准再由投资中支出。

根据有关规定，竣工验收分为初步验收和竣工验收。

提 示

验收合格后，施工单位编制竣工结算，建设单位编制竣工决算。

（七）项目后评价阶段

项目后评价是在项目竣工投产运营一段时间后，对项目的立项决策、设计施工、竣工投产、生产运营和建设效益等进行系统评价的一种技术活动。项目竣工验收是工程建设完成的标志，但不是工程建设程序的结束。项目是否达到投资决策时所确定的目标，只有经过生产经营或使用后，根据取得的实际效果进行准确判断。只有经过项目后评价，才能反映项目投资建设活动所取得的效益和存在的问题。

提 示

项目后评价也是项目建设程序中的一个重要环节。

第二节 工程造价构成概述

一、建设项目总投资及其构成

1. 建设项目总投资

建设项目总投资是指投资主体为获取预期收益在选定的建设项目上投入所需的全部资金。

2. 建设项目总投资的构成

建设项目按投资作用可分为生产性项目和非生产性项目。生产性项目总投资包括固定资产投资和流动资金投资两部分。非生产性项目总投资只有固定资产投资，不含流动资金投资。

二、工程造价及其构成

1. 工程造价

工程造价就是建设项目总投资中的固定资产投资部分，是建设项目从筹建到竣工交付使用的整个建设过程所花费的全部固定资产投资费用。

2. 工程造价的构成

根据国家发改委和原建设部审定（发改投资〔2006〕1325 号）发行的《建设项目经济评价方法与参数（第三版）》的规定，工程造价（固定资产投资）由五部分构成，如图 1-5 所示。

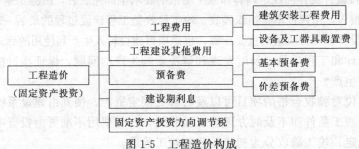

图 1-5　工程造价构成

提示

　　根据财政部、国家税务总局、国家发展计划委员会财税字〔1999〕299 号文件，自 2000 年 1 月 1 日起发生的投资额，暂停征收固定资产投资方向调节税。但该税种并未取消。

三、建筑安装工程费用的内容、组成及参考计算方法

（一）建筑安装工程费用的内容

主要包括建筑工程费用和安装工程费用两大部分。

1. 建筑工程费用包括的内容

主要包括以下四部分内容：

（1）各类房屋建筑工程和列入房屋建筑工程的供水、供暖、卫生、通风、燃气等设备费用及其装饰、油饰工程的费用，列入建筑工程预算的各种管道、电力、电信和电缆导线敷设工程的费用。

（2）设备基础、支柱、工作台、烟囱、水塔、水池、灰塔等建筑工程以及各种炉窑的砌筑工程和金属结构工程的费用。

（3）为施工而进行的场地平整和水文地质勘察费用，原有建筑物和障碍物的拆除及施工临时用水、电、气、路和完工后的场地清理费用，环境绿化、美化等的费用。

（4）矿井开凿、井巷延伸、露天矿剥离费用，石油、天然气钻井费用，修建铁路、公路、桥梁、水库、堤坝、灌渠及防洪工程的费用。

2. 安装工程费用包括的内容

主要包括以下两部分内容：

（1）生产、动力、起重、运输、传动和医疗、实验等各种需要安装的机械设备的装配费用，与设备相连的工作台、梯子、栏杆等设施的工作费用，附属于被安装设备的管线敷设工程费用，以及安装设备的绝缘、防腐、保温、油漆等工作的材料费和安装费用。

（2）为测定安装工程质量，对单台设备进行单机试运转、对系统设备进行系统联动无负荷试运转工作的调试费用。

（二）建筑安装工程费用项目组成及参考计算方法

我国现行的建筑安装工程费用项目组成按最新住房城乡建设部、财政部"关于印发《建筑安装工程费用项目组成》的通知〔建标（2013）44 号〕"的规定执行，该规定是在总结原建设部、财政部《关于印发〈建筑安装工程费用项目组成〉的通知》（建标〔2003〕206 号）执行情况的基础上，修订完善了《建筑安装工程费用项目组成》（以下简称《费用组成》）。《费用组成》自 2013 年 7 月 1 日起施行，原建设部、财政部《关于印发〈建筑安装工程费用项目组成〉的通知》（建标〔2003〕206 号）同时废止。

1. 新建标（2013）44 号与旧建标〔2003〕206 号相比调整的内容

（1）建筑安装工程费用项目按费用构成要素组成划分为人工费、材料费、施工机具使用费、企业管理费、利润、规费和税金。

（2）为指导工程造价专业人员计算建筑安装工程造价，将建筑安装工程费用按工程造价

形成顺序划分为分部分项工程费、措施项目费、其他项目费、规费和税金。

（3）按照国家统计局《关于工资总额组成的规定》，合理调整了人工费构成及内容。

（4）依据国家发展改革委、财政部等9部委发布的《标准施工招标文件》的有关规定，将工程设备费列入材料费；原材料费中的检验试验费列入企业管理费。

（5）将仪器仪表使用费列入施工机具使用费；大型机械进出场及安拆费列入措施项目费。

（6）按照《社会保险法》的规定，将原企业管理费中劳动保险费中的职工死亡丧葬补助费、抚恤费列入规费中的养老保险费；在企业管理费中的财务费和其他中增加担保费用、投标费、保险费。

（7）按照《社会保险法》、《建筑法》的规定，取消原规费中危险作业意外伤害保险费，增加工伤保险费、生育保险费。

（8）按照财政部的有关规定，在税金中增加地方教育附加。

2. 建筑安装工程费用项目组成（按费用构成要素划分）

建筑安装工程费按照费用构成要素划分，由人工费、材料（包含工程设备，下同）费、施工机具使用费、企业管理费、利润、规费和税金组成。其中人工费、材料费、施工机具使用费、企业管理费和利润包含在分部分项工程费、措施项目费、其他项目费中，如图1-6所示。

（1）人工费：是指按工资总额构成规定，支付给从事建筑安装工程施工的生产工人和附属生产单位工人的各项费用。包括的内容如图1-6所示。

① 计时工资或计件工资：是指按计时工资标准和工作时间或对已做工作按计件单价支付给个人的劳动报酬。

② 奖金：是指对超额劳动和增收节支支付给个人的劳动报酬。如节约奖、劳动竞赛奖等。

③ 津贴补贴：是指为了补偿职工特殊或额外的劳动消耗和因其他特殊原因支付给个人的津贴，以及为了保证职工工资水平不受物价影响支付给个人的物价补贴。如流动施工津贴、特殊地区施工津贴、高温（寒）作业临时津贴、高空津贴等。

④ 加班加点工资：是指按规定支付的在法定节假日工作的加班工资和在法定日工作时间外延时工作的加点工资。

⑤ 特殊情况下支付的工资：是指根据国家法律、法规和政策规定，因病、工伤、产假、计划生育假、婚丧假、事假、探亲假、定期休假、停工学习、执行国家或社会义务等原因按计时工资标准或计时工资标准的一定比例支付的工资。

人工费的参考计算方法：

$$人工费 = \sum（工日消耗量 \times 日工资单价）$$

$$日工资单价 = \frac{生产工人平均月工资（计时、计件）+ 平均月工资（奖金+津贴补贴+特殊情况下支付的工资）}{年平均每月法定工作日}$$

（2）材料费：是指施工过程中耗费的原材料、辅助材料、构配件、零件、半成品或成品、工程设备的费用。包括的内容如图1-6所示。

① 材料原价：是指材料、工程设备的出厂价格或商家供应价格。

② 运杂费：是指材料、工程设备自来源地运至工地仓库或指定堆放地点所发生的全部费用。

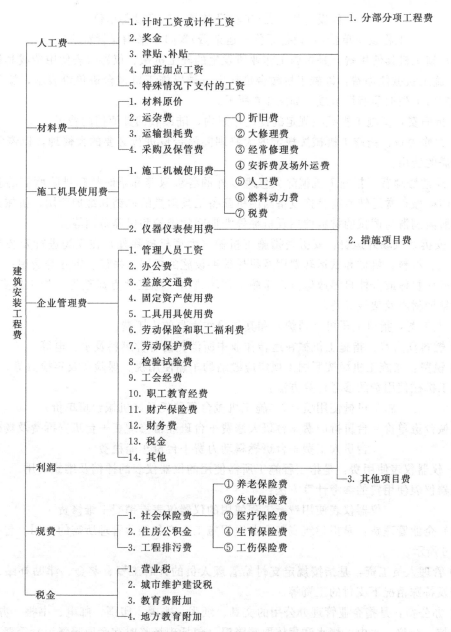

图 1-6 建筑安装工程费用项目组成（按费用构成要素划分）

③ 运输损耗费：是指材料在运输装卸过程中不可避免的损耗。

④ 采购及保管费：是指为组织采购、供应和保管材料、工程设备的过程中所需要的各项费用。包括采购费、仓储费、工地保管费、仓储损耗。

材料费的参考计算方法：

$$材料费 = \sum（材料消耗量 \times 材料单价）$$

材料单价 = \{（材料原价 + 运杂费）\times [1 + 运输损耗率（\%）]\} \times [1 + 采购保管费率（\%）]

工程设备是指构成或计划构成永久工程一部分的机电设备、金属结构设备、仪器装置及其他类似的设备和装置。

工程设备的参考计算方法：

$$工程设备费＝\sum（工程设备量×工程设备单价）$$
$$工程设备单价＝（设备原价＋运杂费）×[1＋采购保管费率（\%）]$$

（3）施工机具使用费：是指施工作业所发生的施工机械、仪器仪表使用费或其租赁费。

1）施工机械使用费：以施工机械台班耗用量乘以施工机械台班单价表示，施工机械台班单价应由下列七项费用组成，如图 1-6 所示。

① 折旧费：指施工机械在规定的使用年限内，陆续收回其原值的费用。

② 大修理费：指施工机械按规定的大修理间隔台班进行必要的大修理，以恢复其正常功能所需的费用。

③ 经常修理费：指施工机械除大修理以外的各级保养和临时故障排除所需的费用。包括为保障机械正常运转所需替换设备与随机配备工具附具的摊销和维护费用，机械运转中日常保养所需润滑与擦拭的材料费用及机械停滞期间的维护和保养费用等。

④ 安拆费及场外运费：安拆费指施工机械（大型机械除外）在现场进行安装与拆卸所需的人工、材料、机械和试运转费用及机械辅助设施的折旧、搭设、拆除等费用；场外运费指施工机械整体或分体自停放地点运至施工现场或由一施工地点运至另一施工地点的运输、装卸、辅助材料及架线等费用。

⑤ 人工费：指机上司机（司炉）和其他操作人员的人工费。

⑥ 燃料动力费：指施工机械在运转作业中所消耗的各种燃料及水、电等。

⑦ 税费：指施工机械按照国家规定应缴纳的车船使用税、保险费及年检费等。

施工机械使用费的参考计算方法：

$$施工机械使用费＝\sum（施工机械台班消耗量×机械台班单价）$$

机械台班单价＝台班折旧费＋台班大修费＋台班经常修理费＋台班安拆费及场外运费＋
台班人工费＋台班燃料动力费＋台班车船税费

2）仪器仪表使用费：是指工程施工所需使用的仪器仪表的摊销及维修费用。

仪器仪表使用费的参考计算方法：

$$仪器仪表使用费＝工程使用的仪器仪表摊销费＋维修费$$

（4）企业管理费：是指建筑安装企业组织施工生产和经营管理所需的费用。包括的内容如图 1-6 所示。

① 管理人员工资：是指按规定支付给管理人员的计时工资、奖金、津贴补贴、加班加点工资及特殊情况下支付的工资等。

② 办公费：是指企业管理办公用的文具、纸张、账表、印刷、邮电、书报、办公软件、现场监控、会议、水电、烧水和集体取暖降温（包括现场临时宿舍取暖降温）等费用。

③ 差旅交通费：是指职工因公出差、调动工作的差旅费，住勤补助费，市内交通费和误餐补助费，职工探亲路费，劳动力招募费，职工退休、退职一次性路费，工伤人员就医路费，工地转移费及管理部门使用的交通工具的油料、燃料等费用。

④ 固定资产使用费：是指管理和试验部门及附属生产单位使用的属于固定资产的房屋、设备、仪器等的折旧、大修、维修或租赁费。

⑤ 工具用具使用费：是指企业施工生产和管理使用的不属于固定资产的工具、器具、家具、交通工具和检验、试验、测绘、消防用具等的购置、维修和摊销费。

⑥ 劳动保险和职工福利费：是指由企业支付的职工退职金、按规定支付给离休干部的经费、集体福利费、夏季防暑降温、冬季取暖补贴、上下班交通补贴等。

⑦ 劳动保护费：是企业按规定发放的劳动保护用品的支出。如工作服、手套、防暑降

温饮料及在有碍身体健康的环境中施工的保健费用等。

⑧ 检验试验费：是指施工企业按照有关标准规定，对建筑以及材料、构件和建筑安装物进行一般鉴定、检查所发生的费用，包括自设试验室进行试验所耗用的材料等费用。不包括新结构、新材料的试验费，对构件做破坏性试验及其他特殊要求检验试验的费用和建设单位委托检测机构进行检测的费用，对此类检测发生的费用，由建设单位在工程建设其他费用中列支。但对施工企业提供的具有合格证明的材料进行检测不合格的，该检测费用由施工企业支付。

⑨ 工会经费：是指企业按《工会法》规定的全部职工工资总额比例计提的工会经费。

⑩ 职工教育经费：是指按职工工资总额的规定比例计提，企业为职工进行专业技术和职业技能培训，专业技术人员继续教育、职工职业技能鉴定、职业资格认定以及根据需要对职工进行各类文化教育所发生的费用。

⑪ 财产保险费：是指施工管理用财产、车辆等的保险费用。

⑫ 财务费：是指企业为施工生产筹集资金或提供预付款担保、履约担保、职工工资支付担保等所发生的各种费用。

⑬ 税金：是指企业按规定缴纳的房产税、车船使用税、土地使用税、印花税等。

⑭ 其他：包括技术转让费、技术开发费、投标费、业务招待费、绿化费、广告费、公证费、法律顾问费、审计费、咨询费、保险费等。

企业管理费的参考计算方法，以分部分项工程费为计算基础：

$$企业管理费＝分部分项工程费×企业管理费率$$

以人工费和机械费合计为计算基础：

$$企业管理费＝人工费和机械费合计×企业管理费率$$

以人工费为计算基础：

$$企业管理费＝人工费×企业管理费率$$

（5）利润：是指施工企业完成所承包工程获得的盈利。

利润的参考计算方法包括两种：第一种是施工企业根据企业自身需求并结合建筑市场实际自主确定，列入报价中。第二种是工程造价管理机构在确定计价定额中利润时，应以定额人工费或（定额人工费＋定额机械费）作为计算基数，其费率根据历年工程造价积累的资料，并结合建筑市场实际确定，以单位（单项）工程测算，利润在税前建筑安装工程费的比重可按不低于5％且不高于7％的费率计算。利润应列入分部分项工程和措施项目中。

（6）规费：是指按国家法律、法规规定，由省级政府和省级有关权力部门规定必须缴纳或计取的费用。包括的内容如图1-6所示。

1）社会保险费

① 养老保险费：是指企业按照规定标准为职工缴纳的基本养老保险费。

② 失业保险费：是指企业按照规定标准为职工缴纳的失业保险费。

③ 医疗保险费：是指企业按照规定标准为职工缴纳的基本医疗保险费。

④ 生育保险费：是指企业按照规定标准为职工缴纳的生育保险费。

⑤ 工伤保险费：是指企业按照规定标准为职工缴纳的工伤保险费。

2）住房公积金：是指企业按规定标准为职工缴纳的住房公积金。

社会保险费和住房公积金应以定额人工费为计算基础，根据工程所在地省、自治区、直辖市或行业建设主管部门规定费率计算。

社会保险费和住房公积金＝∑(工程定额人工费×社会保险费和住房公积金费率)

3) 工程排污费：是指按规定缴纳的施工现场工程排污费。

其他应列而未列入的规费，按实际发生计取。

工程排污费等其他应列而未列入的规费应按工程所在地环境保护等部门规定的标准缴纳，按实计取列入。

(7) 税金：是指国家税法规定的应计入建筑安装工程造价内的营业税、城市维护建设税、教育费附加以及地方教育附加。如图1-6所示。

税金的参考计算方法：

$$税金＝税前造价×综合税率(\%)$$

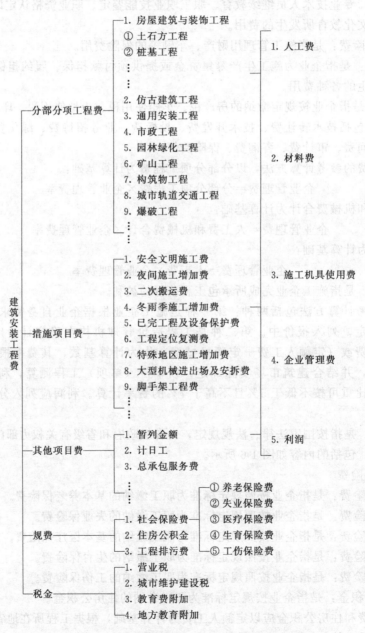

图 1-7　建筑安装工程费用项目组成（按造价形成划分）

3. 建筑安装工程费用项目组成（按造价形成划分）

建筑安装工程费按照工程造价形成由分部分项工程费、措施项目费、其他项目费、规费、税金组成，分部分项工程费、措施项目费、其他项目费包含人工费、材料费、施工机具使用费、企业管理费和利润。如图 1-7 所示。

（1）分部分项工程费：是指各专业工程的分部分项工程应予列支的各项费用。

专业工程：是指按现行国家计算规范划分的房屋建筑与装饰工程、仿古建筑工程、通用安装工程、市政工程、园林绿化工程、矿山工程、构筑物工程、城市轨道交通工程、爆破工程等各类工程。

分部分项工程：是指按现行国家计算规范对各专业工程划分的项目。如房屋建筑与装饰工程划分的土石方工程、地基处理与桩基工程、砌筑工程、钢筋及钢筋混凝土工程等。

各类专业工程的分部分项工程划分见现行国家或行业计算规范。

$$分部分项工程费＝\sum（分部分项工程量×综合单价）$$

式中：综合单价包括人工费、材料费、施工机具使用费、企业管理费和利润以及一定范围的风险费用。

（2）措施项目费：是指为完成建设工程施工，发生于该工程施工前和施工过程中的技术、生活、安全、环境保护等方面的费用。包括的内容如图 1-7 所示。

1）安全文明施工费　包括的内容如图 1-7 所示。

① 环境保护费：是指施工现场为达到环保部门要求所需要的各项费用。

② 文明施工费：是指施工现场文明施工所需要的各项费用。

③ 安全施工费：是指施工现场安全施工所需要的各项费用。

④ 临时设施费：是指施工企业为进行建设工程施工所必须搭设的生活和生产用的临时建筑物、构筑物和其他临时设施费用。包括临时设施的搭设、维修、拆除、清理费或摊销费等。

2）夜间施工增加费：是指因夜间施工所发生的夜班补助费、夜间施工降效、夜间施工照明设备摊销及照明用电等费用。

3）二次搬运费：是指因施工场地条件限制而发生的材料、构配件、半成品等一次运输不能到达堆放地点，必须进行二次或多次搬运所发生的费用。

4）冬雨季施工增加费：是指在冬季或雨季施工需增加的临时设施、防滑、排除雨雪，人工及施工机械效率降低等费用。

5）已完工程及设备保护费：是指竣工验收前，对已完工程及设备采取的必要保护措施所发生的费用。

6）工程定位复测费：是指工程施工过程中进行全部施工测量放线和复测工作的费用。

7）特殊地区施工增加费：是指工程在沙漠或其边缘地区、高海拔、高寒、原始森林等特殊地区施工增加的费用。

8）大型机械设备进出场及安拆费：是指机械整体或分体自停放场地运至施工现场或由一个施工地点运至另一个施工地点，所发生的机械进出场运输及转移费用及机械在施工现场进行安装、拆卸所需的人工费、材料费、机械费、试运转费和安装所需的辅助设施的费用。

9）脚手架工程费：是指施工需要的各种脚手架搭、拆、运输费用以及脚手架购置费的摊销（或租赁）费用。

措施项目及其包含的内容详见各类专业工程的现行国家或行业计算规范。

措施费的参考计算方法：

国家计量规范规定应予计量的措施项目，其计算公式为：

$$措施项目费＝\sum（措施项目工程量×综合单价）$$

国家计量规范规定不宜计量的措施项目计算方法如下：

$$措施项目费＝计算基数×相应的费率（\%）$$

（3）其他项目费

① 暂列金额：是指建设单位在工程量清单中暂定并包括在工程合同价款中的一笔款项。用于施工合同签订时尚未确定或者不可预见的所需材料、工程设备、服务的采购，施工中可能发生的工程变更、合同约定调整因素出现时的工程价款调整以及发生的索赔、现场签证确认等的费用。

② 计日工：是指在施工过程中，施工企业完成建设单位提出的施工图纸以外的零星项目或工作所需的费用。

计日工由建设单位和施工企业按施工过程中的签证计价。

③ 总承包服务费：是指总承包人为配合、协调建设单位进行的专业工程发包，对建设单位自行采购的材料、工程设备等进行保管以及施工现场管理、竣工资料汇总整理等服务所需的费用。

（4）规费：与按费用构成要素划分中的完全一样，如图 1-7 所示。

（5）税金：与按费用构成要素划分中的完全一样，如图 1-7 所示。

四、设备及工器具购置费的构成

设备及工器具购置费由设备购置费和工具、器具及生产家具购置费组成。

1. 设备购置费

设备购置费是指为工程项目购置或自制的达到固定资产标准的各种国产或进口设备、工具、器具的购置费用。由设备原价和设备运杂费构成。其计算公式为：

$$设备购置费＝设备原价＋运杂费$$

（1）设备的种类及原价的构成　设备一般分为国产设备和进口设备两种。

国产设备的原价一般是指设备制造厂的交货价，即出厂价或订货合同价。

进口设备的原价是指进口设备的抵岸价，即抵达买方边境港口或边境车站，且交完关税等税费后形成的价格。其原价构成如图 1-8 所示。

（2）设备运杂费　设备运杂费是指除设备原价之外的关于设备采购、运输、途中包装及仓库保管等方面支出费用的总和。其费用按照设备原价乘以设备运杂费率计算，其公式为：

$$设备运杂费＝设备原价×设备运杂费率$$

其中：设备运杂费率按各部门及省、市等的规定计取。

2. 工具、器具及生产家具购置费

工具、器具及生产家具购置费是指新建或扩建项目初步设计规定的，保证初期正常生产必须购置的没有达到固定资产标准的设备、仪器、工卡模具、器具、生产家具和备品备件等的购置费用。一般以设备购置费为基数，按照部门或行业规定的工具、器具及生产家具费率计算。计算公式为：

$$工具、器具及生产家具购置费＝设备购置费×定额费率$$

五、工程建设其他费用

工程建设其他费用是指从工程筹建起到工程竣工验收交付使用止的整个建设期间，除建筑安装工程费用和设备及工、器具购置费用以外的，为保证工程建设顺利完成和交付使用后能够正常发挥效用而发生的各项费用。

图 1-8　进口设备的原价构成图

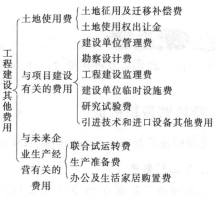
图 1-9　工程建设其他费用的构成

工程建设其他费用，按其内容大体可分为三类：土地使用费、与工程建设有关的其他费用、与未来企业生产经营有关的其他费用，如图 1-9 所示。

1. 土地使用费

土地使用费是指建设单位为了获得建设用地的使用权而支付的费用。土地使用费有两种形式，一是通过划拨方式取得土地使用权而支付的土地征用及拆迁补偿费；二是通过土地使用权出让方取得土地使用权而支付的土地使用权出让金。如图 1-9 所示。其费用根据各地土地使用费的具体构成内容和标准计算。

2. 与工程建设有关的其他费用

与工程建设有关的其他费用主要包括建设单位管理费、勘察设计费、研究试验费、建设单位临时设施费、工程监理费、工程保险费、施工机构迁移费、引进技术和进口设备其他费用、工程承包费等，如图 1-11 所示。其费用根据各地与工程建设有关的其他费用的具体构成内容和标准计算。

3. 与未来企业生产经营有关的其他费用

与未来企业生产经营有关的其他费用主要包括联合试运转费、生产准备费、办公和生活家具购置费等，如图 1-11 所示。

（1）联合试运转费　联合试运转费是指新建或扩建工程项目竣工验收前，按照设计规定应进行有关无负荷和有负荷联合试运转所发生的费用支出大于费用收入的差额部分费用。该项费用一般按照不同性质的项目，根据试运转车间工艺设备购置费的百分比进行计算。

提示

联合试运转费不包括应由设备安装工程费开支的单台设备调试费和试车费用。

（2）生产准备费　生产准备费是指新建或扩建工程项目在竣工验收前为保证竣工交付使用而进行必要的生产准备所发生的有关费用。其费用根据各地费用内容和标准进行计算。

（3）办公和生活家具购置费　办公和生活家具购置费是指为保证新建或扩建工程项目初期正常生产、使用和管理所必须购置的办公和生活家具、用具的费用。

该项费用一般按照设计定员人数乘以相应的综合指标进行估算。

提示

改、扩建工程项目所需的办公和生活家具购置费应低于新建项目。

六、预备费及其构成

按我国现行规定，预备费包括基本预备费和涨价预备费，如图 1-5 所示。

1. 基本预备费

基本预备费是指在初步设计及概算内难以预料的工程费用。主要包括以下三部分内容：

（1）在批准的初步设计范围内，技术设计、施工图设计及施工过程中所增加的工程费用；设计变更、局部地基处理等增加的费用。

（2）一般自然灾害造成的损失和预防自然灾害所采取的措施费用，实行工程保险的工程项目费用应适当降低。

（3）竣工验收时为鉴定工程质量，对隐蔽工程进行必要的挖掘和修复费用。

基本预备费一般用建筑安装工程费用、设备及工器具购置费和工程建设其他费用三者之和乘以基本预备费率进行计算。其计算公式为：

基本预备费＝(建筑安装工程费用＋设备及工器具购置费＋工程建设其他费用)×基本预备费率

基本预备费率一般按照国家有关部门的规定执行。

2. 价差预备费

价差预备费是指为在建设期内利率、汇率或价格等因素的变化而预留的可能增加的费用，亦称为价格变动不可预见费。价差预备费的内容包括：人工、设备、材料、施工机械的价差费，建筑安装工程费及工程建设其他费用调整，利率、汇率调整等增加的费用。计算公式为：

$$PF = \sum_{t=1}^{n} I_t \left[(1+f)^m (1+f)^{0.5} (1+f)^{t-1} - 1 \right]$$

式中　　PF——价差预备费；

n——建设期年份数；

I_t——估算静态投资额中第 t 年投入的工程费用；

m——建设前期年限（从编制估算到开工建设，单位：年）；

f——年投资价格上涨率；

t——建设期第 t 年。

七、建设期贷款利息及其计算

建设期贷款利息包括向国内银行和其他非银行金融机构贷款、出口信贷、外国政府贷款、国际商业银行贷款以及在境内外发行的债券等在建设期间内应偿还的借款利息。根据我国现行规定，在建设项目的建设期内只计息不还款。贷款利息的计算分为以下三种情况。

1. 当贷款总额一次性贷出且利率固定时利息的计算

当贷款总额一次性贷出且利率固定时，按下式计算贷款利息：

$$贷款利息 = F - P$$
$$F = P(1 + i_{实际})^n$$

式中　　P——一次性贷款金额；

　　　　F——建设期还款时的本利和；

　　$i_{实际}$——年实际利率；

　　　　n——贷款期限。

2. 当总贷款是分年均衡发放时利息的计算

当总贷款是分年均衡发放时，建设期利息的计算可按当年借款在年中支用考虑，即当年贷款按半年计息，上年贷款按全年计息。计算公式为：

$$q_t = \left(P_{t-1} + \frac{1}{2}A_t\right)i_{实际}$$

$$建设期贷款利息 = 建设期各年应计利息之和$$

式中　　q_t——建设期第 t 年应计利息；

　　P_{t-1}——建设期第 $(t-1)$ 年末贷款累计金额与利息累计金额之和；

　　　A_t——建设期第 t 年贷款金额；

　　$i_{实际}$——年实际利率。

3. 当总贷款分年贷款且在建设期各年年初发放时利息的计算

当总贷款分年贷款且在建设期各年年初发放时，建设期利息的计算可按当年借款和上年贷款都按全年计息。计算公式为：

$$q_t = (P_{t-1} + A_t)i_{实际}$$

提示

实际利率与名义利率的换算公式为：

$$i_{实际} = \left(1 + \frac{i_{名义}}{m}\right)^m - 1$$

式中　$i_{名义}$——年名义利率；

　　　m——每年结息的次数。

【例 1-1】　某新建项目，建设期为 3 年，贷款年利率为 6%，按季计息，试计算以下三种情况下建设期的贷款利息。

1. 如果在建设期初一次性贷款 1300 万元。

2. 如果贷款在各年均衡发放，第一年贷款 300 万元，第二年贷款 600 万元，第三年贷款 400 万元。

3. 如果贷款在各年年初发放，第一年贷款 300 万元，第二年贷款 600 万元，第三年贷款 400 万元。

【解】　由题意可知：贷款年利率为 6%，按季计息，因此，先把 6% 的年名义利率换算为年实际利率。

$$i_{实际}=\left(1+\frac{i_{名义}}{x}\right)^{x}-1=\left(1+\frac{6\%}{4}\right)^{4}-1=6.14\%$$

1. 如果在建设期初一次性贷款 1300 万元

根据在建设期初一次性贷款的公式,第三年末本利和为:

$$F=P(1+i_{实际})^{n}=1300\times(1+6.14\%)^{3}=1554.46（万元）$$

建设期的总利息为:1554.46－1300＝254.46（万元）

2. 如果贷款在各年均衡发放,在建设期,各年利息和总利息计算如下:

$$q_{1}=\frac{1}{2}A_{1}i_{实际}=\frac{1}{2}\times300\times6.14\%=9.21（万元）$$

$$q_{2}=\left(P_{1}+\frac{1}{2}A_{2}\right)i_{实际}=\left(300+9.21+\frac{1}{2}\times600\right)\times6.14\%=37.41（万元）$$

$$q_{3}=\left(P_{2}+\frac{1}{2}A_{3}\right)i_{实际}=\left(300+9.21+600+37.41+\frac{1}{2}\times400\right)\times6.14\%=70.4（万元）$$

所以,建设期贷款利息为:9.21＋37.41＋70.4＝117.02（万元）

3. 如果贷款在各年年初发放,各年利息和总利息计算如下:

$$q_{1}=A_{1}i_{实际}=300\times6.14\%=18.42（万元）$$

$$q_{2}=(P_{1}+A_{2})i_{实际}=(300+18.42+600)\times6.14\%=56.39（万元）$$

$$q_{3}=(P_{2}+A_{3})i_{实际}=(300+18.42+600+56.39+400)\times6.14\%=84.41（万元）$$

所以,建设期贷款利息为:18.42＋56.39＋84.41＝159.22（万元）

第三节 工程造价计价概述

一、工程造价计价的概念

工程造价计价是指建设项目工程造价的计算与确定。具体是指工程造价人员在项目实施的各个阶段,根据各个阶段的不同要求,遵循计价原则和程序,采用科学的计价方法,对投资项目最可能实现的合理价格做出科学的计算,从而确定投资项目的工程造价,编制工程造价的经济文件。

二、工程造价计价的主要特点

工程造价计价具有单件性计价、多次性计价、组合性计价等主要特点,如图 1-10 所示。

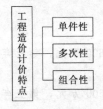

图 1-10 工程造价的
计价特点

(一)单件性计价

工程建设产品生产的单件性,决定了其产品计价的单件性。每个工程建设产品都有专门的用途,都是根据业主的要求进行单独设计并在指定的地点建造的,其结构、造型和装饰、体积和面积、所采用的工艺设备和建筑材料等各不相同。因此,建设工程就不能像工业产品那样按品种、规格、质量成批地定价,只能通过特殊的程序(编制估算、概算、预算、合同价、结算价及最后确定竣工决算价格),就各个工程项目计算工程造价，即单件计价。

（二）多次性计价

建设工程的生产过程是按照建设程序逐步展开、分阶段进行的。为满足工程建设过程中不同的计价者（业主、咨询方、设计方和施工方）各阶段工程造价管理的需要，就必须按照设计和建设阶段多次进行工程造价的计算，以保证工程造价确定与控制的合理性，如图 1-11 所示。

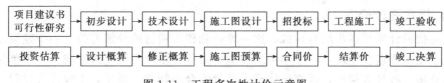

图 1-11　工程多次性计价示意图

1. 投资估算

投资估算是在投资决策阶段，由业主或其委托的具有相应资质的咨询机构，对拟建项目所需投资进行预先测算和确定的过程，投资估算是决策、筹资和控制造价的主要依据。费用内容包括拟建项目从筹建、施工直至竣工投产所需的全部费用。

2. 设计概算

设计概算是在初步设计阶段，由设计单位在投资估算的控制下，根据初步设计图纸及说明、概算定额、各项费用定额、设备、材料预算价格等资料，编制和确定的建设项目从筹建到竣工交付使用所需全部费用的文件。设计概算是初步设计文件的重要组成部分，与投资估算相比，准确性有所提高，但要受到估算额的控制。

3. 修正概算

修正概算是指在技术设计阶段，由设计单位编制的建设工程造价文件，是技术设计文件的组成部分。修正概算对初步设计概算进行修正调整，比设计概算准确，但要受到概算额的控制。

4. 施工图预算

施工图预算是指在施工图设计阶段由设计单位或施工单位编制的建设工程造价文件，是施工图设计文件的组成部分。它比设计概算或修正概算更为详尽和准确，但同样要受到设计概算或修正概算的控制，其费用内容为建筑安装工程造价。

5. 合同价

合同价是在招投标阶段经评标中标后，由业主与中标单位对拟建工程价格进行洽商，达成一致意见后，以合同形式确定的工程承发包价格。它是由承发包双方根据市场行情共同议定和认可的成交价格，其费用内容与合同标有关。

6. 结算价

结算价是指在合同实施阶段，由承包商依据承包合同中关于付款条款的规定和已经完成的工程量，并按照规定的程序向建设单位（业主）收取的工程价款额。结算价反映的是该承发包工程的实际价格，其结算的费用内容为已完工程的建安造价。

7. 竣工决算价

竣工决算价是指在整个建设项目或单项工程竣工验收移交后，由业主的财务部门及有关部门以竣工结算等为依据编制的反映建设项目实际造价和投资效果的文件，是竣工验收报告的重要组成部分。其费用内容包括建设项目从筹建、施工直至竣工投产所实际支出的全部费用。

提示

从投资估算、设计概算、施工图预算到招标投标合同价，再到工程的结算价和最后在结算价基础上编制的竣工决算，整个计价过程是一个由粗到细、由浅到深，最后确定建设工程实际造价的过程。计价过程各环节之间相互衔接，前者制约后者，后者补充前者。

（三）组合性计价

工程造价的计算是逐步组合而成，这一特征和建设项目的分解有关。一个建设项目总造价由各个单项工程造价组成，一个单项工程造价由各个单位工程造价组成，一个单位工程造价按分部分项工程计算得出，这充分体现了计价组合的特点。可见，工程计价过程是从分部分项工程造价、单位工程造价、单项工程造价、建设项目总造价逐步向上汇总组合而成，其计算、组合汇总的顺序如图 1-12 所示。

分项工程 → 分部工程 → 单位工程 → 单项工程 → 建设项目

图 1-12　工程计价顺序图

三、工程造价计价的基本原理

由上述可知，工程造价计价的一个主要特点是具有多次性计价，具体表现形式为投资估算、设计概算、施工图预算、招标工程控制价、投标报价、工程合同价、工程结算价和决算价等，既包括业主方、咨询方和设计方计价，也包括承包方计价，虽然形式不同，但工程造价计价的基本原理是相同的。即：

$$\text{工程造价}=\text{工程成本}+\text{利润}$$

不同之处就是对于不同的计价主体，成本和利润的内涵是不同的。

工程造价计价的另一个主要特点是组合性计价，具体表现形式为先把建设项目按工程结构分解进行。通过工程结构分解，将整个工程分解至基本子项，以便计算基本子项的工程量和需要消耗的各种资源的量与价。工程分解的层数越多，基本子项越细，计算得到的费用也越准确。然后从基本子项的成本向上组合汇总就可得到上一层的成本费用。

如果仅从成本费用计算的角度分析，影响成本费用的主要因素有两个：基本子项的单位价格和基本子项的工程实物数量，可用下列基本计算公式表达：

$$\text{工程成本费用}=\sum_{i=1}^{n}(\text{单位价格}\times\text{工程实物量})$$

式中　i——第 i 个基本子项；

n——工程结构分解得到的基本子项数目。

1. 基本子项的工程实物数量计算

基本子项的工程实物数量可以根据设计图纸和相应的计算规则计算得到，它能直接反映工程项目的规模和内容。工程量的计算将在第五章中详细介绍。

工程实物量的计量单位取决于单位价格的计量单位。如果单位价格的计量单位是单项工程或单位工程，甚至是一个建设项目，则工程实物量的计量单位也对应地是一个单项工程或一个单位工程，甚至是一个建设项目。计价子项越大，得到的工程造价额就越粗略；如果以一个分项工程为一个基本子项，则得到的造价结果就会更为准确。

工程结构分解的层次越多，基本子项越小，越便于计量，得到的造价越准确。

编制投资估算时，由于所能掌握的影响工程造价的信息资料较少，工程方案还停留在设想或概念设计阶段，计算工程造价时单位价格计量单位的对象较大，可能是一个建设项目，也可能是一个单项工程或单位工程，所以得到的工程造价值较粗略；编制设计概算时，计量单位的对象可以取到扩大分项工程；而编制施工图预算时则可以取到分项工程作为计量单位的基本子项，工程结构分解的层次和基本子项的数目都大大超过投资估算或设计概算的基本子项数目，因而施工图预算值较为准确。

2. 基本子项的单位价格计算

基本子项的单位价格主要由两大要素构成：完成基本子项所需的资源数量和需要资源的价格。资源主要包括人工、材料和施工机械等。单位价格的计算公式可以表示为：

$$单位价格 = \sum_{i=1}^{n}（资源消耗量 \times 资源价格）$$

式中　i——第 i 种资源；

　　　n——完成某一基本子项所需资源的数目。

如果资源消耗量包括人工消耗量、材料消耗量和机械台班消耗量，则资源价格就包括人工价格、材料价格和机械台班价格。

（1）资源消耗量　资源消耗量是指完成基本子项单位实物量所需的人工、材料、机械、资金的消耗量，即工程定额，它与一定时期劳动生产率、社会生产力水平、技术和管理水平密切相关。因此，工程定额是计算工程造价的重要依据。建设单位进行工程造价的计算主要依据国家或地方颁布的、反映社会平均生产力水平的指导性定额，如地方编制并实施的概算定额、预算定额等；而建筑施工企业进行投标报价时，则应依据反映本企业劳动生产率、技术和管理水平的企业定额。

（2）资源价格的选取　进行工程造价计算时所依据的资源价格应是市场价格，而市场价格会受到市场供求变化和物价变动的影响，从而导致工程造价的变化。如果单位价格仅由资源消耗量和资源价格形成，则构成工程定额中的直接工程费单位价格。如果单位价格由规费和税金以外的费用形成，则构成清单计价中的综合单位价格。关于综合单位价格即综合单价的计算工程量清单计价章节中详细介绍。

四、工程造价计价的两种模式

根据上述可知，影响工程造价的因素主要包括两个，如图 1-13 所示。根据这两种因素计算的依据不同对应的有两种工程造价计价模式，即定额计价模式和清单计价模式。

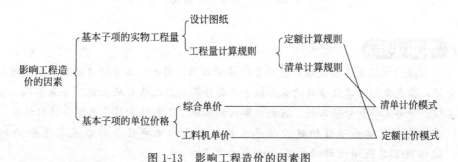

图 1-13　影响工程造价的因素图

1. 定额计价模式

建设工程定额计价模式是指在工程造价计价过程中以各地的预算定额为依据按其规定的

分项工程子目和计算规则，逐项计算各分项工程的工程量，套用预算定额中的工、料、机单价确定直接工程费，然后按规定取费标准确定构成工程价格的其他费用和利税，获得建筑安装工程造价，如图 1-14 所示。

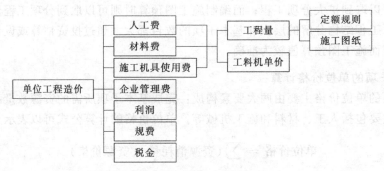

图 1-14　定额计价模式

由于定额中工、料、机的消耗量是根据各地的"社会平均水平"综合测定的，费用标准也是根据不同地区平均测算的，因此，企业采用这种模式的报价是一种社会平均水平，与企业的技术水平和管理水平无关，体现不了市场公平竞争的基本原则。

2. 清单计价模式

工程量清单计价模式是建设工程招标投标中，招标人或委托具有资质的中介机构按照国家统一的工程量清单计价规范，编制反映工程实体消耗和措施消耗的工程量清单，并作为招标文件的一部分提供给招标人，由投标人依据工程量清单，根据各种渠道所得的工程造价信息和经验数据，结合企业定额自主报价的计价方式，如图 1-15 所示。工程量清单计价在第六章做详细的介绍。

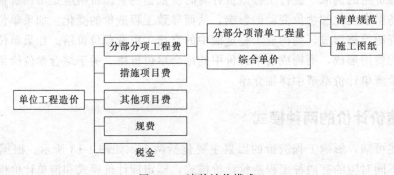

图 1-15　清单计价模式

本章小结

　　工程造价概述是工程造价计价必备的基础知识，因此，本章对这些基本知识进行了详细介绍，首先介绍了建设项目的基本概念及其分解，建设项目从上到下分为单项工程、单位工程、分部工程和分项工程，这种分解结构体现了工程造价计价的组合计价特点。

　　其次介绍了建设项目的建设程序及其各阶段的主要任务，以及与造价的对应关系，这体现了工程造价计价的多次计价的特点。

　　再次介绍了工程造价的概念及其构成，尤其是详细介绍建筑安装工程造价的构成。

　　最后介绍了工程造价计价的基本概念、特点及其计价的两种基本模式。

思考题

1. 何为建设项目？建设项目从大到小分解为哪些子项？各有何特点？试举例说明。

2. 简述我国工程建设的程序及各个阶段的主要任务。

3. 与建设程序各个阶段相对应的造价是什么？

4. 何谓工程造价？其费用有哪些构成？

5. 建筑安装工程造价包括哪些内容？

6. 工程造价计价有哪些主要特点？

7. 从基本子项的实物工程量和基本子项的单位价格阐述定额计价模式与清单计价模式的区别。

第二章 工程定额

问题导入

什么是工程定额？工程定额根据不同的分类标准分为哪几类？如何编制工料机消耗量？各种定额的具体表现形式如何？各种定额如何应用？

本章内容框架

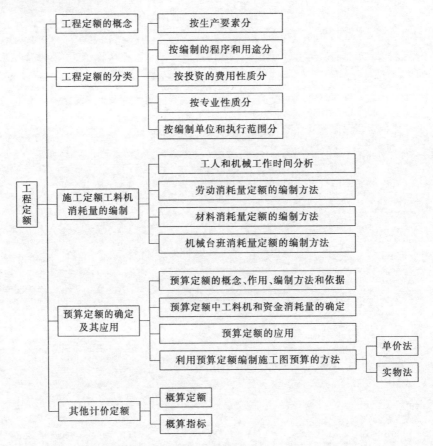

学习要求

1. 掌握工程定额的概念和各种分类；
2. 掌握施工定额消耗量的编制方法；
3. 熟悉预算定额工、料、机消耗量和工料机单价的确定；
4. 掌握预算定额的应用；
5. 了解其他计价定额的概念、表现形式。

第一节 概　述

一、工程定额的概念

1. 工程定额

工程定额是指在合理的劳动组织、合理地使用材料及机械的条件下，完成一定计量单位的合格建筑产品所必须消耗资源的数量标准。应从以下几方面理解工程定额：

（1）工程定额是专门为建设生产而制定的一种定额，是生产建设产品消耗资源的限额规定；

（2）工程定额的前提条件是劳动组织合理、材料及机械得到合理的使用；

（3）工程定额是一个综合概念，是各类工程定额的总称；

（4）合格是指建筑产品符合施工验收规范和业主的质量要求；

（5）建筑产品是个笼统概念，是工程定额的标定对象；

（6）消耗的资源包括人工、材料和机械。

提示

工程定额是一个综合概念，是各类工程定额的总称。

2. 工程定额的用途

实行工程建设定额的目的是力求用最少的资源，生产出更多合格的建设工程产品，取得更加良好的经济效益。

工程定额是工程造价计价的主要依据。在编制设计概算、施工图预算、竣工决算时，无论是划分工程项目、计算工程量，还是计算人工、材料和施工机械台班的消耗量，都是以工程定额为标准依据的。

二、工程定额的分类

工程定额是一个综合概念，是各类工程定额的总称。因此，在工程造价的计价中，需要根据不同的情况套用不同的定额。工程定额的种类很多，根据不同的分类标准可以划分为不同的定额，下面重点介绍几种主要的分类。

（一）按生产要素分类

按生产要素分，主要分为劳动定额、材料消耗定额和机械台班使用定额三种，如图 2-1 所示。

图 2-1　按生产要素分类

1. 劳动定额

劳动定额，又称人工定额，是指在正常生产条件下，完成单位合格产品所需要消耗的劳动力的数量标准。劳动定额反映的是活劳动消耗。按照反映活劳动消耗的方式不同，劳动定额表现为两种形式：时间定额和产量定额，如图 2-1 所示。

（1）人工时间定额　人工时间定额是指在一定的生产技术和生产组织条件下，生产单位合格产品所必须消耗的劳动的时间数量标准。其计量单位为：工日。按照我国现行的工作制度，1 工日＝8 工时。

（2）人工产量定额　人工产量定额是指在一定的生产技术和生产组织条件下，生产工人在单位时间内生产合格产品的数量标准。其计量单位没有统一的单位，以产品的计量单位为准。

提示

为了便于综合和核算，劳动定额大多采用时间定额的形式。

2. 材料消耗定额

材料消耗定额是指在节约和合理使用材料的条件下，生产单位合格产品需要消耗的一定品种、一定规格的建筑材料的数量标准。包括原材料、成品、半成品、构配件、燃料及水电等资源。

3. 机械台班使用定额

机械台班使用定额，又称机械使用定额，是指在正常生产条件下，完成单位合格产品所需要消耗的机械的数量标准。按照反映机械消耗的方式不同，机械台班使用定额同样表现为两种形式：时间定额和产量定额，如图 2-1 所示。

（1）机械时间定额　机械时间定额是指在一定的生产技术和生产组织条件下，生产单位合格产品所消耗的机械的时间数量标准。其计量单位为：台班。按现行工作制度，1 台班＝1 台机械工作 8 小时

（2）机械产量定额　机械产量定额是指在一定的生产技术和生产组织条件下，机械在单位时间内生产合格产品的数量标准。其计量单位没有统一的单位，以产品的计量单位为准。

提示

为了便于综合和核算，机械台班使用定额大多采用时间定额的形式。

（二）按编制的程序和用途分类

按编制的程序和用途分，分为以下几种，如图 2-2 所示。

1. 施工定额

施工定额是以同一施工过程为标定对象，确定一定计量单位的某种建筑产品所需要消耗的人工、材料和机械台班使用的数量标准。

施工定额是施工单位内部管理的定额，是生产、作业性质的定额，属于企业定额的性质。其用途有两个：一是用于编制施工预算、施工组织设计、施工作业计划，考核劳动生产率和进行成本核算的依据；二是编制预算定额的基础资料。

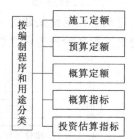

图 2-2　按编制的程序和用途分类

提示

施工定额是一种计量性定额，即只有工料机消耗的数量标准。

2. 预算定额

预算定额是以分项工程为标定对象，确定一定计量单位的某种建筑产品所必须消耗的人工、材料和机械台班使用的数量及费用标准。

预算定额是以施工定额为基础编制的，它是在施工定额的基础上综合和扩大。其用途有两个：一是用以编制施工图预算，确定建筑安装工程造价，编制施工组织设计和工程竣工决算的依据；二是编制概算定额和概算指标的基础。

3. 概算定额

概算定额是以扩大分项工程为标定对象，确定一定计量单位的某种建筑产品所必须消耗的人工、材料和施工机械台班使用的数量及费用标准。

概算定额是预算定额的扩大与合并，包括的工程内容很综合，非常概略。其用途是方案设计阶段编制设计概算的依据。

4. 概算指标

概算指标是以整个建筑物为标定对象，确定每 $100m^2$ 建筑面积所必须消耗的人工、材料和施工机械台班使用的数量及费用标准。

概算指标比概算定额更加综合和扩大，概算指标中各消耗量的确定，主要来自于各种工程的概预算和决算的统计资料。其用途是编制设计概算的依据。

5. 投资估算指标

投资估算指标以独立的单项工程或完整的建设项目为对象，确定的人工、材料和施工机械台班使用的数量及费用标准。

投资估算指标是决策阶段编制投资估算的依据，是进行技术经济分析、方案比较的依据，对于项目前期的方案选定和投资计划编制有着重要的作用。

提示

预算定额、概算定额、概算指标和估算指标都是一种计价性定额。

（三）按投资的费用性质分类

按投资的费用性质分，主要分为以下几种定额，如图 2-3 所示。

1. 建筑工程定额

建筑工程定额是建筑工程的施工定额、预算定额、概算定额、概算指标的统称。它是计算建筑工程各阶段造价主要的参考依据。

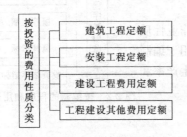

图 2-3　按投资的费用性质分类

图 2-4　按专业性质分类

2. 安装工程定额

安装工程定额是安装工程的施工定额、预算定额、概算定额、概算指标的统称。它是计算安装工程各阶段造价主要的参考依据。

3. 建设工程费用定额

建设工程费用定额是关于建筑安装工程造价中除了直接工程费外的其他费用的取费标准。它是计算措施费、间接费、利润和税金主要的参考依据。

4. 工程建设其他费用定额

工程建设其他费用定额是独立于建筑安装工程、设备和工器具购置之外的其他费用开支的标准，它的发生和整个项目的建设密切相关，其他费用定额按各项费用分别制定。它是计算工程建设其他费用的主要参考依据。

（四）按专业性质分类

按专业性质分，可以分为以下几类，如图 2-4 所示。

1. 建筑工程消耗量定额

建筑工程是指房屋建筑的土建工程。

建筑工程消耗量定额，是指各地区（或企业）编制确定的完成每一建筑分项工程（即每一土建分项工程）所需人工、材料和机械台班消耗量标准的定额。它是业主或建筑施工企业（承包商）计算建筑工程造价主要的参考依据。

2. 装饰工程消耗量定额

装饰工程是指房屋建筑室内外的装饰装修工程。

装饰工程消耗量定额，是指各地区（或企业）编制确定的完成每一装饰分项工程所需人工、材料和机械台班消耗量标准的定额。它是业主或装饰施工企业（承包商）计算装饰工程造价主要的参考依据。

3. 安装工程消耗量定额

安装工程是指房屋建筑室内外各种管线、设备的安装工程。

安装工程消耗量定额，是指各地区（或企业）编制确定的完成每一安装分项工程所需人工、材料和机械台班消耗量标准的定额。它是业主或安装施工企业（承包商）计算安装工程造价主要的参考依据。

4. 市政工程消耗量定额

市政工程是指城市道路、桥梁等公用公共设施的建设工程。

市政工程消耗量定额，是指各地区（或企业）编制确定的完成每一市政分项工程所需人工、材料和机械台班消耗量标准的定额。它是业主或市政施工企业（承包商）计算市政工程造价主要的参考依据。

5. 园林绿化工程消耗量定额

园林绿化工程是指城市园林、房屋环境等的绿化统称。

园林绿化工程消耗量定额，是指各地区（或企业）编制确定的完成每一园林绿化分项工程所需人工、材料和机械台班消耗量标准的定额。它是业主或园林绿化施工企业（承包商）计算市政工程造价主要的参考依据。

6. 矿山工程消耗量定额

矿山工程是指自然矿产资源的开采、矿物分选、加工的建设工程。

矿山工程消耗量定额，是指各地区（或企业）编制确定的完成每一矿山分项工程所需人工、材料和机械台班消耗量标准的定额。它是业主或矿山施工企业（承包商）计算矿山工程造价主要的参考依据。

（五）按编制单位和执行范围分类

按编制单位和执行范围分，主要分为以下几类，如图 2-5 所示。

图 2-5 按编制单位和执行范围分类

1. 全国统一定额

全国统一定额由国家建设行政主管部门制定发布，在全国范围内执行的定额。如全国统一建筑工程基础定额、全国统一安装工程预算定额。

2. 行业统一定额

行业统一定额由国务院行业行政主管部门制定发布，一般只在本行业和相同专业性质的内使用的定额。如冶金工程定额、水利工程定额、铁路或公路工程定额。

3. 地区统一定额

地区统一定额由省、自治区、直辖市建设行政主管部门制定颁布，一般只在规定的地区范围内使用的定额。如××省建筑工程预算定额、××省装饰工程预算定额、××省安装工程预算定额等。

4. 企业定额

企业定额是由建筑施工企业考虑本企业生产技术和组织管理等具体情况，参照统一部门或地方定额的水平制定的，只在本企业内部使用的定额。

5. 临时补充定额

临时补充定额是指某工程有统一定额和企业定额中未列入的项目，或在特殊施工条件下无法执行统一的定额，由注册造价师和有经验的工作人员根据本工程的施工特点、工艺要求等直接估算的定额。补充定额制定后必须报上级主管部门批准。

提示

临时补充定额是一次性的，只适合本工程项目。

第二节　施工定额工料机消耗量的编制

施工定额是按编制程序和用途分类的一种最基础的定额，由劳动定额、材料消耗定额、机械台班使用定额组成，是一种计量性定额。施工定额是按照社会平均先进生产力水平编制的，反映企业的施工水平、装备水平和管理水平，是考核施工企业劳动生产率水平、管理水平的标尺，是施工企业确定工程成本和投标报价的依据。

一、工人和机械工作时间分析

编制施工定额工料机消耗量的基础是先将工人和机械的工作时间进行分类，哪些时间在确定人工和机械消耗量时需要考虑，哪些时间在确定人工和机械消耗量时不予考虑。

（一）工人工作时间及其分类

工人工作时间是指工人在工作班内消耗的工作时间，按照我国现行的工作制度，工人在一个工作班内消耗的工作时间是 8 小时。按其性质基本上可以分为定额时间和非定额时间两类，如图 2-6 所示。

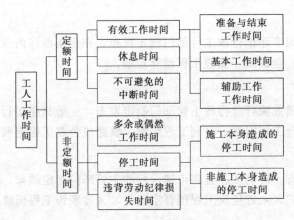

图 2-6　工人工作时间的分类

1. 定额时间

定额时间是指在正常施工条件下，工人为完成一定产品所必须消耗的工作时间，包括有效工作时间、休息时间和不可避免的中断时间。如图 2-6 所示。

（1）有效工作时间　有效工作时间是指与完成产品直接有关的时间消耗，包括基本工作时间、辅助工作时间、准备与结束工作时间。如图 2-6 所示。

① 基本工作时间　基本工作时间是指直接与施工过程的技术作业发生关系的时间消耗，

如在砌砖工作中，从选砖开始直到将砖铺放到砌体上的全部时间消耗即属于基本工作时间。通过基本工作，其最大的特点是使劳动对象直接发生变化。具体表现如下：

a. 改变材料的外形，如钢管煨弯；

b. 改变材料的结构和性质，如混凝土制品的生产；

c. 改变材料的位置，如构件的安装；

d. 改变材料的外部及表面性质，如油漆、粉刷等。

② 辅助工作时间　辅助工作时间是指与施工过程的技术作业没有直接关系的工序，为保证基本工作能顺利完成而做的辅助工作而消耗的时间。其特点是不直接导致产品的形态、性质、结构位置发生变化，如工具磨快、移动人字梯等。

③ 准备与结束工作时间　准备与结束工作时间是指在正式工作前或结束后为准备工作和收拾整理工作所需要花费的时间。一般分为班内的准备与结束工作时间和任务内的准备与结束工作时间两种。班内的准备与结束工作具有经常性的每天的工作时间消耗特性，如每天上班领取料具、交接班等。任务内的准备与结束工作，由工人接受任务的内容决定，如接受任务书、技术交底等。

（2）休息时间　休息时间是工人在工作过程中为恢复体力所必需的短暂休息和生理需要的时间消耗（如喝水、上厕所等）。休息时间的长短和劳动条件有关。

（3）不可避免的中断时间　不可避免的中断事件是指由于施工过程中技术或组织的原因，以及独有的特性而引起的不可避免的或难以避免的中断时间，如汽车司机在等待装卸货物和交通信号所消耗的时间。

2. 非定额时间

非定额时间是指一个工作班内因停工而损失的时间，或执行非生产性工作所消耗的时间。非定额时间是不必要的时间消耗，包括多余或偶然工作时间、停工时间和违背劳动纪律损失的时间。如图2-6所示。

（1）多余或偶然工作时间　多余或偶然工作时间是指在正常施工条件下不应发生的时间消耗，或由于意外情况而引起的工作所消耗的时间，如质量不符合要求，返工造成的多余的时间消耗。

（2）停工时间　停工时间是指工人在工作中因某种原因未能从事生产活动损失的时间。包括施工本身造成的停工时间和非施工本身造成的停工时间两种，如图2-6所示。

施工本身造成的停工时间，是由于施工组织和劳动组织不善、材料供应不及时、施工准备工作做得不好而引起的停工。

非施工本身引起的停工时间，如设计图纸不能及时到达，水源、电源临时中断，以及由于气象条件（如大风、风暴、严寒、酷暑等）所引起的停工损失时间，这是由于外部原因的影响，非施工单位的责任而引起的停工。

（3）违背劳动纪律损失的工作时间　违背劳动纪律损失的工作时间，是指工人不遵守劳动纪律而造成的时间损失，如上班迟到、早退、擅自离开工作岗位、工作时间内聊天，以及个别人违反劳动纪律而使别的工人无法工作的时间损失。

提示

非定额时间，在确定定额时均不予考虑。

（二）机械工作时间及其分类

机械工作时间是指机械在工作班内消耗的工作时间。按其性质可以分为定额时间和非定额时间两类，如图 2-7 所示。

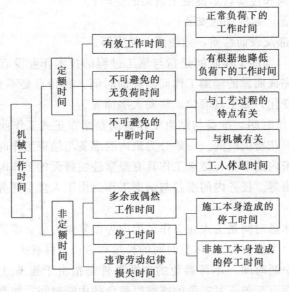

图 2-7 机械工作时间的分类

1. 定额时间

定额时间是指在正常施工条件下，机械为完成一定产品所必须消耗的工作时间，包括有效工作时间、不可避免的无负荷工作时间和不可避免的中断时间。如图 2-7 所示。

（1）有效工作时间 有效工作时间是指机械与完成产品直接有关的时间消耗，包括正常负荷下和降低负荷下的工作时间消耗。

① 正常负荷下的工作时间 正常负荷下的工作时间是指在机械在与机械说明书规定的负荷相等的正常负荷下进行工作的时间。在个别情况下，由于技术上的原因，机械又能在低于规定负荷下工作，如汽车载运重量轻而体积大的货物时，不可能充分利用汽车的载重吨位，因而不得不降低负荷工作，此种情况视为正常负荷下工作。

② 降低负荷下的工作时间 降低负荷下的工作时间是指由于施工管理人员或工人的过失，以及机械陈旧或发生故障等原因，使机械在降低负荷的情况下进行工作的时间。

（2）不可避免的无负荷工作时间 不可避免的无负荷工作时间，是指由施工过程的特性和机械结构的特点造成的机械无负荷工作时间。如筑路机在工作区末端掉头等，都属于此项工作时间的消耗。

（3）不可避免的中断作时间 不可避免的中断工作时间，是指由于施工过程的技术和组织的特性造成的机械工作中断，包括与操作有关的不可避免的中断时间、与机械有关的不可避免的中断和由于工人休息而引起的中断时间。

① 与操作有关的不可避免的中断时间 与操作有关的不可避免的中断分为循环和定期的两种，循环的不可避免的中断是在机械工作的每一个循环中重复一次，如汽车装货和卸货时的停车，其停车时间为循环的不可避免的中断时间；定期的不可避免的中断是经过一定时期重复一次，如把灰浆泵由一个工作地点转移到另一工作地点时的工作中断，其所需要的时间为定期的不可避免的中断时间。

② 与机械有关的不可避免的中断时间　与机械有关的不可避免的中断时间，是由于工人进行准备与结束工作或辅助工作时，机器停止工作而引起的中断工作时间。它是与机器的使用与保养有关的不可避免的中断时间。

③ 由于工人休息而引起的机械中断时间　由于工人休息而引起的机械中断时间是指驾驶机械的司机在工作过程中为恢复体力所必需的短暂休息和生理需要的时间消耗。

提示

尽量利用与操作有关的不可避免的和与机械有关的不可避免的中断时间进行休息，以充分利用工作时间。

2. 非定额时间

非定额时间是指一个工作班内因停工而损失的时间，或执行非生产性工作所消耗的时间。非定额时间是不必要的时间消耗，以往并未计入机械的时间定额。非定额时间包括多余或偶然工作时间、停工时间、违背劳动纪律所损失的时间。如图 2-7 所示。

（1）多余或偶然工作时间　多余或偶然工作时间是指机械在正常施工条件下不应发生的时间消耗，或由于意外情况而引起的工作所消耗的时间。机械的多余或偶然工作包括两种情况：一是可避免的机械无负荷工作，是指工人没有及时供给机械用料而使机械空运转的时间；二是机械在负荷下所做的多余工作，如混凝土搅拌机搅拌混凝土时超过规定搅拌时间，即属于多余工作时间。

（2）停工时间　机械的停工时间是指机械在工作中因某种原因未能从事生产活动损失的时间。按性质可分为施工本身和非施工本身造成的停工。前者是由于施工组织不善引起的机械停工时间，如临时没有工作面、未及时供给机械燃料而引起的停工，以及机械损坏等所引起的机械停工时间。后者是由于外部的影响引起机械停工的时间，如水源、电源中断（不是施工原因），以及气候条件（暴雨、冰冻等）的影响而引起的机械停工时间。

（3）违反劳动纪律损失的时间　违反劳动纪律引起机械的时间损失，是指由于操作机械的工人违反劳动纪律而引起的机械停工时间。

二、劳动消耗量定额的编制方法

由上述可知，劳动定额根据其表现形式的不同，分为时间定额和产量定额，而且劳动定额一般采用时间定额形式。因此，确定劳动定额时首先根据工人工作时间的划分确定其时间定额，然后再倒数求其产量定额。

1. 人工时间定额的确定步骤

由上可知，完成一定计量单位的建筑产品所需要的定额时间为完成该产品需要的基本工作时间、辅助工作时间、准备与结束工作时间、休息时间和不可避免的中断时间几项之和，即：

人工时间定额＝基本工作时间＋辅助工作时间＋准备与结束工作时间＋休息时间＋

不可避免的中断时间

其确定步骤如图 2-8 所示。

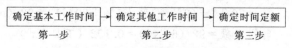

图 2-8　人工时间定额的确定步骤

2. 确定基本工作时间

基本工作时间在定额时间中占的比重最大。在确定基本工作时间时必须精确、细致。基本工作时间消耗一般根据计时观察资料来确定。其做法是，首先确定工作过程每一组成部分的工时消耗，然后再综合出工作过程的工时消耗。如果组成部分的产品计量单位不符，就需要先求出不同计量单位的换算系数，进行产品计量单位的换算，然后再相加，求得工作过程的工时消耗。

（1）如果各组成部分的计量单位与最终产品单位一致时的基本工作时间计算。

$$T = \sum_{i=1}^{n} t_i$$

式中　T——单位产品基本工作时间；

　　　t_i——各组成部分的基本工作时间；

　　　n——各组成部分的个数。

（2）如果各组成部分的计量单位与最终产品单位不一致时的基本工作时间计算。

$$T = \sum_{i=1}^{n} k_i t_i$$

式中　k_i——对应于 t_i 的换算系数。

【例 2-1】 砌砖墙勾缝的计算单位是 m^2，但若将勾缝作为砌砖墙施工过程的一个组成部分对待，即将勾缝时间按砌墙厚度和砌体体积计算，设每平方米墙面所需的勾缝时间为 10min，试求 1 砖墙厚每立方米砌体所需的勾缝时间。

【解】 1 砖墙厚每立方米砌体换算成勾缝面积的换算系数为 $1/0.24 = 4.17$（m^2），则每立方米砌体所需的勾缝时间是

$$4.17 \times 10 = 41.7 \text{（min）}$$

3. 确定辅助工作时间、准备与结束工作时间、休息时间和不可避免的中断时间

这几个时间一般根据经验数据来确定，即根据辅助工作时间、准备与结束工作时间、休息时间和不可避免的中断时间占定额时间的百分比来计算。

4. 确定定额时间

定额时间＝基本工作时间（J）＋定额时间×辅助工作时间占定额时间的百分比（F）＋定额时间×准备与结束工作时间占定额时间的百分比（ZJ）＋定额时间×休息时间占定额时间的百分比（X）＋定额时间×不可避免的中断时间占定额时间的百分比（B）

$$\text{定额时间} = \frac{J}{1 - (F + ZJ + X + B)}$$

【例 2-2】 人工挖二类土，由测时资料可知：挖 $1m^3$ 需要消耗基本工作时间 70min，辅助工作时间占定额时间 2%，准备与结束时间占 1%，不可避免的中断占 1%，休息时间占 20%，试确定人工挖二类土的劳动定额。

【解】 定额时间＝基本工作时间＋辅助工作时间＋准备与结束时间＋不可避免的中断时间＋休息时间＝基本工作时间＋定额时间（2%＋1%＋1%＋20%）

$$\begin{aligned}
\text{定额时间} &= \text{基本工作时间}/[1-(2\%+1\%+1\%+20\%)] \\
&= 70/[1-(2\%+1\%+1\%+20\%)] = 92 \text{（min）}
\end{aligned}$$

$$\text{时间定额} = 92/(60 \times 8) = 0.192 \text{（工日/}m^3\text{）}$$

$$\text{产量定额} = 1/\text{时间定额} = 1/0.192 = 5.208 \text{（}m^3\text{/工日）}$$

三、材料消耗量定额的编制方法

（一）材料根据其消耗性质的分类

为了合理地确定材料的消耗量定额，必须区分材料在施工过程中的类别，材料根据其消耗性质分为必需消耗的材料和损失的材料两大类，如图 2-9 所示。

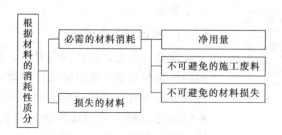

图 2-9　材料按其消耗性质分类

1. 必需消耗的材料

必需消耗的材料是指在合理用料的条件下生产合格产品所需要消耗的材料。包括直接用在建筑和安装工程的材料（净用量）、不可避免的施工废料和不可避免的材料损耗，如图 2-9 所示。必需消耗的材料应计入材料消耗量定额中。因此，

材料消耗量定额＝净用量＋损耗量＝净用量＋材料消耗量定额×材料损耗率

材料消耗量定额＝净用量/（1－材料损耗率）

2. 损失的材料

损失的材料是指在施工过程中可以避免的材料损耗。

提示

损失的材料不能计入材料消耗定额。

（二）材料根据其消耗与工程实体的关系分类

材料根据其消耗与工程实体的关系可以分为实体材料和非实体材料两类，如图 2-10 所示。

图 2-10　材料按其消耗与工程实体的关系分类图

1. 实体材料

实体材料是指直接构成工程实体的材料，包括工程直接性材料和辅助性材料，如图 2-9 所示。

（1）工程直接性材料　工程直接性材料主要是指一次性消耗、直接用于工程上构成建筑物或结构本体的材料。如钢筋混凝土柱中的钢筋、水泥、砂子、碎石等。

（2）辅助性材料　辅助性材料主要是指虽也是施工过程中所必需的，却并不构成建筑物或者结构本体的材料。如土石方爆破工程中所需的炸药、引信、雷管等。

2. 非实体材料

非实体材料主要是指在施工中必须使用但又不能构成工程实体的施工措施性材料。如模板、脚手架等。

（三）材料消耗量的确定方法

确定材料净用量定额和材料损耗量定额的数据，一般是通过以下四种方法获得的，如图2-11 所示。

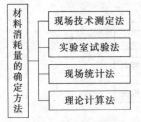

图 2-11 材料消耗量定额的四种确定方法

1. 现场技术测定法

现场技术测定法也叫观测法，是指根据对材料消耗过程的测定与观察，通过完成产品数量和材料消耗量的计算而确定各种材料消耗定额的一种方法。它主要用于编制材料的损耗定额。采用观测法，首先要选择典型的工程项目。观测中要区分不可避免的材料损耗和可以避免的材料损耗。

2. 实验室试验法

实验室试验法是指在实验室中进行试验和测定工作，这种方法一般用于确定各种材料的配合比，如测定各种混凝土、砂浆、耐腐蚀胶泥等不同强度等级及性能的配合比和配合比中各种材料的消耗量。利用实验法主要是编制材料净用量定额，不能取得在施工现场实际条件下，由于各种客观因素对材料耗用量影响的实际数据。

3. 现场统计法

现场统计法是指通过统计现场各分部分项工程的进料数量、用料数量、剩余数量及完成产品数量，并对大量统计资料进行分析计算，获得材料消耗的数据。由于该方法分不清材料消耗的性质，因此不能作为确定净用量和损耗定额的精确依据。

4. 理论计算法

理论计算法是指根据施工图纸，运用一定的数学公式计算材料的耗用量。该方法只能计算出单位产品的材料净用量，材料的损耗量还要在现场通过实测取得。该方法主要用于板块类材料的计算。

【例 2-3】 计算 $1m^3$ 1 砖墙厚砖和砂浆的净用量和消耗量，已知砖和砂浆的损耗率都为 1%。

【解】 （1）计算 $1m^3$ 1 砖墙厚砖的净用量

由于标准砖尺寸为长×宽×厚=0.24m×0.115m×0.053m，灰缝的厚度为 0.01m。

因此，在 $1m^3$ 1 砖墙厚砌体中取一块标准砖及灰缝为一个计算单元，其体积为：

V=砖长×（砖宽+灰缝）×（砖厚+灰缝）=0.24×（0.115+0.01）×（0.053+0.01）=0.00189（m^3）

则 $1m^3$ 1 砖墙厚砌体中砖的净用量为：

$$砖块数 = \frac{1}{砖长×（砖宽+灰缝）×（砖厚+灰缝）} = 1/0.00189$$
$$= 529（块）$$

（2）计算 $1m^3$ 1 砖墙厚砂浆的净用量

由于砖的体积与砂浆的体积之和为 $1m^3$，因此，砂浆的净用量为：

砂浆＝1－砖块数的体积＝1－529×0.24×0.115×0.053＝1－0.7738＝0.2262（m³）

（3）计算1m³ 1砖墙厚砖和砂浆的消耗量

$$砖的消耗量＝\frac{砖的净用量}{1－砖的损耗}＝529/(1－1\%)＝534（块）$$

$$砂浆的消耗量＝\frac{砂浆的净用量}{1－砂浆的损耗率}＝0.2262/(1－1\%)＝0.2285（m³）$$

提 示

计算1m³ 1砖墙厚砖的净用量时需要考虑灰缝所占的体积。

【例2-4】 使用1：2水泥砂浆铺500mm×500mm×12mm花岗岩板地面，灰缝宽1mm，水泥砂浆黏结层厚5mm，花岗岩板损耗率2%，水泥砂浆损耗率1%。问题：

（1）计算每100m²地面贴花岗岩板材的消耗量。

（2）计算每100m²地面贴花岗岩板材的黏结层砂浆和灰缝砂浆消耗量。

【分析要点】

（1）计算墙面花岗岩板材消耗量要考虑灰缝所占的面积，其板材净用量计算公式如下。

设每100m²墙面贴板材净用量为Q；每100m²墙面贴板材消耗量为K，则

$$Q＝\frac{100}{(块料长＋灰缝)×(块料宽＋灰缝)}$$

$$K＝Q/(1－花岗岩板材损耗率)$$

（2）计算地面铺花岗岩砂浆用量时，要考虑黏结层的用量和灰缝砂浆的用量，计算公式如下。设每100m²地面贴板材砂浆净用量为q；每100m²地面贴花岗岩砂浆消耗量为G，则

$$q＝100×黏结层砂浆厚＋(100－块料净用量×每块面积)×块料厚$$

$$G＝q/(1－砂浆损耗率)$$

【解】 （1）计算每100m²地面贴花岗岩板材的消耗量

首先根据上式计算每100m²地面贴花岗岩板材的净用量Q：

$$Q＝100/[(0.50＋0.001)×(0.50＋0.001)]＝398.40（块）$$

然后再计算每100m²地面贴花岗岩板材的消耗量K：

$$K＝398.40/(1－2\%)＝406.53（块）$$

（2）计算每100m²地面贴花岗岩板材的砂浆消耗量

根据上式，每100m²地面贴花岗岩板材的砂浆净用量q：

$$q＝100×0.005＋(100－398.40×0.5×0.5)×0.012＝0.505（m³）$$

每100m²地面贴花岗岩板材的砂浆消耗量G：

$$G＝0.505/(1－1\%)＝0.510（m³）$$

提 示

计算每100m²地面铺花岗岩板材的净用量时需要考虑灰缝所占的面积；计算每100m²地面铺花岗岩板材的砂浆净用量时需要考虑灰缝和粘贴层的砂浆用量。

四、机械台班消耗量定额的编制方法

由上述可知，机械台班定额根据其表现形式的不同，分为时间定额和产量定额，而且机

械台班定额一般采用时间定额形式。但是，确定机械台班消耗量定额时首先确定其产量定额，然后再倒数求其时间定额。其确定步骤如图 2-12 所示。

| 确定机械纯工作 1 小时的正常生产率 | → | 确定施工机械的正常利用系数 | → | 确定机械台班产量定额 | → | 确定机械台班时间定额 |

图 2-12　机械台班消耗量定额的确定步骤

（一）确定机械纯工作 1 小时的正常生产率

机械纯工作 1 小时的正常生产率，就是在正常施工组织条件下，具有必要知识和技能的技术工人操作机械 1 小时的生产率。

根据机械工作的特点不同，机械纯工作 1 小时的正常生产率的确定方法也不同。主要有以下两种。

1. 循环动作机械

（1）确定机械循环一次的正常延续时间　机械循环一次由几部分组成，因此根据现场观察资料和机械说明书确定循环一次各组成部分的延续时间，将各组成部分的延续时间相加，减去各组成部分之间的交叠时间，即可求出机械循环一次的正常延续时间。其计算公式为：

机械循环一次的正常延续时间＝$\sum$（循环各组成部分正常延续时间）－交叠时间

（2）计算机械纯工作 1 小时的正常循环次数

$$机械纯工作 1 小时的循环次数＝\frac{60×60(s)}{一次循环的正常延续时间(s)}$$

（3）计算机械纯工作 1 小时的正常生产率

机械纯工作 1 小时正常生产率＝机械纯工作 1 小时的循环次数×循环一次生产的产品数量

2. 连续动作机械

对于连续动作机械，要根据机械的类型、结构特征以及工作过程的特点来确定机械纯工作 1 小时的正常生产率，其确定方法如下：

连续动作机械纯工作 1 小时正常生产率＝工作延续时间内生产的产品数量/工作延续时间（h）

工作延续时间内生产的产品数量和工作延续时间的消耗，要通过多次现场观察和机械说明书来取得数据。

（二）确定施工机械的正常利用系数

1. 施工机械的正常利用系数

施工机械的正常利用系数是指机械在工作班内对工作时间的利用率。

2. 施工机械的正常利用系数的计算

$$机械正常利用系数＝\frac{机械在一个工作班内的纯工作时间}{一个工作班延续时间(8h)}$$

（三）确定机械台班产量定额

计算施工机械台班产量定额是编制机械使用定额工作的最后一步。其机械产量定额计算公式如下：

机械台班产量定额＝机械纯工作 1 小时的正常生产率×工作班延续时间×机械正常利用系数

（四）确定机械时间定额

$$施工机械时间定额=\frac{1}{机械台班产量定额}$$

【例 2-5】 某循环式混凝土搅拌机，其设计容量（即投量容量）为 0.4m³，混凝土出料系数为 0.67，混凝土上料、搅拌、出料等时间分别为：60s、120s、60s，搅拌机的时间利用系数为 0.85，求该混凝土搅拌机的产量定额和时间定额为多少？

【解】 循环式混凝土搅拌机每循环一次由混凝土上料、搅拌、出料等工序组成，该搅拌机循环一次的正常延续时间＝60＋120＋60＝4min＝0.067（h）

该搅拌机纯工作 1 小时循环次数＝1/0.067＝15（次）

该搅拌机循环一次完成的工程量＝0.4×0.67＝0.268（m³）

该搅拌机纯工作 1 小时正常生产率＝15 次×0.268＝4.02（m³）

该搅拌机台班产量定额＝4.02×8×0.85＝27.3（m³/台班）

该搅拌机台班时间定额＝1/27.3＝0.037（台班/m³）

第三节 预算定额的确定及其应用

一、预算定额

1. 预算定额

预算定额是确定一定计量单位分项工程或结构构件的人工、材料、机械台班和资金消耗的数量标准，由此可见，预算定额是计价性定额。

预算定额是由各省、市有关部门组织编制并颁布的一种指导性指标，反映的是当地完成一定计量单位分项工程或结构构件的人工、材料、机械台班消耗量的平均水平。

2. 预算定额的用途及编制依据

预算定额是编制施工图预算的主要依据，是确定工程造价和控制工程造价的基础。

预算定额的编制依据是施工定额。

二、预算定额中工料机和资金消耗量的确定

（一）人工消耗量的确定

1. 人工消耗量

预算定额中人工消耗量是指完成一定计量单位的分项工程或结构构件所必需的各种用工量，包括基本用工和其他用工。如图 2-13 所示。

2. 基本用工

基本用工指完成分项工程的主要用工量。例如，砌筑各种墙体工程的砌砖、调制砂浆及运输砖和砂浆的用工量。预算定额是一项综合性定额，要按组成分项工程内容各工序综合而成。因此，它包括的工程内容比较多，如墙体砌筑工程中包括门窗洞口、附墙烟窗、垃圾道、墙垛、各种形式的砖碹等，其用工量比砌筑一般墙体的用工多，需要另外增加的用工

也属于基本用工内容。

3. 其他用工

其他用工是辅助消耗的工日，包括超运距用工、辅助用工和人工幅度差三种。如图 2-13 所示。

图 2-13 人工消耗指标的构成

（1）超运距用工 超运距是指预算定额中取定的材料及半成品的场内水平运距超过劳动定额规定的水平距离的部分，即：

超运距＝预算定额取定的运距－劳动定额已包括的运距

超运距用工是指完成材料及半成品的场内水平超运距部分所增加的用工。

（2）辅助用工 辅助用工是指技术工种劳动定额内不包括而在预算定额内又必须考虑的用工。如机械土方工程配合、材料加工（包括洗石子、筛沙子、淋石灰膏等）、模板整理等用工。

（3）人工幅度差 人工幅度差是指预算定额与劳动定额的定额水平不同而产生的差异。它是劳动定额作业时间之外，预算定额内应考虑的、在正常施工条件下所发生的各种工时损失。包括的内容如图 2-14 所示。

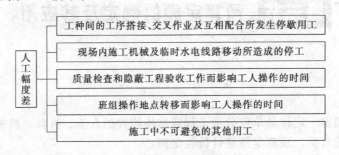

图 2-14 人工幅度差包括的内容

人工幅度差计算公式如下：

人工幅度差＝（基本用工＋超运距用工＋辅助用工）×人工幅度差系数

人工幅度差系数一般取 10％～15％。

（二）材料消耗量的确定

1. 材料消耗量及其分类

预算定额中的材料消耗量是指为完成单位合格产品所必须消耗的材料数量。

材料按用途分这些材料包括主要材料、次要材料、零星材料和周转材料，如图 2-15 所示。

图 2-15 材料按用途的分类

预算定额中的材料消耗量指标由材料净用量和材料损耗量构成。如图 2-16 所示。

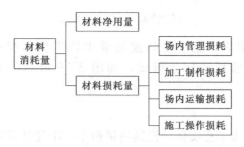

图 2-16 预算定额中材料消耗量的构成

2. 主要材料

主要材料是指能够计量的消耗量较多、价值较大的直接构成工程实体的材料。

与施工定额的确定方法一样，凡能计量的材料、成品、半成品均按品种、规格逐一列出数量，其主要材料的消耗量为：

$$材料消耗量＝材料净用量＋材料损耗量$$
$$≈材料净用量×（1＋材料损耗率）$$

提示

预算定额中规定主要材料的损耗量是在计算出主材净用量的基础上乘以损耗率得到的，即主材的损耗量≈材料净用量×材料损耗率。

预算定额中材料损耗率与施工定额中的不同，预算定额中的材料损耗比施工定额中的范围更广，它考虑了整个施工现场范围内材料堆放、运输、制备、制作及施工过程中的损耗。

（1）确定主要材料的净用量 主要材料的净用量应结合分项工程的构造做法、综合取定的工程量及有关资料进行计算。例如砌筑 1 砖墙，经测定计算，每 $1m^3$ 墙体中梁头、板头体积为 $0.028m^3$，预留孔洞体积 $0.0063m^3$，突出墙面砌体 $0.00629m^3$，砖过梁为 $0.04m^3$，则每 $1m^3$ 墙体的砖及砂浆净用量计算为：

实砌 $1m^3$ 墙体不考虑任何因素（既不留洞，也没有梁头、板头等），其砖及砂浆的净用量计算与施工定额中一样。

$$标准砖砖数＝\frac{1}{砖长×（砖宽＋灰缝）×（砖厚＋灰缝）}$$

$$砂浆＝1－砖数的体积$$

如果考虑扣除和增加的体积后，砖及砂浆的净用量为：

$$标准砖＝标准砖砖数×（1－2.8\%－0.63\%＋0.629\%）$$

$$砂浆＝砂浆×（1－2.8\%－0.63\%＋0.629\%）$$

其中砌筑砖过梁所用的砂浆强度等级较高，称为附加砂浆，砌筑砖墙的其他部分砂浆为主体砂浆。

$$附加砂浆＝砂浆×4\%$$

$$主体砂浆＝砂浆×96\%$$

（2）主材损耗量的确定　主要材料损耗量由施工操作损耗、场内运输损耗、加工制作损耗和场内管理损耗四部分组成，如图 2-16 所示。其计算方法与施工定额一样。

3. 次要和零星材料

次要材料是指直接构成工程实体，但其用量很小，不便计算其用量，如砌砖墙中的木砖、混凝土中的外加剂等。

零星材料是指不构成工程实体，但在施工中消耗的辅助材料，如草袋、氧气等。

总的来说，这些次要材料和零星材料用量不多、价值不大不便在定额中一一列出，采用估算的方法计算其总价值后，以"其他材料费"来表示。

（三）机械台班消耗量的编制

1. 机械台班消耗量

预算定额中机械台班消耗量是指在正常施工条件下，生产单位合格产品必须消耗的施工机械的台班数量。

机械台班消耗量指标一般是在施工定额的基础上，再考虑一定的机械幅度差进行计算。即：

$$机械台班消耗量＝施工定额机械台班消耗量＋机械幅度差$$

2. 机械幅度差

机械幅度差是指机械台班消耗定额中未包括的，而机械在合理的施工组织条件下不可避免的机械的损失时间。包括的内容如图 2-17 所示。

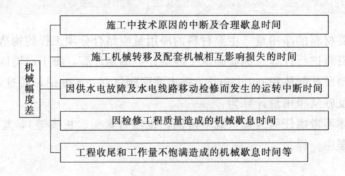

图 2-17　机械幅度差包括的内容

$$机械幅度差＝施工定额机械台班消耗量×机械幅度差系数$$

提示

> 机械台班消耗量指标＝施工定额机械台班消耗量×(1＋机械幅度差系数)

（四）预算定额基价的确定

预算定额基价即"预算价格"，是完成一定计量单位的分项工程或结构构件所需要的人工费、材料费和施工机械使用费之和。如图 2-18 所示。

即：一定计量单位的分项工程的预算价格＝人工费＋材料费＋机械费

其中：人工费＝工日消耗量×日工资单价

材料费＝∑（材料消耗量×材料单价）

机械费＝∑（台班消耗量×台班单价）

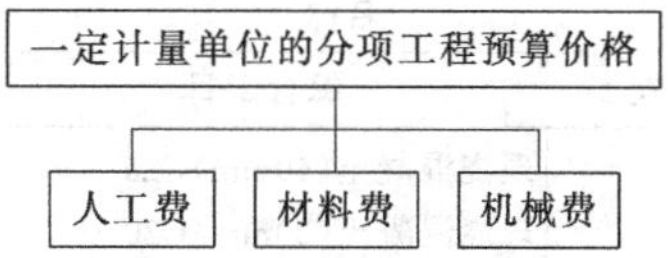

由此可见，工程造价费用的多少，除取决于预算定额中工料机的消耗量以外，还取决于日工资单价、材料单价和台班单价。

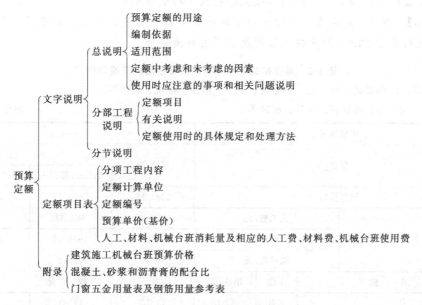

图 2-18　分项工程预算价格的构成

预算定额中工料机的消耗量确定上面已经介绍了，日工资单价、材料单价和台班单价的具体内容和确定方法详见第一章相关内容。

三、预算定额的应用

（一）预算定额一般包括的主要内容

预算定额一般包括以下主要内容，如图 2-19 所示。

图 2-19　预算定额的组成

定额项目表是预算定额的核心内容，某省建筑工程预算定额现浇混凝土柱示例如表 2-1 所示。

表 2-1　某省建筑工程预算定额现浇混凝土柱示例

工作内容：混凝土搅拌、运输、浇捣、养护等。　　　　　　　　　　　　　　　　单位：10m³

定额编号		A4-13	A4-14	A4-15
项目		矩形柱	圆形柱	构造柱
预算价格		3553.58	3557.62	3747.73
其中	人工费/元	1130.31	1140.57	1292.76
	材料费/元	2249.82	2243.60	2281.52
	机械费/元	173.45	173.45	173.45

续表

名称		单位	单价/元	数　　量		
人工	综合工日	工日	57.0	19.83	20.01	22.6
材料	现浇混凝土(40mm)C20 现浇混凝土(20mm)C20	m³	216.97 222.92	9.86	9.86	9.86
	水泥砂浆 1：2	m³	248.99	0.29	0.29	0.29
	工程用水	m³	5.6	2.1	2.08	1.97
	其他材料费	元		26.53	20.42	0.29
机械	搅拌机 400L	台班	142.32	0.63	0.63	0.63
	翻斗车 1t	台班	132.72	0.52	0.52	0.52
	振捣器	台班	11.82	1.25	1.25	1.25

（二）预算定额的直接套用

当设计图纸与定额项目的内容相一致时，可以直接套用预算定额中的预算价格和工料机消耗量，并据此计算该分项工程的直接工程费及工料机需用量。

【例 2-6】 表 2-2 是某省砖基础和砖墙体预算定额项目表，请根据该表计算采用 M5 混合砂浆砌筑砖基础 200m³ 的直接工程费及主要材料消耗量。

表 2-2　某省建筑工程预算定额砖基础、砖墙示例

工作内容：1. 砖基础：调、运、铺砂浆、运砖、清理基槽坑、砌砖等。
　　　　　2. 砖墙：调、运、铺砂浆、运砖、砌砖等。　　　　　　　　　　　　　　单位：10m³

定额编号		A3-1	A3-2	A3-3
项目		砖基础	内　墙	
			115mm 厚以内	365mm 厚以内
预算价格		2287.15	2624.17	2464.70
其中	人工费/元	671.46	986.67	825.36
	材料费/元	1576.32	1605.02	1599.97
	机械费/元	39.37	32.48	39.37

名　　称		单位	单价/元	数　　量		
人工	综合工日	工日	57.0	11.78	17.31	14.48
材料	机红砖 240mm×115mm×53mm	块	0.23	5185.50	5590.62	5321.31
	混合砂浆 M5	m³	153.88	2.42	2.00	2.37
	工程用水	m³	5.6	2.01	2.04	2.03
机械	灰浆搅拌机 200L	台班	98.42	0.40	0.33	0.40

【解】 首先确定该分项工程应该套用哪个定额编号，直接套还是间接套？

根据题意，查表 2-2，砌筑砖基础分项工程应该套 A3-1，又由于该分项工程采用的是 M5 混合砂浆，与预算定额 A3-1 中完全一致，因此可以直接套用。

其次计算完成 200m³ 砌筑砖基础工程的直接工程费＝2287.15/10×200＝45743（元）

第三计算完成 200m³ 砌筑砖基础工程的主要材料消耗量

混合砂浆 M5＝2.42/10×200＝48.4（m³）

标准砖：5185.5/10×200＝103.71（千块）

（三）预算定额的换算

1. 预算定额的换算

当设计图纸的要求和定额项目的内容不一致时，为了能计算出设计图纸内容要求项目的工程直接费及工料消耗量，必须对预算定额项目与设计内容要求之间的差异进行调整。这种使预算定额项目内容适应设计内容要求的差异调整就是产生预算定额换算的原因。

2. 预算定额的换算依据

预算定额的换算实际上是预算定额应用的进一步扩展和延伸，为保持预算定额水平，在定额说明中规定了若干条预算定额换算的具体规定，该规定是预算定额换算的主要依据。

3. 预算定额的换算类型

预算定额换算包括人工费和材料费的换算。人工费换算主要是由用工量的增减而引起的，而材料费换算则是由材料消耗量的改变及材料代换所引起的，特别是材料费和材料消耗量的换算占预算定额换算相当大的比重。预算定额换算内容的主要规定如下：

（1）当设计图纸要求的砂浆、混凝土强度等级和预算定额不同时，可按半成品（即砂浆、混凝土）的配合比进行换算。

（2）预算定额对抹灰砂浆的规定。如果设计内容要求的砂浆种类、配合比或抹灰厚度与预算定额不同时可以换算，但定额中的人工、机械消耗量不得调整。

预算定额的换算主要有三种类型：混凝土强度等级的换算、砂浆强度等级的换算和系数换算。

4. 预算定额换算的主要方法

（1）混凝土的换算　混凝土的换算包括构件混凝土和楼地面混凝土的换算两种，但主要是构件混凝土强度的换算。

构件混凝土的换算主要是混凝土强度不同的换算，其特点是：当混凝土用量不发生变化，只换算强度时。其换算公式如下：

换算后的预算价格＝原预算价格＋定额混凝土用量×（换入混凝土单价－换出混凝土单价）

换算步骤如下：

① 第一步，选择换算定额编号及单价，确定混凝土品种、粗骨料粒径及水泥强度等级。

② 第二步，确定混凝土品种（即是塑性混凝土还是低流动性混凝土、石子粒径、混凝土强度），查出换入与换出混凝土的单价。

③ 第三步，换算价格计算。

④ 第四步，确定换入混凝土品种需考虑以下因素：即是塑性混凝土还是低流动性混凝土，以及混凝土强度；可根据规范要求确定混凝土中石子的最大粒径；再按照设计要求确定采用的是砾石混凝土还是碎石混凝土，以及水泥强度等级。

（2）砂浆的换算　砂浆换算包括砌筑砂浆的换算和抹灰砂浆的换算两种。

① 砌筑砂浆的换算方法及计算公式　和构件混凝土的换算方法及计算公式基本相同。

② 抹灰砂浆的换算　在某省预算定额装饰分部说明中规定：a. 砂浆种类、配合比与设

计不同时可以换算。b. 抹灰厚度按不同的砂浆分别列在定额项目中，同类砂浆列总厚度，不同砂浆分别列出厚度。如定额项目中列出（18＋6）mm，即表示两种不同砂浆的各自厚度。厚度与设计不同时，可按砂浆厚度加装饰定额中相关内容套子目。但定额中的人工、机械消耗量不变。

$$换算价格＝原预算价格＋\sum（换入砂浆单价×换入砂浆用量）－（换出砂浆单价×换出砂浆用量）$$

式中　　　　　　　　换入砂浆用量＝定额用量/定额厚度×设计厚度

换出砂浆用量＝定额中规定的砂浆用量

（3）系数换算　系数换算是指按照预算定额说明中所规定的系数乘以相应的定额基价（或定额中工、料之一部分）后，得到一个新单价的换算。

【例 2-7】　表 2-1 是某省建筑工程预算定额现浇混凝土柱项目表，请根据该表计算采用 C30 碎石混凝土现浇截面尺寸为 600mm×600mm 的钢筋混凝土柱子 55m³ 的直接工程费。已知石子最大粒径 40mm 的碎石混凝土 C20 的单价为 216.97 元，C30 的单价为 259.32 元。

【解】　根据题意，该现浇混凝土柱子是矩形的，因此，该分项工程应该套 A4-13，但由于该分项工程采用的是 C30 碎石混凝土，而定额 A4-13 中的混凝土强度等级是 C20 碎石混凝土。因此，根据规定，当设计规定的混凝土强度等级与预算定额不同时需要进行换算。根据换算公式得到：

换算后的预算价格＝原预算价格＋定额混凝土用量×（C30 碎石混凝土单价－C20 碎石混凝土单价）＝3553.58＋9.86×（259.32－216.97）＝3971.15（元）

55m³ 的钢筋混凝土柱子分项工程的直接工程费＝3971.15/10×55＝21841.33（元）

四、利用预算定额编制施工图预算的方法

1. 施工图预算

施工图预算是施工图设计预算的简称，也叫建筑安装工程造价。是指在施工图设计完成后，根据已批准的施工图纸，考虑实施施工图的施工方案或施工组织设计，按照现行预算定额、费用标准、材料预算价格和建设主管部门规定的费用计算程序及其他取费规定等确定的单位工程、单项工程及建设项目建筑安装工程造价的技术经济文件。

施工图预算包括的费用内容如图 2-20 所示。

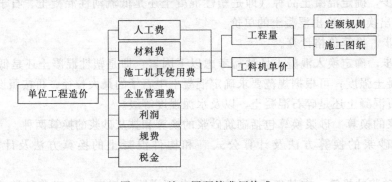

图 2-20　施工图预算费用构成

2. 施工图预算编制的方法

利用预算定额编制施工图预算主要有单价法和实物法两种。

（1）单价法

① 单价法　单价法是根据施工图纸计算出各分项工程的工程量，将各分项工程的工程量分别乘以地区统一预算定额中各分项工程的预算单价，汇总得到单位工程的直接工程费，措施费、间接费、利润和税金按规定的计费基数乘以相应的费率计算，最后汇总即可得到单位工程的施工图预算（即建安造价）。

② 用单价法编制施工图预算的主要公式

单位工程施工图预算直接工程费＝∑（分项工程的工程量×分项工程的预算单价）

措施费、间接费、利润和税金＝规定的计费基数×相应费率

含税工程造价＝直接费＋间接费＋利润＋材差＋税金

提示

利用单价法编制施工图预算，由于分项工程套用的是编制定额时期的价格，因此，最后要根据相关规定进行价差的调整。

③ 利用单价法编制施工图预算的步骤　如图 2-21 所示。

搜集资料、熟悉图纸及定额、施工方案

↓

划分项目、计算分项工程的工程量

↓

套用定额单价计算直接工程费

↓

计算其他各项费、汇总工程造价

↓

进行工料分析

↓

复核

↓

计算单位工程技术经济指标

↓

填写封面、编制说明、装订成册

图 2-21　单价法编制施工图预算的步骤

（2）实物法

① 实物法　实物法是根据施工图纸计算出各分项工程的工程量，将各分项工程的工程量分别乘以地区统一预算定额中各分项工程一定计量单位的人工、材料、施工机械台班消耗数量，计算出各分项工程的人工、材料、施工机械台班消耗数量，分别乘以当时、当地的市场价格，计算出人工费、材料费、机械费，最后相加得到单位工程的直接工程费。措施费、间接费、利润和税金按规定的计费基数乘以相应的费率计算，最后汇总即可得到单位工程的施工图预算（即建安造价）。

② 用实物法编制施工图预算的主要公式

单位工程施工图预算直接工程费＝∑（分项工程的工程量×人工预算定额用量×当时当地人工工资单价）＋∑（分项工程的工程量×材料预算定额用量×当时当地材料价格）＋∑（分项工程的工程量×机械预算定额用量×当时当地机械台班单价）

措施费、间接费、利润和税金＝规定的计费基数×相应费率

含税工程造价＝直接工程费＋措施费＋间接费＋利润＋税金

提示

利用实物法编制施工图预算，能比较准确地反映编制预算时各种人工、材料和机械台班的市场价格水平，因此，利用实物法不需要进行价差的调整。

③ 利用实物法编制施工图预算的步骤　如图 2-22 所示。

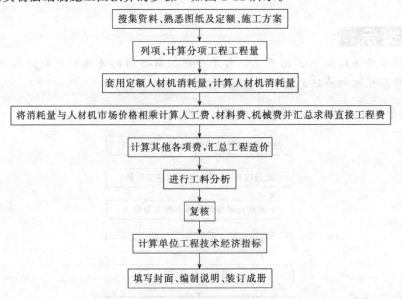

搜集资料、熟悉图纸及定额、施工方案

列项、计算分项工程工程量

套用定额人材机消耗量，计算人材机消耗量

将消耗量与人材机市场价格相乘计算人工费、材料费、机械费并汇总求得直接工程费

计算其他各项费，汇总工程造价

进行工料分析

复核

计算单位工程技术经济指标

填写封面、编制说明、装订成册

图 2-22　实物法编制施工图预算的步骤

第四节　其他计价定额

一、概算定额

1. 概算定额

概算定额是在预算定额的基础上，确定完成合格的单位扩大分项工程或单位扩大结构构件所需消耗的人工、材料、机械台班和资金的数量标准。

概算定额的作用主要是编制设计概算和编制概算指标的依据。

2. 与预算定额的异同

（1）与预算定额的相同点　都是以建（构）筑物各个结构部分和分部分项工程为单位表

示的,内容都包括三个基本部分,并列有基准价。概算定额表达的主要内容、主要方式及基本使用方法都与预算定额相近。

(2)与预算定额的不同点 在于项目划分和综合扩大程度上的差异,预算定额是按照分项工程划分项目的,比较细;而概算定额是预算定额的合并与扩大,是按照扩大的分项工程划分的,比较粗。概算定额是将预算定额中有联系的若干个分项工程项目综合为一个概算定额项目。如砖基础概算定额项目,就是以砖基础为主,综合了平整场地、挖地槽、铺设垫层、砌砖基础、回填土及运土等预算定额中分项工程项目,如图 2-23 所示。因此概算工程量的计算和概算表的编制比施工图预算简化一些。

图 2-23 概算定额中砖基础所包含的预算定额中的分项内容

3. 概算定额的组成内容及应用

概算定额的组成内容及应用与预算定额类似,内容包括文字说明部分和定额项目表,应用有直接套用和间接套用,这里就不再赘述。

二、概算指标

1. 概算指标

概算指标是以整个建筑物或构筑物为对象,以建筑面积、体积为计量单位所规定的人工、材料、机械台班和资金的消耗量标准。

概算指标主要是用来编制设计概算的依据。

2. 概算指标与概算定额的区别

概算指标与概算定额的主要区别见表 2-3。

表 2-3 概算指标与概算定额的主要区别

概算指标、定额	确定各种消耗量指标的对象不同	确定各种消耗量指标的依据不同
概算指标	以整个建筑物或构筑物为标定对象	以各种预算和结算资料为主
概算定额	以单位扩大分项工程或扩大结构构件为标定对象	以现行预算定额为基础

由上表可知:概算指标比概算定额更加综合与扩大,概算定额是以现行预算定额为基础,通过计算之后才确定出各种消耗量指标,而概算指标中各种消耗量指标的确定,则主要来自于各种预算和结算资料。

3. 概算指标的主要表现形式

概算指标的主要表现形式有综合概算指标和单项概算指标两种。

综合概算指标是指按照工业或民用建筑及其结构类型而制定的概算指标。综合概算指标的概括性较大,其准确性、针对性不强。

单项概算指标是指为某种建筑物或构筑物编制的概算指标。其针对性较强,故指标中对工程结构形式要做详细介绍。只有工程项目的结构形式及工程内容与单项指标中的工程概况相吻合,编制出的设计概算就比较准确。因此,概算指标主要以单项概算指标为主,其具体表现形式如表 2-4 所示。

表 2-4　单项概算指标的具体表现形式

指标编号××　　　　　　　　　　　　　　　　　　　　　　　　　　　　　　　　　　单位：m²

工程名称		建筑面积		结构类型	
层数		地基承载力		工程所在地	
檐高			层高		
地基与基础					
外墙					
内墙					
地面					
楼面					
屋面					
门窗					
装修					
安装					

定额工料机指标/(元/m²)			人工及主要材料		
			名称	单位	数量
土建	单价		人工	工日	
			水泥	kg	
			木材	m³	
水卫	单价 其中:人工费				
采暖	单价 其中:人工费				
电气	单价 其中:人工费				

4. 概算指标的应用

概算指标的应用与预算定额一样，包括直接套用和间接套用两种情况。

(1) 概算指标的直接套用

① 概算指标的直接套用应具备的条件

a. 拟建工程的建设地点和概算指标中的工程地点在同一地区；

b. 拟建工程的外形特征和结构特征与概算指标中的外形特征和结构特征大体相同；

c. 拟建工程的建筑面积、层数与概算指标中的建筑面积、层数相差不大。

提示

拟建工程只有同时具备以上三种条件时，才能直接套用概算指标。

② 概算指标的两种直接套法

a. 直接套用概算指标中的直接工程费，这种方法叫单价法。

直接工程费=概算指标中每 1m² 直接工程费指标×拟建工程建筑面积

求出直接工程费后，再按照规定的取费方法计算其他费用，最终得到单位工程概算造价。这种简化方法的计算结果参照的是概算指标编制时期的价值标准，未考虑拟建工程建设时期与概算指标编制时期的价差。因此，在计算直接工程费后还应该用物价指数另行调整价差。

提 示

　　如果采用单价法直接套用概算指标，则在计算完直接工程费后要进行价差调差。

b. 先调整概算指标中的差价，再套，这种方法叫实物法。

由于拟建工程的建设时期与概算指标的编制时期不一定一致，因此，在套用概算指标时，不直接套用其直接工程费指标，而是先根据概算指标中的工料机消耗量分别乘以拟建工程建设时期的工料机单价，得到概算指标调整后的直接工程费，然后再乘以拟建工程的建筑面积得到拟建工程建设时期的直接工程费。

每 1m² 建筑物面积的人工费＝概算指标规定的工日数×拟建工程建设时期的工日单价

每 1m² 建筑物面积的材料费＝Σ概算指标中规定的材料消耗数量×拟建工程建设时期的材料单价

每 1m² 建筑物面积的机械费＝Σ概算指标中规定的机械消耗数量×拟建工程建设时期的机械单价

调整后的每 1m² 建筑物面积直接工程费＝人工费＋材料费＋机械费

直接工程费＝调整价差后的每 1m² 建筑面积的直接工程费×拟建工程建筑面积

求出直接工程费后，再按照规定的取费方法计算其他费用，最终得到单位工程概算造价。

单位工程的概算造价＝直接工程费＋措施费＋间接费＋利润＋税金

提 示

　　如果采用实物法直接套用概算指标，则在计算完直接工程费后就不再进行价差调差。

（2）概算指标的间接套用　用概算指标编制工程概算时，不易找到与概算指标中工程结构特征完全相同的概算指标，实际工程与概算指标的内容存在一定的差异。此时，就需要对概算指标进行调整。

当拟建工程结构特征与概算指标有局部差异时，就不能直接套用概算指标，必须对概算指标进行调整后才能套用。具体有两种调整方法。

① 调整概算指标中的每 1m² 直接工程费（调价法）　调整思路同定额换算，即从每 1m² 建筑物面积直接工程费中减去换出结构构件的直接工程费，加上换入结构构件的直接工程费，然后再进行取费得到单位工程的概算造价。其调值公式为：

结构变化修正概算指标(元/m²)＝原概算指标(直接工程费)＋换入结构的工程量×换入结构的直接工程费单价－换出结构的工程量×换出结构的直接工程费单价

提 示

　　对概算指标进行局部结构调整时，只能用直接工程费指标进行调整，换出换入结构的工程量都是指的每 1m² 建筑物面积中的含量。

② 调整概算指标中的工、料数量（调量法） 调整思路同定额换算，即从每 $1m^2$ 建筑物面积的工料消耗量中换出和拟建工程不同的结构构件的工料消耗量，换入所需结构构件的工料消耗量。其调量公式为：

结构变化修正概算指标的工、料数量＝原概算指标的工、料数量＋换入结构件工程量×相应定额工、料消耗量－换出结构件工程量×相应定额工、料消耗量

调整后的直接工程费＝调整后的工、料、机数量×本地区相应的工、料、机单价

工程造价＝直接工程费＋措施费＋间接费＋利润＋税金

【例 2-8】 假设新建单身宿舍一座，其建筑面积为 $3500m^2$，按概算指标和地区材料预算价格等算出单位造价一般土建工程为 640.00 元/m^2（其中直接工程费为 468.00 元/m^2）；采暖工程 32.00 元/m^2；给排水工程 36.00 元/m^2；照明工程 30.00 元/m^2。按照当地造价管理部门规定，土建工程措施费费率为 8%，间接费费率为 15%，利润率为 7%，税率为 3.41%。但新建单身宿舍设计材料与概算指标相比较，其结构构件有部分变更，设计资料表明外墙为一砖半外墙，而概算指标中外墙为一砖外墙，根据当地土建工程预算定额，外墙带型毛石基础的预算单价为 147.87 元/m^3，一砖外墙的预算单价为 177.10 元/m^3，一砖半外墙的预算单价为 178.08 元/m^3；概算指标中每 $100m^2$ 建筑面积中含外墙带型毛石基础为 $18m^3$，一砖外墙为 $46.5m^3$，新建工程设计资料表明，每 $100m^2$ 中含外墙带型毛石基础为 $19.6m^3$，一砖半外墙为 $61.2m^3$。

请计算调整后的概算单价和新建宿舍的概算造价。

【解】 根据题意，新建宿舍只有土建部分与概算指标有局部差异，采暖、给排水和照明工程与概算指标完全一样，因此本题只对土建工程进行局部差异调整，调整过程见表 2-5。

表 2-5 土建工程局部差异调整表

结构名称	单位	每 $100m^2$ 含量	单价	合价/元
土建工程单位面积直接工程费				468
换出部分：				
外墙带型毛石基础	m^3	18	147.87	2661.66
一砖外墙	m^3	46.5	177.10	8235.15
合计	元			10896.81
换入部分：				
外墙带型毛石基础	m^3	19.6	147.87	2898.25
一砖半外墙	m^3	61.2	178.08	10898.5
合计	元			13796.75

调整后的单位面积直接工程费＝468.00－10896.81/100＋13796.75/100＝497.00

以上计算结果为直接工程费单价，需取费得到修正后的土建单位工程单方造价：

497×(1＋8%)×(1＋15%)×(1＋7%)×(1＋3.41%)＝682.94（元/m^2）

其余单位工程单方造价不变，因此，经过调整后的新建宿舍的概算单价为：

682.94＋32.00＋36.00＋30.00＝780.94（元/m^2）

新建宿舍楼概算造价为：

$$780.94 \times 3500 = 2733290（元）$$

提 示

当拟建工程与概算指标完全相同时直接套用；当有局部结构差异时，调整后才能套用（即间接套用）。

本章小结

建设工程定额是指在正常的施工条件下，以及在合理的劳动组织、最优化的使用材料和机械的条件下，完成建设工程单位合格产品所必须消耗的各种资源的数量标准。建设工程定额可按照生产要素、编制程序和定额的用途分别分为不同种类，本章重点介绍了施工定额工料机消耗量的编制方法、预算定额工料机和资金消耗量的编制方法以及应用、概算定额和概算指标的基本概念和应用，尤其是概算指标的应用。

思考题

1. 什么是建设工程定额？按生产要素和编制的程序和用途分类分为哪几类？

2. 简述施工定额、预算定额、概算定额、概算指标和投资估算指标分别是以什么为标定对象确定其工料机消耗量的？

3. 什么是劳动定额？机械台班使用定额？按照表现形式分为哪两种？二者的关系如何？

4. 什么是材料消耗量定额？包括哪两部分？

5. 预算定额中人工消耗量包括哪些内容？

6. 简述预算定额中人工单价、材料单价和机械台班单价分别包含哪些内容？

7. 预算定额、概算定额的套用有哪两种形式？分别应该具备什么条件？

8. 概算指标直接套用和间接套用的条件是什么？

9. 利用概算指标进行局部结构差异调整时有哪两种调法？

10. 什么是人工幅度差？主要包括哪些内容？

习 题

1. 试计算1m³一砖半砖、半砖和两砖墙厚标准砖和砂浆的消耗量，已知标准砖和砂浆的损耗率都为1%。

2. 采用机械翻斗车运输砂浆，运输距离200m，平均行驶速度10km/h，候装砂浆时间平均每次5min，每次装载砂浆0.60m³，台班时间利用系数按0.9计算。

问题：（1）计算翻斗车运砂浆的每次循环延续时间。

（2）计算翻斗车运砂浆的台班产量和时间定额。

3. 某框架结构填充墙，采用混凝土空心砌块砌筑，墙厚190mm，空心砌块尺寸390mm×190mm×190mm，损耗率1‰；砌块墙的砂浆灰缝为10mm，砂浆损耗率1.5%。

问题：（1）计算每 $1m^3$ 厚度为 190mm 的混凝土空心墙的砌块净用量和消耗量。

（2）计算每 $1m^3$ 厚度为 190mm 的混凝土空心墙的砂浆消耗量。

4. 假设新建单身宿舍一座，其建筑面积为 $3500m^2$，按指标和地区材料预算价格等算出一般土建工程的直接工程费概算指标为 580 元/m^2。按照当地工程造价管理部门规定，土建工程措施费费率为 8%，间接费费率为 15%，利润率为 7%，税率为 3.41%。

但新建单身宿舍设计资料与概算指标相比较，其结构构件有部分不同，已知概算指标中房屋建筑工程的外墙面采用水泥砂浆抹面，其定额单价为 11 元/m^2。新建房屋的设计资料表明外墙面为瓷砖贴面，其定额单价为 58 元/m^2，每平方米建筑面积的外墙面装饰装修工程量与概算指标中水泥砂浆抹面的工程量一致，均为 $0.85m^2$。请计算调整后的土建概算单价和新建宿舍的土建概算造价。（计算结果保留两位小数）

第三章　工程量清单及其编制

 问题导入

　　什么是工程量清单？《建设工程工程量清单计价规范》（GB 50500—2013）有哪些强制性条文必须严格执行？2013版《清单计价规范》与2008版有何不同？2013版《清单计价规范》主要内容包括哪些？如何编制建设工程工程量清单？

本章内容框架

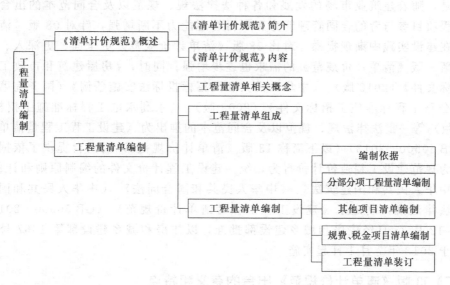

学习要求

　　1. 掌握工程量清单的相关概念；

　　2. 掌握工程量清单的编制内容和编制方法；

　　3. 了解2013版《建设工程工程量清单计价规范》相对于2008版的不同和特点。

第一节　概　述

一、《建设工程工程量清单计价规范》（GB 50500—2013）简介

（一）《建设工程工程量清单计价规范》的实施背景

为适应我国工程投资体制改革和建设管理体制改革的需要，加快我国建筑工程计价模式与国际接轨的步伐，自 2003 年 7 月 1 日起开始在全国范围内施行《建设工程工程量清单计价规范》，逐步推广工程量清单计价方法。为深入推行工程量清单计价改革工作，规范建设工程工程量清单计价行为，统一建设工程工程量清单的编制和计价方法，由原建设部标准定额司组织，根据 GB 50500—2003 实施以来的经验，针对执行中存在的问题，主要修编了 GB 50500—2003 规范正文中不尽合理、可操作性不强的条款及表格格式，特别增加了采用工程量清单计价如何编制工程量清单和招标控制价、投标报价、合同价款约定及工程计量与价款支付、工程价款调整、索赔、竣工结算、工程计价争议处理等内容，并增加了条文说明，于 2008 年 7 月 9 日推出了《建设工程工程量清单计价规范》（GB 50500—2008）（以下简称 08 版《清单计价规范》），并于同年 12 月 1 日起施行。

通过《建设工程工程量清单计价规范》GB 50500—2003 和 GB 50500—2008 的普遍使用，我国工程建设项目投资计价体系已由定额计价体系转变为工程量清单计价体系。但是，随着建筑业市场的发展和各种法律法规、规范以及合同范本的出台，我国建设工程项目参与者的合同管理能力和项目管理能力不断增强，针对 08 版《清单计价规范》在建设实践中渐现捉襟，对比 08 版《清单计价规范》更全面、更深入、操作性更强的新一版《清单计价规范》的需求也逐步增强；同时，《房屋建筑和市政工程标准施工招标文件》（2010 版）、《中华人民共和国招标投标法实施条例》（国务院第 613 号令）、《公路工程标准施工招标文件》（2009 版）、《水利水电工程标准施工招标文件》（2009 版）等一批法律法规、规范以及合同范本的推出为《建设工程工程量清单计价规范》（GB 50500—2013）（以下简称 13 版《清单计价规范》）的出台提供了依据和技术支持。为规范建设工程造价计价行为，统一建设工程计价文件的编制原则和计价方法，根据《中华人民共和国建筑法》、《中华人民共和国合同法》、《中华人民共和国招投标法》等法律法规，制定了《建设工程工程量清单计价规范》（GB 50500—2013），于 2012 年 12 月 25 日经住房和城乡建设部批准，以住房和城乡建设部第 1567 号公告发布，并于 2013 年 7 月 1 日起实施。

（二）13 版《清单计价规范》出台的意义和特点

为规范建设工程造价计价行为，统一建设工程计价文件的编制和计价方法，住建部 2012 年 12 月 25 日发布了 13 版《清单计价规范》，其意义和特点主要体现在以下几方面：

① 13 版《清单计价规范》是 03 版和 08 版《清单计价规范》的继承与发展。

13 版《清单计价规范》并非无源之水、无本之木，而是基于 03 版和 08 版《清单计价规范》发展而来的。对于清单的整体内容基本一样，分别是正文规范、工程计量规范、条文

说明，但13版《清单计价规范》基于实践情况细化和增加了条款规定，对实践工作的指导更具操作性。

② 更加便于解决工程项目中实际存在的问题。

13版《清单计价规范》对项目特征描述不符、清单缺项、承包人报价浮动率、提前竣工（赶工补偿）、误期赔偿等工程项目实际问题进行了明确的规定，在08版《清单计价规范》基础上丰富了内容，使13版《清单计价规范》在解决工程实际问题时有据可依，更加全面、更具操作性。

③ 13版《清单计价规范》符合工程价款精细化、科学化管理的要求。

建筑业的现实发展要求工程建设项目的参与者对工程价款进行精细化、科学化管理，以保证参与者的利益。13版《清单计价规范》在08版《清单计价规范》的基础上对工程项目全过程的价款管理进行了约定，包括工程量清单、招标控制价、投标价、合同价款约定、工程计量、合同价款调整与支付、合同价款争议的解决、资料与档案管理、工程造价鉴定等；并涉及重大的现实问题，如对承包人报价浮动率、项目特征描述不符、工程量清单缺项等影响合同价款调整的重大事件的约定；强化了清单的操作性，如对承包商报价浮动率、工程变更项目综合单价及工程量偏差部分分部分项工程费的计算给出了明确规定，这为工程价款精细化、科学化管理提供了有力依据。

④ 13版《清单计价规范》把工程量计算和计价两部分进行分设，思路更加清晰、顺畅。

在08版《清单计价规范》的基础上，现行国家标准把工程量计算与计价两部分的规定进行分设。13版《清单计价规范》先对计价内容进行了规范，然后单独给出了9个专业的工程量计算规范。此次修订对08版《清单计价规范》的正文部分进行了全面修改，对"附录A至附录F"已修订成六本"工程量计算规范"。附录A的建筑物部分和附录B修订为《房屋建筑与装饰工程工程量计算规范》；附录C修订为《通用安装工程工程量计算规范》；附录D修订为《市政工程工程量计算规范》；附录E修订为《园林绿化工程工程量计算规范》；附录F修订为《矿山工程工程量计算规范》；附录A的构筑物部分修订为《构筑物工程工程量计算规范》；新增了《仿古建筑工程工程量计算规范》、《城市轨道交通工程工程量计算规范》（含附录D"地铁工程"部分）、《爆破工程工程量计算规范》（含附录A、附录D中的"石方爆破"部分）。

⑤ 13版《清单计价规范》增强了与合同的契合度，需要造价管理与合同管理相统一。

13版《清单计价规范》提高了对合同的重视程度，进一步强化了工程造价全过程管理意识，尤其细化了合同价款的调整与支付的规定。13版《清单计价规范》将合同价款部分进行了详细规定。13版《清单计价规范》要求工程造价管理人员充分把握合同内容及合同管理的特点，将二者相统一，才能切实提高工程造价管理水平。

⑥ 13版《清单计价规范》对强制性条款的规定进行了改变，丰富并强化了清单计价规范的内容。

13版《清单计价规范》减少了分部分项工程量清单编制的强制性规定，增加了对风险分担、招标控制价的使用、措施项目清单编制、投标报价、工程计量五个内容的强制性条文，13版《清单计价规范》的条文数量由08版《清单计价规范》的136条增加到322条，但强制性条文总数没变，仍为15条。这一变化体现出新规范的全面性，对造价管理的实际工作更具指导性。

另外，13 版《清单计价规范》加强了对"分部分项工程项目清单的组成及其编制"的强制性条文的语气，由 08 版《清单计价规范》的"应"变为 13 版《清单计价规范》的"必须"，为工程项目参与者进行造价管理提供了更为有力的依据。

⑦ 细化了措施项目费计算的规定，提高了合同各方风险分担的强制性，改善了计量计价的可操作性。

13 版《清单计价规范》更加关注措施项目费的分类与计算方法；对计价风险的说明由适用性条文转变为强制性条文，同时对工程项目参与各方承担风险的范围进行了明确规定；并且对计价条款的阐述更为详尽，这些进一步提高了 13 版《清单计价规范》的可操作性，增强了指导性。

⑧ 13 版《清单计价规范》更重视过程管理，便于工程实践中实际问题的解决。

13 版《清单计价规范》对工程量清单的编制、招标控制价、投标报价、合同价款约定、合同价款调整、工程计量及合同价款的期中支付都有着明确详细的规定。这体现了全过程管理的思想，同时体现出 13 版《清单计价规范》由过去注重结算向注重前期管理的方向转变。13 版《清单计价规范》给工程项目参与方在招投标阶段、合同签订阶段、施工阶段等全过程中的价款管理提供了有力的依据。

（三）13 版《清单计价规范》及相关专业《工程量计算规范》的适用范围

13 版《清单计价规范》和相关专业《工程量计算规范》（以下简称《计算规范》）适用于建设工程发承包及实施阶段的计价活动，包括招标工程量清单、招标控制价、投标报价的编制、工程合同价款的约定、竣工结算的办理及施工过程中的工程计量、合同价款支付、施工索赔与现场签证、合同价款调整和合同价款争议的解决等。

13 版《清单计价规范》规定：（1）使用国有资金投资的建设工程发承包，必须采用工程量清单计价；（2）非国有资金投资的建设工程，宜采用工程量清单计价。

1. 根据《工程建设项目招标范围和规模标准规定》的规定，国有资金投资的工程建设项目包括使用国有资金投资和国家融资投资的工程建设项目。

（1）使用国有资金投资的项目包括：

① 使用各级财政预算资金的项目；

② 使用纳入财政管理的各种政府性专项建设资金的项目；

③ 使用国有企事业单位自有资金，并且国有资产投资者实际拥有控制权的项目。

（2）使用国家融资资金投资的项目包括：

① 使用国家发行债券所筹资金的项目；

② 使用国家对外借款或者担保所筹资金的项目；

③ 使用国家政策性贷款的项目；

④ 国家授权投资主体融资的项目；

⑤ 国家特许的融资项目。

（3）国有资金（含国家融资资金）为主的工程建设项目是指国有资金占投资总额 50％以上，或虽不足 50％但国有投资者实质上拥有控股权的工程建设项目。

2. 对于非国有资金投资的工程建设项目，没有强制规定必须采用工程量清单计价，具体到项目是否采用工程量清单方式计价，由项目业主自主确定，但 13 版《清单计价规范》鼓励采用工程量清单计价方式。

二、13版清单规范的主要内容

1. 13版规范的主要内容

13版规范是统一工程量清单编制、规范工程量清单计价的国家标准，其主要内容包括两部分：《清单计价规范》和《计算规范》。《清单计价规范》（GB 50500—2013）共由16部分内容组成。《计算规范》共分9个专业，每个专业工程量计算规范基本上由5部分内容组成。详见图3-1。

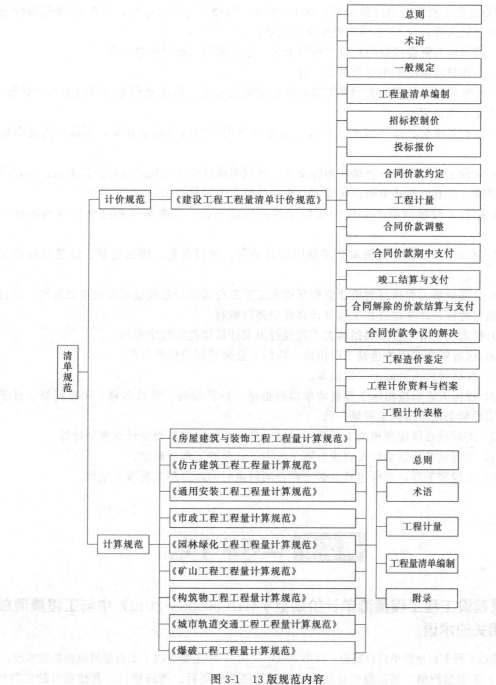

图3-1　13版规范内容

本书重点讲解《建设工程工程量清单计价规范》（GB 50500—2013）和《房屋建筑与装饰工程工程量计算规范》（GB 50854—2013）两部分内容。

提示

13 版工程量计算规范将建筑工程与装饰工程合二为一。

2. 13 版《清单计价规范》中的强制性条款

《建设工程工程量清单计价规范》（GB 50500—2013）为国家标准，共有 15 条强制性条文，必须严格执行。这 15 条强制性条文分别是：

（1）使用国有资金投资的建设工程发承包，必须采用工程量清单计价。

（2）工程量清单应采用综合单价计价。

（3）措施项目中的安全文明施工费必须按国家或省级、行业建设主管部门的规定计算，不得作为竞争性费用。

（4）规费和税金必须按国家或省级、行业建设主管部门的规定计算，不得作为竞争性费用。

（5）建设工程发承包，必须在招标文件、合同明确计价中的风险内容及其范围，不得采用无限风险、所有风险或类似语句规定计价中的风险内容及范围。

（6）招标工程量清单必须作为招标文件的组成部分，其准确性和完整性应由招标人负责。

（7）分部分项工程项目清单必须载明项目编码、项目名称、项目特征、计量单位和工程量。

（8）分部分项工程项目清单必须根据相关工程现行国家计量规范规定的项目编码、项目名称、项目特征、计量单位和工程量计算规则进行编制。

（9）措施项目清单必须根据相关工程现行国家计量规范的规定编制。

（10）国有资金投资的建设工程招标，招标人必须编制招标控制价。

（11）投标报价不得低于工程成本。

（12）投标人必须按招标工程量清单填报价格。项目编码、项目名称、项目特征、计量单位、工程量必须与招标工程量一致。

（13）工程量必须按照相关工程现行国家计量规范规定的工程量计算规则计算。

（14）工程量必须以承包人完成合同工程应予计量的工程量确定。

（15）工程完工后，发承包双方必须在合同约定时间内办理工程竣工结算。

第二节　工程量清单

一、《建设工程工程量清单计价规范》（GB 50500—2013）中与工程量清单相关的术语

《建设工程工程量清单计价规范》（GB 50500—2013）中主要有以下工程量清单相关的术语：

（1）工程量清单　是指载明建设工程分部分项工程项目、措施项目、其他项目的名称和

相应数量及规费、税金项目等内容的明细清单。

（2）招标工程量清单　是指招标人依据国家标准、招标文件、设计文件及施工现场实际情况编制的，随招标文件发布供投标报价的工程量清单，包括其说明和表格。

 提示

> 招标工程量清单是13版《清单计价规范》的新增术语，是招标阶段供投标人报价的工程量清单，是对工程量清单的进一步细化。

（3）已标价工程量清单　是指构成合同文件组成部分的投标文件中已标明价格，经算术性错误修正（如有）且承包人已确认的工程量清单，包括其说明和表格。

 提示

> 已标价工程量清单是13版《清单计价规范》的新增术语，是投标人对招标工程量清单已标明价格，并被招标人接受，构成合同文件组成部分的工程量清单，是对工程量清单的进一步细化。

（4）分部分项工程　分部工程是单项或单位工程的组成部分，是按结构部位、路段长度及施工特点或施工任务将单项或单位工程划分为若干分部的工程，如房屋建筑与装饰工程分为土石方工程、桩基工程、砌筑工程、混凝土及钢筋混凝土工程、楼地面装饰工程、天棚工程等分部工程；分项工程是分部工程的组成部分，是按不同施工方法、材料、工序及路段长度等将分部工程划分为若干个分项或项目的工程，如现浇混凝土基础分为带形基础、独立基础、满堂基础、桩承台基础、设备基础等分项工程。

 提示

> 分部分项工程是13版《清单计价规范》新增术语。"分部分项工程"是"分部工程"和"分项工程"的总称。

（5）措施项目　是指为完成工程项目施工，发生于该工程施工准备和施工过程中的技术、生活、安全、环境保护等方面的项目。

（6）项目编码　是指分部分项工程和措施项目清单名称的阿拉伯数字标识。

（7）项目特征　是指构成分部分项工程项目、措施项目自身价值的本质特征。

（8）暂列金额　是指招标人在工程量清单中暂定并包括在合同价款中的一笔款项。用于工程合同签订时尚未确定或者不可预见的所需材料、工程设备、服务的采购，施工中可能发生的工程变更、合同约定调整因素出现时的合同价款调整，以及发生的索赔、现场签证确认等的费用。

（9）暂估价　是指招标人在工程量清单中提供的用于支付必然发生但暂时不能确定价格的材料、工程设备的单价及专业工程的金额。

（10）计日工　是指在施工过程中，承包人完成发包人提出的工程合同范围以外的零星项目或工作，按合同中约定的单价计价的一种方式。

（11）总承包服务费 是指总承包人为配合协调发包人进行的专业工程发包，对发包人自行采购的材料、工程设备等进行保管以及施工现场管理、竣工资料汇总整理等服务所需的费用。

二、工程量清单、招标工程量清单和已标价工程量清单的区别

13 版《清单计价规范》提出了三个"工程量清单"概念，即工程量清单、招标工程量清单、已标价工程量清单。这三者之间有何区别？对其三者应如何理解？

（1）"工程量清单"载明了建设工程分部分项工程项目、措施项目和其他项目的名称和相应数量及规费和税金项目等内容，它是招标工程量清单和已标价工程量清单的基础，招标工程量清单和已标价工程量清单是在工程发承包的不同阶段对工程量清单的进一步具体化。

（2）"招标工程量清单"必须作为招标文件的组成部分，其准确性和完整性由招标人负责。它是工程量清单计价的基础，应作为编制招标控制价、投标报价、计算或调整工程量、索赔等的依据之一，是招标、投标、签订履行合同、工程价款核算等工作顺利开展的重要依据。它强调其随招标文件发布供投标报价这一作用。因此，无论是招标人还是投标人都应慎重对待。

（3）"已标价工程量清单"是从工程量清单作用方面细化而来的，强调该清单是为承包人所确认的投标报价所用，是基于招标工程量清单由投标人或受其委托具有相应资质的工程造价咨询人编制的，其项目编码、项目名称、项目特征、计量单位、工程量必须与招标工程量清单一致。

（4）"招标工程量清单"应由具有编制能力的招标人或受其委托具有相应资质的工程造价咨询人或招标代理人编制。但招标工程量清单和已标价工程量清单不能委托同一工程造价咨询人编制。

三、招标工程量清单的组成

招标工程量清单作为招标文件的组成部分，最基本的功能是信息载体，使得投标人能对工程有全面的认识。那么，招标工程量清单包括哪些内容呢？

13 版《清单计价规范》，招标工程量清单主要包括工程量清单说明和工程量清单表，如图 3-2 所示。

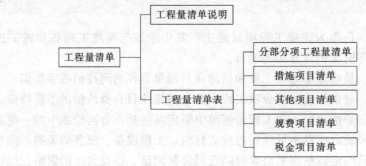

图 3-2 工程量清单的组成

（1）工程量清单说明包括工程概况、现场条件、编制工程量清单的依据及有关资料，对施工工艺、材料应用的特殊要求。

（2）工程量清单是清单项目和工程数量的载体，合理的清单项目设置和准确的工程数量，是清单计价的前提和基础。

四、招标工程量清单的作用

招标工程量清单具有以下主要作用：

（1）招标工程量清单为投标人的投标竞争提供了一个平等和共同的基础。

招标工程量清单是由招标人负责编制，将要求投标人完成的工程项目及其相应工程实体数量全部列出，为投标人提供拟建工程的基础信息。这样，在建设工程的招标投标中，投标人的竞争活动就有了一个共同的基础，其机会是均等的。

（2）招标工程量清单是建设工程计价的依据。

在招标投标过程中，招标人根据招标工程量清单编制招标工程的招标控制价；投标人按照招标工程量清单所表述的内容，依据企业定额计算投标价格，自主填报工程量清单所列项目的单价与合价。

（3）招标工程量清单是工程付款和结算的依据。

招标工程量清单是工程量清单计价的基础。在施工阶段，发包人根据承包人完成的工程量清单中规定的内容及合同单价支付工程款。工程结算时，承发包双方按照工程量清单计价表对已实施的分部分项工程或计价项目，按照合同单价和相关合同条款核算结算价款。

（4）招标工程量清单是调整工程价款、处理工程索赔的依据。

在发生工程变更和工程索赔时，可以选用或参照招标工程量清单中的分部分项工程计价及合同单价来确定变更价款和索赔费用。

五、编制招标工程量清单的依据

采用工程量清单方式招标，招标工程量清单必须作为招标文件的组成部分，由招标人提供，并对其准确性和完整性负责。一经中标签订合同，招标工程量清单即为合同的组成部分。在编制招标工程量清单时，应依据什么？

（1）《建设工程工程量清单计价规范》（GB 50500—2013）和相关工程的国家计量规范；

（2）国家或省级、行业建设主管部门颁发的计价定额和办法；

（3）建设工程设计文件及相关资料；

（4）与建设工程有关的标准、规范、技术资料；

（5）拟定的招标文件；

（6）施工现场情况、地勘水文资料、工程特点及常规施工方案；

（7）其他相关资料。

第三节　工程量清单的编制

一、13版《清单计价规范》对工程量清单编制的一般规定

13版《清单计价规范》对工程量清单编制的一般规定如下：

（1）招标工程量清单应由具有编制能力的招标人或受其委托、具有相应资质的工程造价咨询人编制。

（2）招标工程量清单必须作为招标文件的组成部分，其准确性和完整性由招标人负责。

（3）招标工程量清单是工程量清单计价的基础，应作为编制招标控制价、投标报价、计价、计算或调整工程量、索赔等的依据之一。

（4）招标工程量清单应以单位（项）工程为单位编制，应由分部分项工程量清单、措施项目清单、其他项目清单、规费和税金项目清单组成。

二、分部分项工程量清单及其编制

1. 分部分项工程项目清单

分部分项工程项目清单是指构成拟建工程实体的全部分项实体项目名称和相应数量的明细清单。

2. 分部分项工程项目清单包括的内容

13 版《清单计价规范》规定：分部分项工程项目清单必须载明项目编码、项目名称、项目特征、计量单位和工程量，这是一条强制性条文，规定了一个分部分项工程项目清单由上述五个要件构成，在分部分项工程项目清单的组成中缺一不可。分部分项工程项目清单必须根据相关工程现行国家计量规范附录规定的项目编码、项目名称、项目特征、计量单位和工程量计算规则进行编制。具体见表 3-1。

表 3-1　分部分项工程项目清单表

序号	项目编码	项目名称	项目特征	计量单位	工程量

3. 项目编码

分部分项工程工程量清单的项目编码是以 5 级 12 位阿拉伯数字设置的，1 至 9 位应按相关专业计量规范中附录的规定统一设置，10 至 12 位应根据拟建工程的工程量清单项目名称和项目特征设置。同一招标工程的项目编码不得有重码，一个项目只有一个编码，对应一个清单项目的综合单价。

项目编码结构及各级编码的含义见图 3-3。

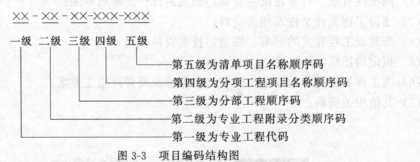

图 3-3　项目编码结构图

第一级为专业工程代码，包括 9 类，分别是：01 为房屋建筑与装饰工程、02 为仿古建筑工程、03 为通用安装工程、04 为市政工程、05 为园林绿化工程、06 为矿山工程、07 为构筑物工程、08 为城市轨道交通工程、09 为爆破工程。

第二级为专业工程附录分类顺序码，例如 0105 表示房屋建筑与装饰工程中之附录 E 混凝土与钢筋混凝土工程，其中三、四位 05 即为专业工程附录分类顺序码。

第三级为分部工程顺序码，例如 010501 表示附录 E 混凝土与钢筋混凝土工程中之 E.1 现浇混凝土基础，其中五、六位 01 即为分部工程顺序码。

第四级为分项工程项目名称顺序码，例如 010501002 表示房屋建筑与装饰工程中之现浇混凝土带形基础，其中七、八、九位即为分项工程项目名称顺序码。

第五级清单项目名称顺序码，由清单编制人编制，并从 001 开始。

例如：一个标段（或合同段）的工程量清单中含有三种规格的泥浆护壁成孔灌注桩，此时工程量清单应分别列项编制，则第一种规格的灌注桩的项目编码为 010302001001，第二种规格的灌注桩的项目编码为 010302001002，第三种规格的灌注桩的项目编码为 010302001003。其中：01 表示该清单项目的专业工程类别为房屋建筑与装饰工程，03 表示该清单项目的专业工程附录顺序码为 C，即桩基工程，02 表示该清单项目的分部工程为灌注桩，001 表示该清单项目的分项工程为泥浆护壁成孔灌注桩，最后三位 001（002、003）表示为区分泥浆护壁成孔灌注桩的不同规格而编制的清单项目顺序码。

4. 项目名称

清单项目名称是工程量清单中表示各分部分项工程清单项目的名称。它必须体现工程实体，反映工程项目的具体特征；设置时一个最基本的原则是准确。

《房屋建筑与装饰工程工程量计算规范》附录 A 至附录 R 中的"项目名称"为分项工程项目名称，是以"工程实体"命名的。在编制分部分项工程项目清单时，清单项目名称的确定有两种方式，一是完全按照规范的项目名称不变，二是以《房屋建筑与装饰工程工程量计算规范》附录中的项目名称为基础，考虑项目的规格、型号、材质等特征要求，结合拟建工程的实际情况，对附录中的项目名称进行适当的调整或细化，使其能够反映影响工程造价的主要因素。这两种方式都是可行的，主要应针对具体项目而定。

下面举例说明清单项目名称的确定。

（1）所谓工程实体是指形成产品的生产与工艺作用的主要实体部分。设置项目时不单独针对附属的次要部分列项。例如，某建筑物装饰装修工程中，根据施工设计图可知：地面为 600mm×600mm 济南青花岗岩饰面板面层，找平层为 40 厚 C20 细石混凝土，结合层为 1：4 水泥砂浆，面层酸洗、打蜡。在编制工程量清单时，分项工程清单项目名称应列为"花岗岩石材楼地面"，找平层等不能再列项，只能把找平层、结合层、酸洗、打蜡等特征在项目特征栏中描述出来，供投标人核算工程量及准确报价使用。

（2）关于项目名称的理解。在工程量清单中，分部分项工程清单项目不是单纯按项目名称来理解的。应该注意：工程量清单中的项目名称所表示的工程实体，有些是可以用适当的计量单位计算的简单完整的分项工程，如砌筑实心砖墙；还有些项目名称所表示的工程实体是分项工程的组合，如块料楼地面就是由楼地面垫层、找平层、防水层、面层铺设等分项工程组成。

（3）关于项目名称的细化。例如：某框架结构工程中，根据施工图纸可知，框架梁为 300mm×500mm C30 现浇混凝土矩形梁。那么，在编制清单项目设置名称时，可将《房屋建筑与装饰工程量计算规范》中编号为"010503002"的项目名称"矩形梁"，根据拟建工程的实际情况确定为"C30 现浇混凝土矩形梁 300×500"。

5. 项目特征

清单项目特征是确定一个清单项目综合单价不可缺少的重要依据，在编制分部分项工程工程量清单时，必须对项目特征进行准确、全面的描述。但有些项目特征用文字往往又难以准确和全面地描述清楚。因此，为了达到规范、简捷、准确、全面描述项目特征的要求，项目特征应按相关工程国家计量规范规定，结合拟建工程的实际予以描述。

清单项目特征不同的项目应分别列项。清单项目特征主要涉及项目的自身特征（材质、型号、规格、品牌），项目的工艺特征，以及对项目施工方法可能产生影响的特征。

（1）必须描述的内容

① 涉及正确计量的内容必须描述。如门窗工程，13 规范规定既可按"m^2"计量（新增），也可按"樘"计量，无论哪种计量，门窗代号及洞口尺寸都必须描述。

② 涉及结构要求的内容必须描述。如混凝土构件，因混凝土强度等级不同，其价值也不同，故必须描述其等级（如 C20、C30 等）。

③ 涉及材质要求的内容必须描述。如油漆的品种，是调和漆还是硝基清漆等；管材的材质，是碳钢管还是塑料管、不锈钢管等，还需对管材的规格、型号进行描述。

（2）可不详细描述的内容

① 无法准确描述的可不详细描述。如土壤类别，清单编制人可将其描述为综合，但应由投标人根据地勘资料自行确定土壤类别，决定报价。

② 施工图纸、标准图集标注明确的，可不再详细描述。

对这类项目其项目特征描述可直接采用"详见××图集××页××号及节点大样"的方式。这样，便于发承包双方形成一致的理解，省时省力，因此，该法应尽量采用。

③ 有些项目可不详细描述。如取、弃土运距，清单编制人决定运距是困难的，应由投标人根据工程施工实际情况自主决定运距，体现竞争要求。

④ 有些项目，如清单项目的项目特征与现行定额的规定是一致的，可采用"见××定额项目"的方式予以描述。

总之，清单项目特征的描述应根据附录中有关项目特征的要求，结合技术规范、标准图集、施工图纸，按照工程结构、使用材质及规格等，予以详细而准确的表述和说明。如果附录中未列的项目特征，拟建工程中有的，编制清单时应补充进去；如果实际工程中不存在而附录中列出的，编制清单时要删掉。

例如：装饰工程中的"块料墙面"，《房屋建筑与装饰工程工程量计算规范》附录中对其项目特征的描述要求见表 3-2。

表 3-2　墙面镶贴块料工程量清单表

项目编码	项目名称	项目特征	计量单位	工程量计算规则	工程内容
011204003	块料墙面	1. 墙体类型 2. 安装方式 3. 面层材料品种、规格、颜色 4. 缝宽、嵌缝材料种类 5. 防护材料种类 6. 磨光、酸洗、打蜡要求	m^2	按镶贴表面积计算	1. 基层清理 2. 砂浆制作、运输 3. 黏结层铺贴 4. 面层安装 5. 嵌缝 6. 刷防护材料 7. 磨光、酸洗、打蜡

关于"块料墙面"项目特征，其自身特征为：面层、底层、黏结层等各种材料种类，厚度、规格、配合比等；工艺特征为：安装方式；对项目施工方法可能产生影响的特征为：墙体类型。这些特征对投标人的报价影响很大。

6. 计量单位

清单项目的计量单位应按规范附录中规定的计量单位确定。当计量单位有两个或两个以上时，应结合拟建工程项目的实际情况，选择最适宜表述项目特征并方便计量的其中一个为计量单位。同一工程项目的计量单位应一致。

除各专业另有特殊规定外，工程计量是每一项目汇总的有效位数应遵守以下规定：

（1）以重量计算的项目——吨或千克（t 或 kg）；

（2）以体积计算的项目——立方米（m^3）；

（3）以面积计算的项目——平方米（m²）；

（4）以长度计算的项目——米（m）；

（5）以自然计量单位计算的项目——个、套、块、组、台……

（6）没有具体数量的项目——宗、项……

其中：以"t"为计量单位的，应按四舍五入保留小数点后三位数字；以"m³"、"m²"、"m"、"kg"为计量单位的，应按四舍五入保留小数点后两位数字；以"个"、"件"、"根"、"组"、"系统"等为计量单位的，应取整数。

7. 工程量计算规则

工程量计算是指建设工程项目以工程设计图纸、施工组织设计或施工方案及有关技术经济文件为依据，按照相关工程国家标准的计算规则、计量单位等规定，进行工程数量的计算活动，在工程建设中简称工程计量。

《清单计价规范》规定，工程量必须按照相关工程现行国家计量规范规定的工程量计算规则计算。除此之外，还应依据以下文件：（1）经审定通过的施工设计图纸及其说明；（2）经审定通过的施工组织设计或施工方案；（3）经审定通过的其他有关技术经济文件。

工程量计算规则是指对清单项目工程量的计算规定。工程项目清单中所列项目的工程量应按相应工程计算规范附录中规定的工程量计算规则计算。除另有说明外，所有清单项目的工程量以实体工程量为准，并以完成后的净值来计算。因此，在计算综合单价时应考虑施工中的各种损耗和需要增加的工程量，或在措施费清单中列入相应的措施费用。

采用工程量清单计算规则，工程实体的工程量是唯一的。统一的清单工程量，为各投标人提供了一个公平竞争的平台，也方便招标人对比各投标报价。

提示

关于分部分项工程清单工程量的计算规则将在工程计量章节中详细讲解。

8. 编制工程量清单时出现规范附录中未包括项目时的处理

编制工程量清单时，如果出现规范附录中未包括的项目，编制人应进行补充，并报省级或行业工程造价管理机构备案，省级或行业工程造价管理机构应汇总报住房和城乡建设部标准定额研究所。

补充项目的编码由相关专业工程量计算规范的代码（如房屋建筑与装饰工程代码01）与B和三位阿拉伯数字组成，并应从××B001（如房屋建筑与装饰工程补充项目编码应为01B001）起顺序编制，同一招标工程的项目不得重码。

补充的工程量清单需附有补充项目的名称、项目特征、计量单位、工程量计算规则、工作内容。

9. 编制分部分项工程量清单时应注意的事项

（1）分部分项工程量清单是不可调整清单（即闭口清单），投标人不得对招标文件中所列分部分项工程量清单进行调整。

（2）分部分项工程量清单是工程量清单的核心，一定要编制准确，它关乎招标人编制控制价和投标人投标报价的准确性；如果分部分项工程量清单编制有误，投标人可在投标报价文件中提出说明，但不能在报价中自行修改。

（3）关于现浇混凝土工程项目，13版《房屋建筑与装饰工程量计算规范》对现浇混凝土模板采用两种方式进行编制。本规范对现浇混凝土工程项目,一方面"工作内容"中包括了模板工程的内容(08 版规范此项工作内容不包括模板工程),以 m³ 计量,与混凝土工程项目一起组成综合单价;另一方面又在措施项目中单列了现浇混凝土模板工程项目,以 m² 计量,单独组成综合单价。对此,有以下三层含义:

① 招标人应根据工程的实际情况在同一个标段(或合同段)中在两种方式中选择其一;

② 招标人若采用单列现浇混凝土模板工程,必须按规范所规定的计量单位、项目编码、项目特征描述列出清单,同时,现浇混凝土项目中不含模板的工程费用;

③ 若招标人在措施项目清单中未编列现浇混凝土模板项目清单,即表示现浇混凝土模板项目不单列,现浇混凝土工程项目的综合单价中应包括模板工程费用。

(4)对于预制混凝土构件,13 版《房屋建筑与装饰工程量计算规范》是以现场制作编制项目的,"工作内容"中包括模板工程,模板的措施费用不再单列。若采用成品预制混凝土构件时,成品价(包括模板、混凝土等所有费用)计入综合单价中,即成品的出厂价格及运杂费等计入综合单价。

综上所述,预制混凝土构件,13 版《房屋建筑与装饰工程量计算规范》只列不同构件名称的一个项目编码、项目特征描述、计量单位、工程量计算规则及工作内容,其中已综合了模板制作和安装、混凝土制作、构件运输、安装等内容,布置清单项目时,不得将模板、混凝土、构件运输、安装分开列项,组成综合单价时应包含如上内容。

(5)对于金属构件,13 版《房屋建筑与装饰工程量计算规范》按照目前市场多以工厂成品化生产的实际,是以成品编制项目的,构件成品价应计入综合单价中。若采用现场制作,包括制作的所有费用应计入综合单价,不得再单列金属构件制作的清单项目。

(6)关于门窗工程中的门窗(橱窗除外),13 版《房屋建筑与装饰工程量计算规范》结合了目前"市场门窗均以工厂化成品生产"的情况,是按成品编制项目的,成品价(成品原价、运杂费等)应计入综合单价。若采用现场制作,包括制作的所有费用应计入综合单价,不得再单列门窗制作的清单项目。

 提 示

　　13 版《房屋建筑与装饰工程量计量规范》中,关于"现浇混凝土模板工程",进行工程量清单编制时规定了两种编制方式;而"预制混凝土构件"不得将模板、混凝土、构件运输安装分开列项,与"现浇混凝土工程"有区别;对于"门窗工程"中的门窗、"金属构件",结合市场实际情况作了新的规定,要特别注意以上几方面。

三、措施项目清单的编制

1. 措施项目的种类

措施项目包括两类:一类是单价项目,即能列出项目编码、项目名称、项目特征、计量单位、工程量计算规则的项目;另一类是总价项目,即仅能列出项目编码、项目名称,未列出项目特征、计量单位和工程量计算规则的项目。

各专业工程的措施项目可依据附录中规定的项目选择列项。房屋建筑与装饰工程专业措施项目一览表见表 3-3,安全文明施工及其他措施项目一览表见表 3-4,可依据批准的工程项目施工组织设计(或施工方案)选择列项。

表 3-3 房屋建筑与装饰工程专业措施项目一览表

序　号	项目编码	项目名称
1	011701	脚手架工程
2	011702	混凝土模板及支架(撑)(新编项目)
3	011703	垂直运输
4	011704	超高施工增加(新增)
5	011705	大型机械设备进出场及安拆(新增)
6	011706	施工排水、降水(新增)
7	011707	安全文明施工及其他措施项目

表 3-4 安全文明施工及其他措施项目一览表

序　号	项目编码	项目名称	措施项目发生的条件
1	011707001	安全文明施工	正常情况下都要发生
2	011707002	夜间施工	
3	011707003	非夜间施工照明(新增)	
4	011707004	二次搬运	
5	011707005	冬雨季施工	拟建工程工期跨越冬季或雨期时发生
6	011707006	地上、地下设施,建筑物的临时保护设施	正常情况下都要发生
7	011707007	已完工程及设备保护	

2. 编制措施项目清单

(1) 对于能列出项目编码、项目名称、项目特征、计量单位、工程量计算规则的措施单价项目,编制工程量清单时应执行相应专业工程《工程量计算规范》分部分项工程的规定,按照分部分项工程量清单的编制方式编制。如表 3-3 所示的房屋建筑与装饰工程专业措施项目的清单,见表 3-5。

表 3-5 措施项目清单 (一)

序　号	项目编码	项目名称	项目特征	计量单位	工程量

(2) 对于仅能列出项目编码、项目名称,不能列出项目特征、计量单位和工程量计算规则的措施总价项目,编制工程量清单时,应按相应专业工程《工程量计算规范》相应附录措施项目规定的项目编码、项目名称确定。对于房屋建筑与装饰工程而言,应按照《房屋建筑与装饰工程工程量计算规范》附录 S 措施项目规定的项目编码、项目名称确定。如表 3-4 所示的安全文明施工及其他措施项目的清单,见表 3-6。

表 3-6 措施项目清单 (二)

序　号	项目编码	项目名称

由于影响措施项目设置的因素比较多,13 版相关专业《工程量计算规范》不可能将施工中可能出现的措施项目一一列出。在编制措施项目清单时,因工程情况不同,出现相关专业规范及附录中未列的措施项目,可根据工程的具体情况对措施项目清单做补充,且补充项目的有关规定及编码的设置同分部分项工程的规定。不能计量的措施项目,需附有补充项目的名称、工作内容及包含范围。

3. 编制措施项目清单时应该考虑的因素

措施项目清单的编制应考虑多种因素,除了工程本身的因素外,还要考虑水文、气象、环境、安全和施工企业的实际情况。具体而言,措施项目清单的设置,需要考虑以下几方面:

(1) 参考拟建工程的常规施工技术方案,以确定大型机械设备进出场及安拆、混凝土模板及支架、脚手架、施工排水、施工降水、垂直运输、组装平台等项目；

（2）参考拟建工程的常规施工组织设计，以确定环境保护、文明安全施工、临时设施、材料的二次搬运等项目；

（3）参阅相关的施工规范与工程验收规范，以确定施工方案没有表述的但为实现施工规范与工程验收规范要求而必须发生的技术措施；

（4）确定设计文件中不足以写进施工方案，但要通过一定的技术措施才能实现的内容；

（5）确定招标文件中提出的某些需要通过一定的技术措施才能实现的要求。

4. 编制措施项目清单应注意的事项

（1）措施项目清单为可调整清单（即开口清单），投标人对招标文件中所列措施项目，可根据企业自身特点和工程实际情况作适当的变更增加。

（2）投标人要对拟建工程可能发生的措施项目和措施费用作通盘考虑，清单计价一经报出，即被认为是包括了所有应该发生的措施项目的全部费用。如果报出的清单中没有列项，且施工中又必须发生的项目，业主有权认为其已经综合在分部分项工程量清单的综合单价中，将来措施项目发生时投标人不得以任何借口提出索赔与调整。

四、其他项目清单的编制

（一）其他项目清单

其他项目清单应按照13版《清单计价规范》提供的4项内容作为列项参考，其不足部分，编制人可根据工程的具体情况进行补充。这4项内容如下：

1. 暂列金额；

2. 暂估价，包括材料暂估单价、工程设备暂估单价、专业工程暂估价；

3. 计日工；

4. 总承包服务费。

其他项目清单与计价汇总表，见表3-7。

表 3-7　其他项目清单与计价汇总表

序　号	项　目　名　称	金额/元	结算金额/元	备注
1	暂列金额			详见明细表
2	暂估价			
2.1	材料(工程设备)暂估价/结算价	—		若材料(工程设备)暂估单价计入清单项目综合单价,此处不汇总
2.2	专业工程暂估价/结算价			详见明细表
3	计日工			详见明细表
4	总承包服务费			详见明细表
5	索赔与现场签证	—		详见明细表
	合　　计		—	

如果工程项目存在13版《清单计价规范》未列的项目，应根据工程实际情况补充。

其他项目清单中，暂列金额、暂估价、计日工、总承包服务费4项内容由招标人填写（包括金额），其他内容应由投标人填写；材料暂估单价进入清单项目综合单价，此处不汇总。

（二）其他项目清单的编制

1. 暂列金额

（1）暂列金额的相关规定

① 暂列金额是在招投标阶段暂且列定的一项费用，它在项目实施过程中有可能发生、也有可能

不发生。只有按照合同约定程序实际发生后，才能成为中标人应得金额，纳入合同结算价款中。

② 暂列金额为招标人所有，只有按照合同约定程序实际发生后，才能成为中标人的应得金额，纳入合同结算价款中。扣除实际发生金额后的暂列金额余额属于招标人所有。

③ 设立暂列金额并不能保证合同结算价格就不会出现超过已签约合同价的情况，是否超出已签约合同价完全取决于对暂列金额预测的准确性，以及工程建设过程是否出现了其他事先未预测到的事件。

提　示

暂列金额属于招标人所有。

（2）暂列金额的编制

为保证工程施工建设的顺利实施，应针对施工过程中可能出现的各种不确定因素对工程造价的影响，在招标控制价中估算一笔暂列金额。

暂列金额可根据工程的复杂程度、设计深度、工程环境条件（包括地质、水文、气候条件等）进行估算，一般可按分部分项工程费和措施项目费的10％～15％为参考。

暂列金额应依据表3-8编制。暂列金额表应由招标人填写，不能详列时可只列暂定金额总额，投标人应将上述暂列金额计入投标总价中。

表3-8　暂列金额明细表

序　号	项目名称	计量单位	暂定金额/元	备注
合　计				—

2. 暂估价

（1）暂估价的相关规定

① 暂估价是在招投标阶段直至签订合同协议时，招标人在招标文件中提供的用于支付必然要发生但暂时不能确定价格的材料，以及需另行发包的专业工程金额。暂估价类似于FIDIC合同条款中的Prime Cost Items，在招标阶段预见肯定要发生，只是因为标准不明确或需要由专业承包人完成，暂时无法确定其价格或金额。

② 为了便于合同管理和计价，需要纳入工程量清单项目综合单价中的暂估价最好只是材料费，以方便投标人组价。对专业工程暂估价一般应是综合暂估价，包括除规费、税金以外的管理费、利润等。

（2）暂估价的编制

暂估价包括材料暂估单价、工程设备暂估单价和专业工程暂估价；其中材料、工程设备暂估单价应根据工程造价信息或参照市场价格估算，列出明细表；专业工程暂估价应分不同专业，按有关计价规定估算列出明细表。三类暂估价分别依据表3-9、表3-10编制。

表3-9　材料（工程设备）暂估单价及调整表

序号	材料(工程设备)名称、规格、型号	计量单位	数量		暂估/元		确认/元		差额±/元		备注
			暂估	确认	单价	合价	单价	合价	单价	合价	
											说明材料拟用于的清单项目
合　计											

表 3-10 专业工程暂估价表

序号	工程名称	工程内容	暂估金额/元	结算金额/元	差额±/元	备注
合 计						—

材料（工程设备）暂估单价表由招标人填写"暂估单价"，并在备注栏说明暂估价的材料、工程设备拟用在哪些清单项目上，投标人应将上述材料、工程设备暂估单价计入工程量清单综合单价报价中。

专业工程暂估价表由招标人填写"暂估金额"，投标人应将上述专业工程暂估金额计入投标总价中，结算时按合同约定结算金额填写。

提 示

13版规范中，暂估价的组成由08版规范的两项"材料暂估单价"和"专业工程暂估价"，新增一项"工程设备暂估单价"，从而暂估价包括三项，即："材料暂估单价"、"工程设备暂估单价"和"专业工程暂估价"。

3. 计日工

（1）计日工的相关规定

① 计日工是为了解决现场发生的零星工作的计价而设立的。计日工适用的零星工作一般是指合同约定之外的或者因变更而产生的、工程量清单中没有相应项目的额外工作，尤其是那些时间不允许事先商定价格的额外工作。计日工为额外工作和变更的计价提供了一个方便快捷的途径。

② 计日工以完成零星工作所消耗的人工工时、材料数量、机械台班进行计量，并按照计日工表中填报的适用项目的单价进行计价支付。

③ 编制工程量清单时，计日工表中的人工应按工种，材料和机械应按规格、型号详细列项。其中人工、材料、机械数量，应由招标人根据工程的复杂程度，工程设计质量的优劣及设计深度等因素，按照经验来估算一个比较贴近实际的数量，并作为暂定量写到计日工表中，纳入有效投标竞争，以期获得合理的计日工单价。

④ 理论上讲，计日工单价水平一定是高于工程量清单的价格水平的。这是因为，一是计日工往往是用于一些突发性的额外工作，缺少计划性，客观上造成超出常规的额外投入；二是计日工往往忽略给出一个暂定的工程量，无法纳入有效的竞争。

（2）计日工的编制　计日工应列出项目名称、计量单位和暂估数量。计日工应依据表3-11编制。

表 3-11 计日工表

编 号	项目名称	单 位	暂定数量	实际数量	综合单价/元	合 价	
						暂定	实际
一	人工						
1							
2							
人工小计							
二	材料						

续表

编　号	项目名称	单　位	暂定数量	实际数量	综合单价/元	合　价 暂定	合　价 实际
1							
2							
材料小计							
三	施工机械						
1							
2							
施工机械小计							
四、企业管理费和利润							
总　计							

计日工表中项目名称、暂定数量由招标人填写，编制招标控制价时，单价由招标人按有关计价规定确定；投标时，单价由投标人自主报价，按暂定数量计算合价计入投标总价中。结算时，按发承包双方确认的实际数量计算合价。

4. 总承包服务费

（1）总承包服务费的相关规定

① 只有当工程采用总承包模式时，才会发生总承包服务费。

② 招标人应当预计该项费用并按投标人的投标报价向投标人支付该项费用。

（2）总承包服务费的编制

总承包服务费应列出服务项目及其内容等，应依据表 3-12 编制。

表 3-12　总承包服务费计价表

序号	项　目　名　称	项目价值/元	服务内容	计算基础	费率/%	金额/元
1	发包人发包专业工程					
2	发包人提供材料					
3						
合计		—	—	—	—	

总承包服务费计价表中，项目名称、服务内容由招标人填写，编制招标控制价时，费率及金额由招标人按有关计价规定确定；投标时，费率及金额由投标人自主报价，计入投标总价中。

（三）编制其他项目清单需要注意的事项

1. 其他项目清单中由招标人填写的项目名称、数量、金额，投标人不得随意改动。

2. 投标人必须对招标人提出的项目与数量进行报价；如果不报价，招标人有权认为投标人就未报价内容提供无偿服务。

3. 如果投标人认为招标人编制的其他项目清单列项不全时，可以根据工程实际情况自行增加列项，并确定本项目的工程量及计价。

五、规费、税金项目清单的编制

1. 规费、税金的概念

规费是指根据国家法律、法规规定，由省级政府或省级有关权力部门规定施工企业必须缴纳的，应计入建筑安装工程造价的费用。

税金是指国家税法规定的应计入建筑安装工程造价内的营业税、城市维护建设税及教育费附加和地方教育附加。

2. 规费项目清单的列项

规费项目清单应按照 13 版《清单计价规范》提供的内容列项，见图 3-4。

如果工程项目存在《清单计价规范》未列的项目，应根据省级政府或省级有关部门的规定列项。

3. 税金项目清单的列项

税金项目清单依据 13 版《清单计价规范》提供的内容列项，见图 3-5。

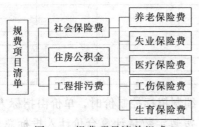
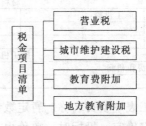

图 3-4   规费项目清单组成   图 3-5   税金项目清单

如果工程项目存在《清单计价规范》未列的项目，应根据税务部门的规定列项。当国家税法发生变化或地方政府及税务部门依据职权对税种进行调整时，应对税金项目清单进行相应调整。

提 示

13 版规范与 08 版规范相比，税金增加了一项地方教育附加。

六、工程量清单的装订

（一）工程量清单的装订

工程量清单编制结束后，应依据 13 版《清单计价规范》规定采用统一格式，并按如下顺序进行装订：

1. 封面；
2. 扉页；
3. 总说明；
4. 分部分项工程和单价措施项目清单与计价表；
5. 总价措施项目清单与计价表；
6. 其他项目清单与计价汇总表；
7. 暂列金额明细表；
8. 材料（工程设备）暂估单价及调整表；
9. 专业工程暂估价及结算价表；
10. 计日工表；
11. 总承包服务费计价表；
12. 规费、税金项目计价表；
13. 发包人提供材料和工程设备一览表；
14. 承包人提供主要材料和工程设备一览表。

（二）填写工程量清单格式应注意的问题

1. 工程量计价表宜采用统一格式。各省、自治区、直辖市建设行政主管部门和行业建设主管部门可根据本地区、本行业的实际情况，在 13 版《清单计价规范》计价表格的基础上补充完善。但工程计价表格的设置应满足工程计价的需要，方便使用。

2. 工程量清单应由招标人填写。

3. 工程量清单编制应按规范使用表格，包括：封-1（招标工程量清单封面）、扉-1（招标工程量清单扉页）、表-01（工程计价总说明）、表-08（分部分项工程和单价措施项目清单与计价表）、表-11（总价措施项目清单与计价表）、表-12［包括其他项目清单与计价汇总表，暂列金额明细表，材料（工程设备）暂估单价及调整表，专业工程暂估价及结算价表，计日工表，总承包服务费计价表］（不含表-12-6～表-12-8）、表-13（规费、税金项目计价表）、表-20（发包人提供材料和工程设备一览表）、表-21（承包人提供主要材料和工程设备一览表——适用于造价信息差额调整法）或表-22（承包人提供主要材料和工程设备一览表——适用于价格指数差额调整法）。

4. 扉页应按规定的内容填写、签字、盖章，由造价员编制的工程量清单应有负责审核的造价工程师签字、盖章。受委托编制的工程量清单，应有造价工程师签字、盖章及工程造价咨询人盖章。

5. 总说明应按下列内容填写

（1）工程概况：建设规模、工程特征、计划工期、施工现场实际情况、自然地理条件、环境保护要求等。

（2）工程招标和专业工程发包范围。

（3）工程量清单编制依据。

（4）工程质量、材料、施工等的特殊要求。

（5）其他需说明的问题。

本章小结

工程量清单计价模式是国际上普遍采用的工程招标方式，而招标工程量清单是工程量清单计价的基础工作。本章重点介绍了工程量清单、招标工程量清单、已标价工程量清单等基本概念、工程量清单的意义、工程量清单的适用情况及工程量清单的组成与编制，我们在学习的过程中应深刻理解和认识工程量清单的重要意义及其作用，熟练掌握工程量清单的编制。

思考题

1. 什么是工程量清单？

2. 什么是招标工程量清单、已标价工程量清单？有何作用？

3. 工程量清单文件由哪些表格构成？

4. 何谓项目特征？如何正确描述工程量清单项目特征？

5. 13 版《清单计价规范》对工程量清单编制有哪些一般规定？

6. 分部分项工程项目清单由哪些内容构成？

7. 分部分项工程项目清单的项目编码是如何设置的？

8. 措施项目包括哪两类？各如何编制？

9. 其他项目清单包括哪几项？各如何编制？

案例分析

请根据配套的 1 号住宅楼图纸熟悉各清单项目的名称、编码和项目特征描述。

第四章　建筑面积计算

 问题导入

什么是建筑面积？建筑面积如何计算？

 **本章内容框架**

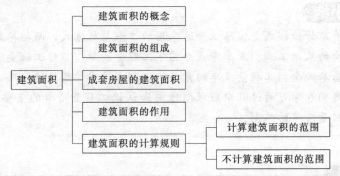

 学习要求

1. 掌握建筑面积的基本概念和构成；
2. 掌握建筑面积的计算规则。

第一节　概　　述

　　最新《建筑工程建筑面积计算规范》（GB/T 50353—2013），自 2014 年 7 月 1 日起实施。与原《建筑工程建筑面积计算规范》（GB/T 50353—2005）相比，主要对以下技术内容进行了修订：

　　（1）增加了建筑物架空层的面积计算规定，取消了深基础架空层；

　　（2）取消了有永久性顶盖的面积计算规定，增加了无围护结构有围护设施的面积计算规定；

　　（3）修订了落地橱窗、门斗、挑廊、走廊、檐廊的面积计算规定；

（4）增加了凸（飘）窗的建筑面积计算要求；

（5）修订了围护结构不垂直于水平面而超出底板外沿的建筑物的面积计算规定；

（6）删除了原室外楼梯强调的有永久性顶盖的面积计算要求；

（7）修订了阳台的面积计算规定；

（8）修订了外保温层的面积计算规定；

（9）修订了设备层、管道层的面积计算规定；

（10）增加了门廊的面积计算规定；

（11）增加了有顶盖的采光井的面积计算规定。

一、建筑面积的概念及其组成

1. 建筑面积及其组成

建筑面积也称建筑展开面积，它是指房屋建筑中各层外围结构水平投影面积的总和。它是表示一个建筑物建筑规模大小的经济指标。

建筑面积由使用面积、辅助面积和结构面积三部分组成。

2. 使用面积、辅助面积和结构面积

使用面积是指建筑物各层平面中直接为生产或生活使用的净面积的总和，如居住建筑中的卧室、客厅等。

辅助面积是指建筑物各层平面为辅助生产或生活活动所占的净面积的总和，如居住建筑中的走道、厕所、厨房等。

结构面积是指建筑物各层平面中结构构件所占的面积总和，如居住建筑中的墙、柱等结构所占的面积。

二、成套房屋的建筑面积

1. 成套房屋的建筑面积及其组成

成套房屋的建筑面积是指房屋权利人所有的总建筑面积，也是房屋在权属登记时的一大要素。其组成为：

成套房屋的建筑面积＝套内建筑面积＋分摊的共有公用建筑面积

2. 套内建筑面积及其组成

房屋的套内建筑面积是指房屋权利人单独占有使用的建筑面积。其组成为：

套内建筑面积＝套内房屋有效面积＋套内墙体面积＋套内阳台建筑面积

（1）套内房屋有效面积

套内房屋有效面积是指套内直接或辅助为生活服务的净面积之和，包括使用面积和辅助面积两部分。

（2）套内墙体面积

套内墙体面积是指应该计算到套内建筑面积中的墙体所占的面积，包括非共用墙和共用墙两部分。

非共用墙是指套内部各房间之间的隔墙，如客厅与卧室之间、卧室与书房之间、卧室与卫生间之间的隔墙，非共用墙均按其投影面积计算。

共用墙是指各套之间的分隔墙、套与公用建筑空间的分隔墙和外墙，共用墙均按其投影面积的一半计算。

（3）套内阳台建筑面积

套内阳台建筑面积按照阳台建筑面积计算规则计算即可。

3. 分摊的共有公用建筑面积

分摊的共有公用建筑面积是指房屋权利人应该分摊的各产权业主共同占有或共同使用的那部分建筑面积。包括以下几部分：

第一部分为电梯井、管道井、楼梯间、变电室、设备间、公共门厅、过道、地下室、值班警卫室等，以及为整幢服务的公共用房和管理用房的建筑面积。

第二部分为套与公共建筑之间的分隔墙，以及外墙（包括山墙）公共墙，其建筑面积为水平投影面积的一半。

> **提 示**
>
> 独立使用的地下室、车棚、车库，为多幢服务的警卫室，管理用房，作为人防工程的地下室通常都不计入共有建筑面积。

（1）共有公用建筑面积的处理原则

① 产权各方有合法权属分割文件或协议的，按文件或协议规定执行。

② 无产权分割文件或协议的，按相关房屋的建筑面积比例进行分摊。

（2）每套应该分摊的共有公用建筑面积　计算每套应该分摊的共有公用建筑面积时，应该按以下三个步骤进行。

① 计算共有公用建筑面积：

共有公用建筑面积＝整栋建筑物的建筑面积－各套套内建筑面积之和－作为独立使用空间出售或出租的地下室、车棚及人防工程等建筑面积。

② 计算共有公用建筑面积分摊系数：

$$共有公用建筑面积分摊系数＝\frac{共有公用建筑面积}{套内建筑面积之和}$$

③ 计算每套应该分摊的共有公用建筑面积：

每套应该分摊的共有公用建筑面积＝共有公用建筑面积分摊系数×套内建筑面积

三、建筑面积的作用

建筑面积主要有以下几个作用：

1. 建筑面积是确定建设规划的重要指标；
2. 建筑面积是确定各项技术经济指标的基础；
3. 建筑面积是计算有关分项工程量的依据；
4. 建筑面积是选择概算指标和编制概算的主要依据。

第二节　建筑面积计算规则

一、与计算建筑面积相关的几个基本概念

1. 相对标高、建筑标高和结构标高

相对标高是指以建筑物室内首层主要地面高度为零作为标高的起点，所计算的标高称为

相对标高。

建筑标高是指装修后的相对标高。例如首层地面建筑标高为±0.000m。

结构标高是指没有装修前的相对标高，是构件安装或施工的高度。

2. 单层建筑物的层高

单层建筑物的层高是指室内地面标高（±0.000）至屋面板板面结构最低处标高之间的垂直距离。如图 4-1 所示平屋顶建筑物的高度为 3.850m。

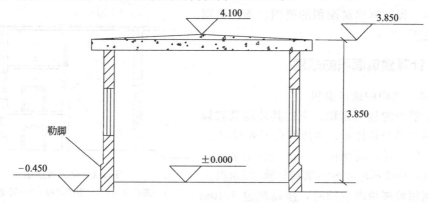

图 4-1　单层建筑物的高度

3. 多层建筑物的层高

多层建筑物的层高是指上下两层楼面建筑标高或楼面结构标高之间的垂直距离。如图 4-2 所示，多层建筑物的层高为 2.800m。

4. 多层建筑物的净高

多层建筑物的净高是指楼面或地面至上部楼板底面或吊顶底面之间的垂直距离。如图 4-2 所示，多层建筑物的净高为 2.700m。

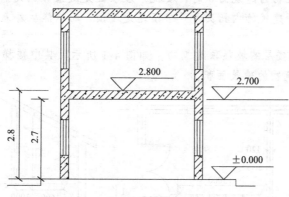

图 4-2　多层建筑物的层高和净高

5. 屋面板找坡

屋面板找坡是指平屋顶为了排水，把屋面板搭成斜的。高度是指地面至最低点的距离。如图 4-1 所示，单层建筑物的高度应该从地面计算到屋面的最低点，即 3.850m。

6. 自然层

自然层是指楼房自然状态有几层，一般是按楼板、地板结构分层的楼层。

7. 跃层和错层

跃层主要用在住宅中，在每一个住户内部以小楼梯上下联系。

错层是指一幢房屋中几部分之间的楼地面，高低错开。

二、建筑面积计算规则

根据《建筑工程建筑面积计算规范》（GB/T 50353—2013）规定建筑面积计算规则包括两部分内容，即计算建筑面积的范围和不计算建筑面积的范围。

（一）计算建筑面积的范围

1. 单层建筑物的建筑面积

单层建筑物的建筑面积，应按其外墙勒脚以上结构外围水平面积计算，并应符合下列规定：

（1）单层建筑物高度在 2.20m 及以上者应该计算全面积；高度不足 2.20m 者应计算 1/2 面积。

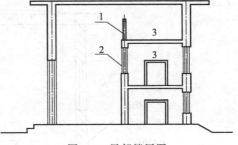

图 4-3　局部楼层图
1—围护设施；2—围护结构；3—局部楼层

（2）利用坡屋顶内空间时，净高超过 2.10m 的部位应计算全面积；净高在 1.20～2.10m 的部位应计算 1/2 面积；净高不足 1.20m 的部位不计算面积。

（3）单层建筑物内设有局部楼层者，局部楼层的二层及以上楼层，有围护结构的应按其围护结构外围水平面积计算，无围护结构的应按其结构地板水平面积计算。层高在 2.2m 及以上者应计算全面积；层高不足 2.2m 应计算 1/2 面积。局部楼层图如图 4-3 所示。

> **提示**
>
> 计算单层建筑物的建筑面积时，要视平屋顶还是坡屋顶而定。判定平屋顶还是坡屋顶时，要置身于建筑物内抬头看是平顶还是坡顶，而不能从外表看。

【**例 4-1**】　某局部楼层的坡屋顶建筑物，如图 4-4 所示，其中楼梯下方的空间不具备使用功能，请计算该建筑物的建筑面积。

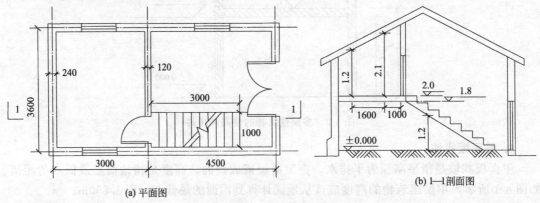

(a) 平面图　　　(b) 1—1剖面图

图 4-4　有局部楼层的坡屋顶建筑物

【**解**】　（1）计算单层建筑物一层大房间的建筑面积。一层最低层高为 2m＜2.2m，因此，局部楼层下方应计算 1/2 面积，$S_1 = (3+0.12+0.06) \times (3.6+0.24) \div 2 = 6.11$（$m^2$）

（2）一层其他部分应计算全面积，$S_2=(4.5+0.12-0.06)(3.6+0.24)=17.51$（m²）

（3）一层建筑面积为：$S_3=S_1+S_2=6.11+17.51=23.62$（m²）

（4）计算二层小房间的建筑面积。

二层小房间由于是坡屋顶，所以其建筑面积可分为三部分。

第一部分长度为：$(3+0.12-0.06-1.6-1)=0.46$（m），因其净高＜1.2m，所以不计算该部分的建筑面积

第二部分长度为：1.6m，因其净高介于1.2m和2.1m之间，所以应计算1/2面积，$S_4=1.6×(3.6+0.24)÷2=3.07$（m²）

第三部分长度为：$1+0.12=1.12$m，因其净高≥2.1m，所以应计算全面积。即：$S_5=1.12×(3.6+0.24)=4.3$（m²）

所以，局部楼层的建筑面积为：$S_6=3.07+4.3=7.37$（m²）

（5）该建筑物的总建筑面积为：$S=S_3+S_6=23.62+7.37=30.99$（m²）

2. 多层建筑物的建筑面积

多层建筑物其首层应按其外墙勒脚以上结构外围水平面积计算，二层及二层以上按外墙结构水平面积计算。层高在2.2m及以上者应计算全面积；高度不足2.2m者应计算1/2面积。

3. 多层建筑坡屋顶内和场馆看台下的空间的建筑面积

多层建筑坡屋顶内和场馆看台下的空间应视为坡屋顶内的空间，设计加以利用时，应按其净高确定其面积的计算。净高超过2.1m的部位应计算全面积；净高在1.2~2.1m的部位应计算1/2面积；当设计不利用的空间或净高不足1.2m的部位不应计算面积。如图4-5所示。

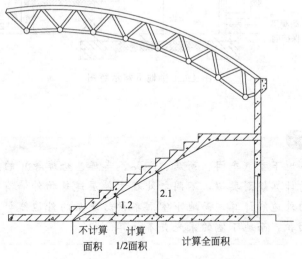

图4-5 场馆看台下建筑面积计算规则

提示

当多层建筑坡屋顶内和场馆看台下的空间没有使用功能时，尽管其净高超过1.2m，也不计算它的面积。

4. 场馆看台的建筑面积

有永久性顶盖无围护结构的场馆看台应按其顶盖水平投影面积的1/2计算。如图4-5所示。

5. 半地下室的概念

半地下室是指地下室的地面低于室外地坪的高度，超过该地下室净高 1/3，且不超过 1/2。如图 4-6 所示，h 表示半地下室房间的净高，H 表示半地下室地面低于室外地坪的高度。从图 4-6 中可以看出，$\frac{h}{3} < H < \frac{h}{2}$。

6. 地下室、半地下室（车间、商店、车站、车库、仓库等）的建筑面积

地下室、半地下室（车间、商店、车站、车库、仓库等），包括相应的有永久性顶盖的出入口，应按其外墙上口（不包括采光进、外墙防潮层及其保护墙）外边线所围的水平面积计算。层高在 2.20m 及以上者应计算全面积；层高不足 2.20m 者应计算 1/2 面积。

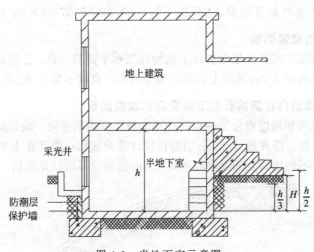

图 4-6   半地下室示意图

 提示

地下室、半地下室（车间、商店、车站、车库、仓库等）的建筑面积计算规则和单层建筑物的计算规则类似，不同之处在于单层建筑物外墙有保温隔热层的，应按保温隔热层的外边线计算，而地下室则不按防潮层的外边线计算；地上建筑物的阳台计算 1/2 面积，而地下室的采光井不计算面积。

【例 4-2】 请计算图 4-7 所示地下室的建筑面积。

【解】（1）首先确定地下室的层高是否大于 2.2m。该地下室层高 2.1m < 2.2m，应计算 1/2 面积。

（2）地下室的建筑面积 = $\frac{1}{2}$ ×（地下室外墙上口外边线所围水平面积 + 相应的有永久性顶盖的出入口外墙上口外边线所围水平面积）

$$= \frac{1}{2} \times [(2.1+0.24) \times (3+0.24) + (0.9+0.24) \times (1.2-0.24) + (2.4+0.24) \times (0.9+0.24)] = 5.84 \ (m^2)$$

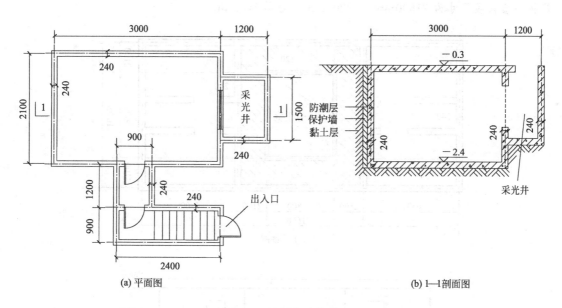

(a) 平面图   (b) 1—1剖面图

图 4-7　地下室建筑物

7. 坡地的建筑物吊脚架空层和深基础架空层的建筑面积

坡地的建筑物吊脚架空层、深基础架空层，设计加以利用并有围护结构的，层高在 2.2m 及以上的部位应计算全面积；层高不足 2.2m 的部位应计算 1/2 面积，如图 4-8 所示。设计加以利用、无围护结构的建筑吊脚架空层，应按其利用部位水平面积的 1/2 计算；设计不利用的深基础架空层、坡地吊脚架空层、多层建筑坡屋顶内、场馆看台下的空间不应计算面积。

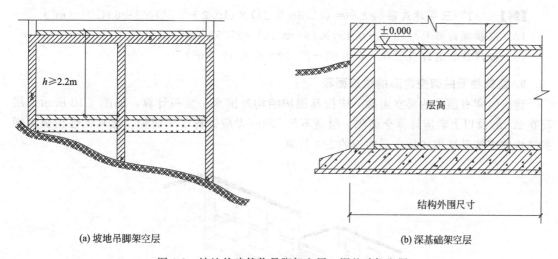

(a) 坡地吊脚架空层   (b) 深基础架空层

图 4-8　坡地的建筑物吊脚架空层、深基础架空层

8. 门厅、大厅内回廊的建筑面积

建筑物的门厅、大厅，按一层计算建筑面积。门厅、大厅内设有回廊时，应按其结构底板水平面积计算。层高在 2.2m 及以上的部位应计算全面积；层高不足 2.2m 的部位，应计算 1/2 面积。

【例 4-3】 计算图 4-9 所示三层建筑物的建筑面积。其中，一层设有门厅并带回廊，建筑物外墙轴线尺寸为 21600mm×10200mm，墙厚 240mm。

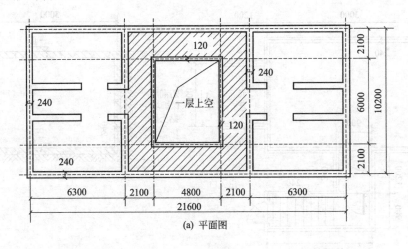

(a) 平面图

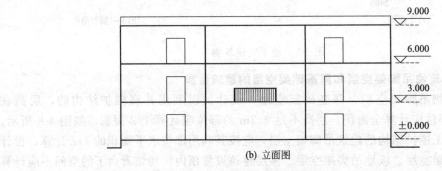

(b) 立面图

图 4-9　回廊示意图

【解】　(1) 三层建筑面积之和＝(21.6＋0.24)×(10.2＋0.24)×3＝684.03 (m²)

(2) 应扣减的部分＝(4.8－0.12)×(6－0.12)＝27.52 (m²)

(3) 该建筑物的建筑面积＝684.03－27.52＝656.51 (m²)

9. 建筑物间的架空走廊的建筑面积

建筑物间有顶盖的架空走廊，应按其围护结构外围水平面积计算，如图 4-10 所示。层高在 2.2m 及以上者应计算全面积；层高不足 2.2m 者应计算 1/2 面积。有永久性顶盖无围护结构的应按其结构底板水平面积的 1/2 计算。

图 4-10　架空走廊示意图

提示

架空走廊是建筑物之间的水平交通空间，在医院的门诊大楼和住院部之间常见架空走廊。如果建筑物之间的架空走廊没有永久性顶盖，则不计算其建筑面积。

10. 立体仓库和立体车库的建筑面积

立体仓库、立体车库，无结构层的应按一层计算，有结构层的应按其结构层面积分别计算，层高在 2.2m 及以上者应计算全面积；层高不足 2.2m 者应计算 1/2 面积。

【**例 4-4**】　试计算如图 4-11 所示立体仓库的建筑面积。

【**解**】　（1）货台的层高为 1m＜2.2m，所以应计算 1/2 面积。

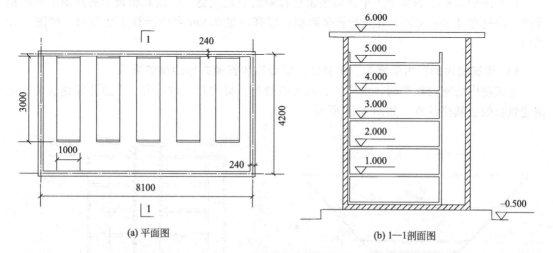

图 4-11　立体仓库的建筑面积

货台的建筑面积为：$S_{货台}=3\times1\times0.5\times6\times5=45$（m²）

（2）除货台外，其余部分应按一层计算其建筑面积，其建筑面积为：

$$S_余=(8.1+0.24)\times(4.2+0.24)-3\times1\times5=22.03\ （m^2）$$

（3）立体仓库的建筑面积为：$S=S_{货台}+S_余=45+22.03=67.03$（m²）

11. 落地橱窗、门斗、挑廊、走廊、檐廊的建筑面积

建筑物外有围护结构的落地橱窗、门斗、挑廊、走廊、檐廊，应按其围护结构外围水平面积计算。层高在 2.2m 及以上者应计算全面积；层高不足 2.2m 者应计算 1/2 面积。有永久性顶盖无围护结构的应按其结构底板水平面积的 1/2 计算。如图 4-12 所示。

图 4-12　走廊、檐廊、挑廊示意图

12. 建筑物顶部的楼梯间、水箱间、电梯机房的建筑面积

建筑物顶部有围护结构的楼梯间、水箱间、电梯机房等，层高在 2.2m 及以上者应计算全面积；层高不足 2.2m 者应计算 1/2 面积。

> **提 示**
>
> 建筑物顶部的楼梯间、水箱间、电梯房等，如果没有围护结构，不应计算面积，而不是计算 1/2 面积。不过，这些建筑物通常都设有围护结构。

13. 设有围护结构不垂直于水平面而超出底板外沿建筑物的建筑面积

设有围护结构不垂直于水平面而超出底板外沿的建筑物，应按其底板面的外围水平面积计算。层高在 2.2m 及以上者应计算全面积；层高不足 2.2m 者应计算 1/2 面积。如图 4-13 所示。

14. 建筑物内的室内楼梯间、电梯井、垃圾道和管道井等的建筑面积

建筑物内的室内楼梯间、电梯井、观光电梯井、提物井、垃圾道、管道井等建筑面积应按建筑物的自然层计算，如图 4-14 所示。

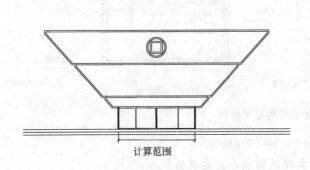

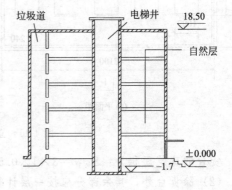

图 4-13　围护结构不垂直于水平面而
　　　　　超出底板外沿的建筑物

图 4-14　室内电梯井、垃圾道剖面示意图

15. 车棚、货棚、站台、加油站、收费站的建筑面积

有永久性顶盖无围护结构的车棚、货棚、站台、加油站、收费站等，应按其顶盖水平投影面积的 1/2 计算。

> **提 示**
>
> 车棚、货棚、站台、加油站、收费站等，如果没有永久性顶盖，不计算建筑面积。

【例 4-5】 求图 4-15 所示火车站台的建筑面积。

【解】 $S=12.5 \times 6.5 \times 0.5=40.625$（m²）

16. 雨篷的建筑面积

雨篷不分有柱和无柱，当雨篷结构的外边线至外墙结构的外边线的宽度超过 2.1m 者，应按雨篷结构板的水平投影面积的 1/2 计算。

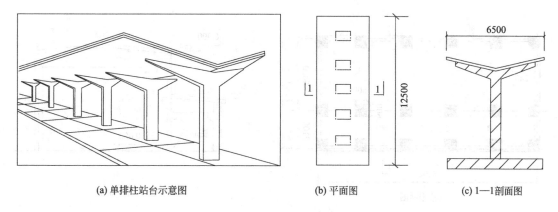

(a) 单排柱站台示意图　　　　(b) 平面图　　　　(c) 1—1剖面图

图 4-15　单排柱站台

【例 4-6】　求图 4-16 所示有柱雨篷的建筑面积。

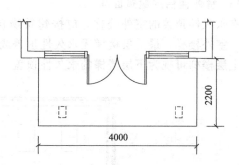

图 4-16　有柱雨篷

【解】　(1) 雨篷结构外边线至外墙结构外边线的宽度 2.2m＞2.1m，应计算 1/2 面积。

(2) $S＝4×2.2×0.5＝4.4$（m²）

17. 高低联跨建筑物的建筑面积

高低联跨的建筑物，应以高跨结构外边线为界分别计算建筑面积；其高低跨内部连通时，其变形缝应计算在低跨面积内。

提示

　　变形缝是伸缩缝（温度缝）、沉降缝和抗震缝的总称。伸缩缝是将基础以上的建筑构件全部分开，并在两个部分之间留出适当缝隙，以保证伸缩缝两侧的建筑构件能在水平方向自由伸缩。沉降缝主要应满足建筑物各部分之垂直方向的自由沉降变形，故应将建筑物从基础到屋顶全部断开。抗震缝一般从基础顶面开始，沿房屋全高设置。

【例 4-7】　计算图 4-17 所示高低联跨度建筑物的建筑面积。

【解】　(1) 低跨的高度 3.9m＞2.2m；高跨的高度 6.9m＞2.2m。所以应计算全面积。

(2) $S_{高跨}＝(18＋0.24)×(6＋0.12＋0.3)＝117.1$（m²）

(3) $S_{低跨}＝(18＋0.24)×(2.1＋0.12－0.3)＝35.02$（m²）

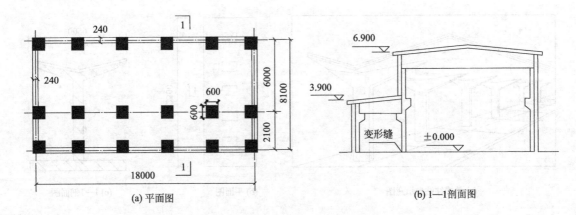

图 4-17 高低联跨的建筑物

（4）高低联跨建筑物的建筑面积：$S = S_{高跨} + S_{低跨} = 152.12$（$m^2$）

18. 室外楼梯的建筑面积

有永久性顶盖的室外楼梯，应按建筑物自然层的水平投影面积的 1/2 计算，如图 4-18 所示。室外楼梯，最上层楼梯无永久性顶盖或不能完全遮盖楼梯的雨篷，上层楼梯不计算面积；上层楼梯可视为下层楼梯的永久性顶盖，下层楼梯应计算面积。

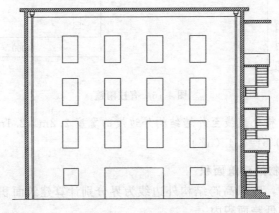

图 4-18 室外楼梯

19. 阳台的建筑面积

建筑物的阳台不论其是否封闭，均按其水平投影面积的 1/2 计算，如图 4-19 所示。

（二）不计算建筑面积的范围

（1）建筑物的通道（过街楼和骑楼的底层）　骑楼是指楼层部分跨在人行道上的临街楼。过街楼是指有道路通过建筑物空间的楼房，如图 4-20 所示。

（2）建筑物内的设备管道夹层。

（3）建筑物内分隔的单层房间，舞台及后台悬挂幕布、布景的天桥、挑台等。

（4）屋顶水箱、花架、凉棚、露台、露天游泳池。

（5）建筑物内的操作平台、上料平台、安装箱或罐体的平台。

（6）勒脚、附墙柱、垛、台阶、墙面抹灰、装饰面、镶贴块料面层、装饰性幕墙、构

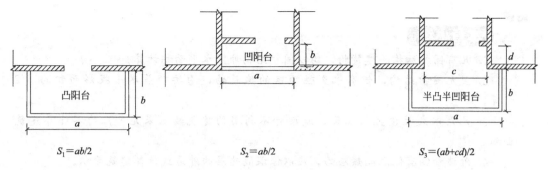

图 4-19 阳台建筑面积计算示意图

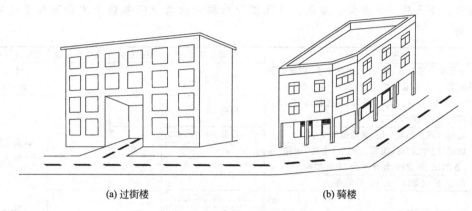

(a) 过街楼　　　　　　　(b) 骑楼

图 4-20　过街楼、骑楼示意图

件、配件、宽度在 2.1m 及以内的雨篷，以及与建筑物内不相连通的装饰性阳台、挑廊，如图4-21所示。

（7）无永久性顶盖的架空走廊、室外爬梯和用于检修、消防等室外钢楼梯、爬梯，如图4-21 所示。

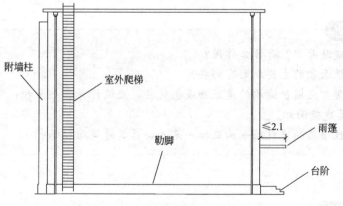

图 4-21　不计算建筑面积的构件

（8）自动扶梯、自动人行道。自动扶梯（斜步道滚梯），除两端固定在楼层板或梁之外，扶梯本身属于设备，因此，扶梯不宜计算建筑面积。水平步道（滚梯），属于安装在楼板上的设备，不应单独计算建筑面积。

（9）独立烟囱、烟道、地沟、油（水）罐、气柜、水塔、贮油（水）池、贮仓、栈桥、地下人防通道、地铁隧道等构筑物不计算建筑面积。

本章小结

1. 凡有围护结构的建筑物，均以围护结构外围水平面积计算。

2. 虽无围护结构，但有永久性顶盖的建筑物，均按顶盖水平投影面积的1/2计算。

3. 凡无永久性顶盖（露天）或设计不利用的建筑物（采光井）均不计算建筑面积。

4. 外墙外侧有保温隔热层的，应以保温隔热层的外边线计算建筑面积。

5. 建筑面积的计算基本分为三种情况：计算全面积、计算1/2面积以及不计算面积，下表从建筑类型、层高、有无围护结构和永久性顶盖四个方面进行了简单的归纳：

建筑类型	层高或净高	围护结构	永久性顶盖	面积计算规则
单层平屋顶建筑、地下室、半地下室、坡地建筑吊脚架空层、深基础架空层、门厅内回廊、橱窗、门斗、檐廊、挑廊、(架空)走廊、屋顶楼梯间、屋顶电梯机房、屋顶水箱间	层高≥2.2m	有	有	计算全面积
	层高<2.2m			计算1/2面积
坡地建筑吊脚架空层、深基础架空层	层高≥2.2m	无		
橱窗、门斗、檐廊、挑廊、(架空)走廊、车棚、站台、加油站、收费站、场馆看台、室外楼梯	—			
阳台、挑出宽度＞2.1m的雨篷	—	—	—	
坡屋顶内空间	1.2m≤净高≤2.1m	有	有	全面积
	净高＞2.1m			
	净高＜1.2m			
室外楼梯(爬梯)、架空走廊			无	不计算面积
建筑物通道、装饰性阳台和挑廊、挑出宽度≤2.1m的雨篷、台阶、屋顶水箱	—	—	—	

 思考题

1. 什么是建筑面积？有什么作用？

2. 计算建筑面积的主要规则有哪些？

3. 试总结哪些无围护结构的建筑物或构筑物，应该计算其全面积；哪些应该计算一半；哪些不计算建筑面积。

4. 无永久性顶盖的建筑物或构筑物一定不计算其建筑面积吗？

 案例分析一

某新建项目，地面以上共15层，地下二层，有一层地下室，层高2.3m，并把深基础加以利用做了一层地下架空层，架空层层高为2.6m。

1. 地下架空层外围结构水平面积为830m²。地下室的上口外围水平面积为830m²，如加上采光井、防潮层及保护墙，其外围水平面积总共为900m²。

2. 首层外墙勒脚以上结构外围水平面积为830m²；大楼正面入口处设有一门斗，层高 2.1m，其围护结构外围水平投影面积为 20m²；背面入口处设有矩形雨篷，其挑出墙外的宽度为 2m，其顶盖挑出外墙以外的水平投影面积为 16m²；大楼正面和背面的入口处各设有一组台阶，水平投影面积均为 12m²；首层设有中央大厅，贯通一、二层，大厅面积为 240m²；首层没有阳台。

3. 第二层设有回廊，面积为 60m²。

4. 第二层至十五层建筑结构外围水平面积均为 830m²，各层全封闭式阳台的水平投影面积均为 30m²；其中第三层为设备管道层，层高为 2m，其余层层高均为 3.6m。

5. 楼顶上部设有楼梯间和电梯机房，层高均为 2.2m，其围护结构水平投影面积为 40m²。

6. 该建筑的附属工程为一座自行车棚，无围护结构，其顶盖的水平投影面积为 200m²；室外有一处贮水池，其水平投影面积为 50m²。

问题：

1. 该建筑物的总建筑面积是多少？
2. 该建筑的附属工程的建筑面积是多少？

【分析】

1. 地下室包括相应的有永久性顶盖的出入口，应按其外墙上口（不包括采光进、外墙防潮层及其保护墙）外边线所围水平面积计算。层高在 2.20m 及以上者应计算全面积；层高不足 2.20m 者应计算 1/2 面积。

本题地下室层高 2.3m＞2.2m，应计算全面积，即 830m²。

2. 深基础架空层，设计加以利用并有围护结构的，层高在 2.2m 及以上的部位应计算全面积；层高不足 2.2m 的部位应计算 1/2 面积。

本题深基础架空层的层高 2.6m＞2.2m，应计算全面积，即 830m²。

3. 建筑物外有围护结构的门斗，应按其围护结构外围水平面积计算。层高在 2.2m 及以上者应计算全面积；层高不足 2.2m 者应计算 1/2 面积。雨篷不分有柱和无柱，当雨篷结构的外边线至外墙结构的外边线的宽度超过 2.1m 者，应按雨篷结构板的水平投影面积的 1/2 计算。

本题门斗的层高 2.1m＜2.2m，所以应计算 1/2 面积，即 10m²；雨篷挑出外墙的尺寸 2m＜2.1m，所以不计算建筑面积。

4. 台阶不属于计算建筑面积的范围。

本题首层的建筑面积应该是 830＋20×0.5＝840（m²）。

5. 建筑物的大厅，按一层计算建筑面积。大厅内设有回廊时，应按其结构底板水平面积计算，层高在 2.2m 及以上的部位应计算全面积；不足 2.2m 的部位，应计算 1/2 面积。

本题第二层的建筑面积应该是 830－240＋60＋30×0.5＝665（m²）。

6. 设备管道夹层不计算建筑面积，但是设备管道层，非夹层，应按自然层计算建筑面积。三层层高 2m＜2.2m，应计算 1/2 面积，即 830×0.5＝415（m²）。

7. 建筑物顶部有围护结构的楼梯间和电梯机房，层高在 2.2m 及以上者应计算全面积；层高不足 2.2m 者应计算 1/2 面积。

本题楼顶的楼梯间和电梯机房层高均为 2.2m，应计算全面积，即 40m²。

8. 有永久性顶盖的无围护结构的车棚，应按其顶盖水平投影面积的 1/2 计算。本题中的车棚和室外贮水池均属于附属工程，无围护结构，有永久性顶盖，应按其顶盖水平投影面积的 1/2 计算，即 100m^2；室外贮水池属于构筑物，不计算建筑面积。

【解】 1. 该建筑物的总建筑面积为：

层　　数	建筑面积计算式	计算结果/m²
架空层		830
地下室		830
首层	$830+20\times0.5=840$	840
二层	$830-240+60+30\times0.5=665$	665
三层	$830\times0.5=415$	415
四至十五层	$(830+30\times0.5)\times12=10140$	10140
楼顶层		40
总建筑面积	$830+830+840+665+415+10140+40=13760$	13760

2. 该建筑的附属工程的建筑面积是 100m^2。

案例分析二

请根据配套的 1 号住宅楼图纸计算其建筑面积。

习　题

1. 如图 4-22 所示，计算独立柱雨篷的建筑面积。

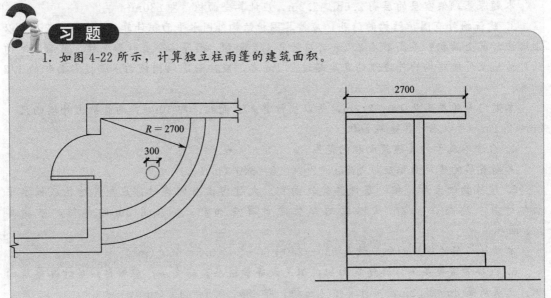

图 4-22　习题 1 图

2. 如图 4-23 所示为某 5 层砖混结构办公楼的首层平面图，2～5 层除无台阶以外，其余均与首层相同，无地下室，内外墙厚均为 240mm，层高均为 3m，试计算该办公楼的建筑面积。

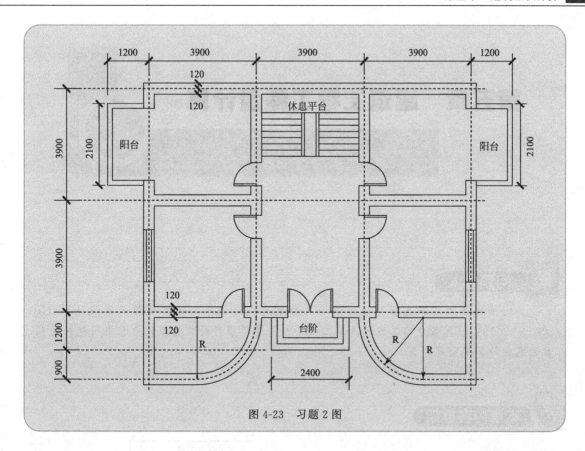

图 4-23　习题 2 图

第五章 建筑工程工程量计算

 问题导入

如何根据施工图纸立项？如何根据《房屋建筑与装饰工程工程量计算规范》（GB 50854—2013）计算各分项工程的清单工程量？与清单项目对应的工作内容中所包含的项目的定额计算规则是什么？

本章内容框架

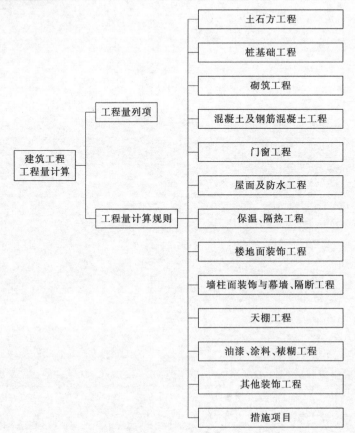

建筑工程工程量计算

工程量列项
- 土石方工程
- 桩基础工程
- 砌筑工程
- 混凝土及钢筋混凝土工程
- 门窗工程
- 屋面及防水工程

工程量计算规则
- 保温、隔热工程
- 楼地面装饰工程
- 墙柱面装饰与幕墙、隔断工程
- 天棚工程
- 油漆、涂料、裱糊工程
- 其他装饰工程
- 措施项目

学习要求

1. 掌握工程量的基本概念及其列项的基本步骤；

2. 掌握《房屋建筑与装饰工程工程量计算规范》（GB 50854—2013）中主要分部分项工程量清单和技术措施项目清单的工程量计算规则；

3. 熟悉与主要清单项目所包含的工作内容对应的预算定额工程量计算规则。

第一节 概　　述

一、工程计价过程

工程计价过程主要包括以下七个步骤，如图 5-1 所示。

识图 → 列项 → 算量 → 对量 → 计价 → 调价 → 报价

图 5-1　工程计价过程

（1）识图　工程识图是工程计价的第一步，如果连工程图纸都看不懂，就无从进行工程量的计算和工程计价。虽然识图是在前期课程工程制图或工程识图中就应该解决的问题，但是在工程计价时大多数同学拿到图纸仍然是"眼前一抹黑，搞不懂"。因此，我们从实践中总结出来的观点是：在工程量计算的过程中学会识图。

（2）列项　在计算工程量（不管是清单工程量还是计价工程量）时遇到的第一个问题不是怎么计算的问题，而是计算什么的问题，计算什么的问题在这里就叫作列项。列项不准确会直接影响后面工程量的计算结果。因此，计算工程量时不要拿起图纸就计算，这样很容易漏算或者重算，在计算工程量之前首先要学会列项，即弄明白整个工程要计算哪些工程量，然后再根据不同的工程量计算规则计算所列项的工程量。

（3）算量　这里所说的算量包括根据最新国家标准《房屋建筑与装饰工程工程量计算规范》（GB 50854—2013）中的工程量计算规则计算房屋建筑与装饰工程的分部分项清单工程量和根据各地定额中的工程量计算规则计算与清单项目工作内容相配套的计价工程量两部分。

（4）对量　对量是工程计价过程中最重要的一个环节，包括自己和自己对，自己和别人对。先手工根据相关计算规则做出一个标准答案来，再和用软件做出来的答案对照，如果能对上就说明软件做对了，对不上的要找出原因，今后在做工程中想办法避免或者修正。通过这个过程，用软件做工程才能做到心里有底。

（5）计价　把前面的算量做对了，接下来的工作就是计价，计价要求熟悉最新国家标准《房屋建筑与装饰工程工程量计算规范》（GB 50854—2013）、企业定额、当地建筑装饰工程预算定额及建设工程费用定额。

（6）调价　并不是算出来多少就报多少，往往根据具体的施工方案、报价技巧及当时的具体环境对计价作相应的调整，这也需要有经验的造价师和单位领导协商来做，新手要积极向老造价师学习，多问几个为什么，碰的工程多了，就能报出一个有竞争力的价格。

(7) 报价 前面一切都做好了，报价实际上就是一个打印装订的问题了。

二、工程量列项

(一) 工程量

工程量是根据设计的施工图纸，按清单分项或定额分项，并按照《房屋建筑与装饰工程工程量计算规范》或《建筑工程、装饰工程预算定额》计算规则进行计算，以物理计量单位表示的一定计量单位的清单分项工程或定额分项工程的实物数量。其计量单位一般为分项工程的长度、面积、体积和重量等。

1. 清单工程量

《建设工程工程量清单计价规范》（GB 50500—2013）规定：清单项目是综合实体，其工作内容除了主项工程还包括若干附项工程，清单工程量的计算规则只针对主项工程。

清单工程量是根据设计的施工图纸及《房屋建筑与装饰工程工程量计算规范》计算规则，以物理计量单位表示的某一清单主项实体的工程量，并以完成后的净值计算，不一定反映全部工程内容。因此，承包商在根据工程量清单进行投标报价时，应在综合单价中考虑主项工程量需要增加的工程量和附项工程量。

2. 计价工程量

计价工程量也称报价工程量，它是计算工程投标报价的重要基础。清单工程量作为统一各承包商报价的口径是十分重要的。但是，承包商不能根据清单工程量直接进行报价。这是因为清单工程量只是清单主项的实体工程量，而不是施工单位实际完成的施工工程量。因此，承包商在根据清单工程量进行投标报价时，各承包商应根据拟建工程施工图、施工方案、所用定额及工程量计算规则计算出的用以满足清单项目工程量计价的主项工程和附项工程实际完成的工程量，就叫计价工程量。

(二) 列项的目的

列项的目的就是为了计算工程量时不漏项、不重项，学会自查或查别人。图纸有很多内容，而且很杂，如果没有一套系统的思路，计算工程量时将无法下手，很容易漏项。为了不漏项，对图纸有一个系统、全面的了解，我们就需要列项。

(三) 建筑物的列项步骤

列项是一个从粗到细，从宏观到微观的过程。通过以下 4 个步骤对建筑物进行工程量列项，可以达到不重项、不漏项的目的，如图 5-2 所示。

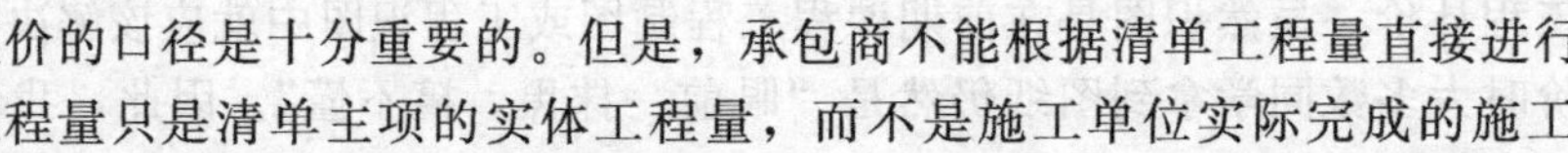

图 5-2 建筑物列项分解图

1. 分层

针对建筑物的工程量计算而言，列项的第一步就是先把建筑物分层，建筑物从下往上一般分为七个基本层，分别是：基础层、$-n \sim -2$ 层、-1 层、首层、$2 \sim n$ 层、顶层和屋面层，如图 5-3 所示。

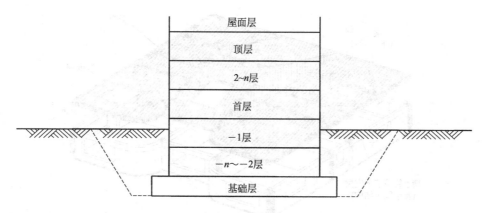

图 5-3 分层示意图

这七个基本层每层都有其不同的特点。其中：

（1）基础层与房间（无论是地下房间还是地上房间）列项完全不同，因此，单独作为一层。

（2）$-n\sim-2$ 层与首层相比，全部埋在地下，外墙不是装修，而是防潮、防水，而且没有室外构件，由于 $-n\sim-2$ 层列项方法相同，因此将 $-n\sim-2$ 层看作是一层。

（3）-1 层与首层相比部分在地上，部分在地下。因此，外墙既有外墙装修又有外墙防水。

（4）首层与其他层相比有台阶、雨篷、散水等室外构件。

（5）$2\sim n$ 层不管是不是标准层，与首层相比没有台阶、雨篷、散水等室外构件，由于 $2\sim n$ 层其列项方法相同，因此将 $2\sim n$ 层看作是一层。

（6）顶层与 $2\sim n$ 的区别是有挑檐。

（7）屋面层与其他层相比，没有顶部构件、室内构件和室外构件。

分层以后还不能计算每一层的工程量，需要进行第二步：分块。

2. 分块

对于建筑物分解的每一层建筑，一般分解为六大块：围护结构、顶部结构、室内结构、室外结构、室内装修以及室外装修，如图 5-4～图 5-7 所示。

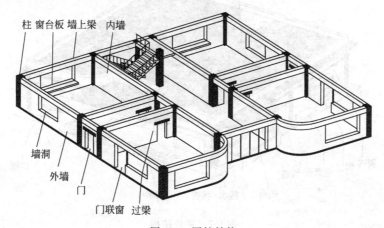

图 5-4 围护结构

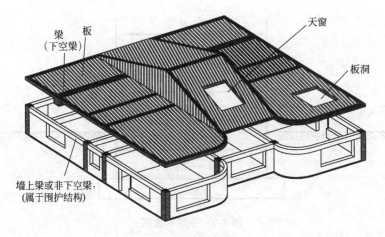

图 5-5 顶部结构

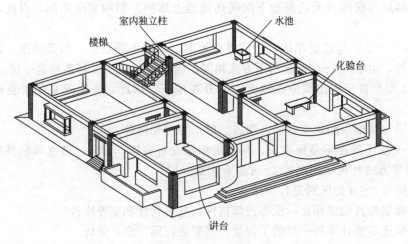

图 5-6 室内结构

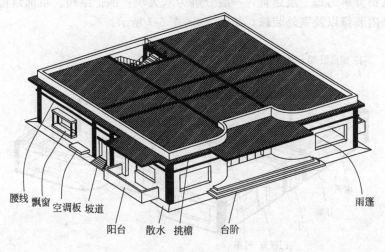

图 5-7 室外结构

分块之后，仍不能计算每一块的工程量，这时需要进行第三步：分构件。

3. 分构件

（1）围护结构包含的构件　柱子、梁（墙上梁或非下空梁）、墙（内外）、门、窗、门联窗、墙洞、过梁、窗台板及护窗、栏杆等，如图 5-4 所示。

（2）顶部结构包含的构件　梁（下空梁）、板（含斜）、板洞及天窗，如图 5-5 所示。

（3）室内结构包含的构件　楼梯、独立柱、水池、化验台以及讲台，如图 5-6 所示。其中楼梯、水池、化验台属于复合构件，需要再往下进行分解。

例如：楼梯再往下分解为休息平台、楼梯斜跑、楼梯梁、楼梯栏杆、楼梯扶手及楼层平台。水池再往下分解为水池和水池腿。化验台再往下分解为化验台板和化验台腿。

（4）室外结构包含的构件　腰线、飘窗、门窗套、散水、坡道、台阶、阳台、雨篷、挑檐、遮阳板以及空调板等，如图 5-7 所示。

其中飘窗、坡道、台阶、阳台、雨篷和挑檐属于复合构件，需要再进行往下分解。例如，飘窗再往下分解，如图 5-8 所示。台阶再往下分解，如图 5-9 所示。雨篷再往下分解，如图 5-10 所示。

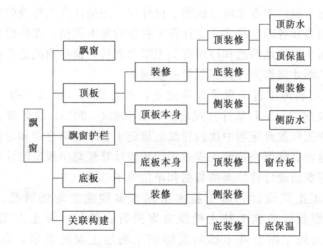

图 5-8　飘窗分解

图 5-9　台阶分解　　　　　　　　图 5-10　雨篷分解

（5）室内装修包含的构件　室内装修包括以下几种构件：地面、踢脚、墙裙、墙面、天棚、天棚保温及吊顶。

（6）室外装修包含的构件　室外装修包括以下几种构件：外墙裙、外墙面、外保温、装饰线和玻璃幕墙。

分构件之后，仍不能根据《房屋建筑与装饰工程工程量计算规范》和《建筑工程装饰工程预算定额》计算每一类构件的工程量，这时需要进行第四步：工程量列项。

4. 每一类构件的列项

对以上分解的每一类构件，根据《房屋建筑与装饰工程工程量计算规范》和《建筑工程装饰工程预算定额》同时思考以下五个问题来进行工程量列项：

(1) 查看图纸中每一类构件包含哪些具体构件；

(2) 这些具体构件有什么属性；

(3) 这些具体构件应该套什么清单分项或定额分项；

(4) 清单或者定额分项的工程量计量单位是什么；

(5) 计算规则是什么。

三、工程量计算的原理和方法

(一) 工程量计算的依据

工程量计算的主要依据有以下三个。

(1) 经审定的施工设计图纸及设计说明。设计施工图是计算工程量的基础资料，因为施工图纸反映工程的构造和各部位尺寸，是计算工程量的基本依据。在取得施工图和设计说明等资料后，必须全面、细致地熟悉和核对有关图纸和资料，检查图纸是否齐全、正确。经过审核、修正后的施工图才能作为计算工程量的依据。

(2) 《房屋建筑与装饰工程工程量计算规范》和各地的《建筑工程、装饰工程预算定额》。《房屋建筑与装饰工程工程量计算规范》(GB 50854—2013) 及各省、自治区颁发的地区性建筑工程和装饰工程预算定额中比较详细地规定了各个清单分项和定额分项工程量的计算规则。计算工程量时必须严格按照工程适用的相应计算规则中规定的计量单位和计算规则进行计算，否则将可能出现计算结果的数据和单位等不一致。

(3) 审定的施工组织设计、施工技术措施方案和施工现场情况。计算工程量时，还必须参照施工组织设计或施工技术措施方案进行。例如计算土方工程时，只依据施工图是不够的，因为施工图上并未标明实际施工场地土壤的类别，以及施工中是否采取放坡或是否用挡土板的方式进行。对这类问题就需要借助于施工组织设计或者施工技术措施加以解决。工程量中有时还要结合施工现场的实际情况进行。例如平整场地和余土外运工程量，一般在施工图纸上是不反映的，应根据建设基地的具体情况予以计算确定。

(二) 计算工程量应遵循的原则

计算工程量时，应遵循以下六条原则：

(1) 工程量计算所用原始数据必须和设计图纸相一致。

(2) 计算口径（工程子目所包括的工作内容）必须与《房屋建筑与装饰工程工程量计算规范》(GB 50854—2013) 和各地的《建筑工程、装饰工程预算定额》相一致。

(3) 工程量计算规则必须与《房屋建筑与装饰工程工程量计算规范》(GB 50854—2013) 和各地的《建筑工程、装饰工程预算定额》相一致。

(4) 工程量的计量单位必须与《房屋建筑与装饰工程工程量计算规范》(GB 50854—2013) 和各地的《建筑工程、装饰工程预算定额》相一致。

(5) 工程量计算的准确度要求。工程量的数字计算一般应精确到小数点后 3 位，汇总时其准确度取值要达到：立方米（m³）、平方米（m²）及米（m），取 2 位小数；吨（t）以下取 3 位小数；千克（kg）、件（台或套）等取整数。

（6）按图纸结合建筑物的具体情况进行计算。一般应做到主体结构分层计算；内装修按分层分房间计算；外装修分立面计算，或按施工方案的要求分段计算。

（三）工程量计算的方法

工程量计算的一般方法实际上就是工程量计算的顺序问题，正确的工程量计算方法既可以节省看图时间，加快计算进度，又可以避免漏算或重复计算。

（1）单位工程计算顺序：按分层、分块、分构件和工程量列项四步来进行计算。

（2）单个分项工程的计算顺序：对于同一层中同一个清单编号或定额编号的分项工程，在计算工程量时为了不重项、不漏项，单个分项工程的计算顺序一般遵循以下四种顺序中的某一种。

① 按照顺时针方向计算；

② 按照先横后竖、先上后下、先左后右的顺序计算；

③ 按轴线编号顺序计算；

④ 按图纸构配件编号分类依次进行计算。

第二节　土石方工程

一、《房屋建筑与装饰工程工程量计算规范》的相关解释说明

《房屋建筑与装饰工程工程量计算规范》（GB 50854—2013）对土石方工程主要有以下相关解释说明。

（1）挖土应按自然地面测量标高至设计地坪标高的平均厚度确定。竖向土方、山坡切土开挖深度应按基础垫层底表面标高至交付施工现场地标高确定，无交付施工场地标高时，应按自然地面标高确定。

（2）建筑物场地厚度≤±300mm 的挖、填、运、找平，应按计算规范中平整场地项目编码列项。厚度＞±300mm 的竖向布置挖土或山坡切土应按计算规范中挖一般土方项目编码列项。

（3）沟槽、基坑、一般土方的区别　底宽≤7m 且底长＞3 倍底宽为沟槽；底长≤3 倍底宽且底面积≤150m² 为基坑；超出上述范围则为一般土方。

（4）挖土方如需截桩头时，应按桩基工程相关项目编码列项。

提示

截桩头在《建设工程工程量清单计价规范》（GB 50500—2008）附录 A 建筑工程工程量清单项目及计算规则中，是包括在挖土方或挖基础土方的工程内容中的，不单独列项计算其工程量。

（5）桩间挖土不扣除桩的体积，并在项目特征中加以描述。

（6）弃、取土运距可以不描述，但应注明由投标人根据施工现场实际情况自行考虑，决定报价。

（7）土壤的分类应按表5-1确定，如土壤类别不能准确划分时，招标人可注明为综合，由投标人根据地勘报告决定报价。

表5-1　土壤分类表

土壤分类	土壤名称	开挖方法
一、二类土	粉土、砂土（粉砂、细砂、中砂、粗砂、砾砂）、粉质黏土、弱中盐渍土、软土（淤泥质土、泥炭、泥炭质土）、软塑红黏土、冲填土	用锹、少许用镐、条锄开挖。机械能全部直接铲挖满载者
三类土	黏土、碎石土（圆砾、角砾）混合土、可塑红黏土、硬塑红黏土、强盐渍土、素填土、压实填土	主要用镐、条锄、少许用锹开挖。机械需部分刨松方能铲挖满载者或可直接铲挖但不能满载者
四类土	碎石土（卵石、碎石、漂石、块石）、坚硬红黏土、超盐渍土、杂填土	全部用镐、条锄挖掘、少许用撬棍挖掘。机械须普遍刨松方能铲挖满载者

注：本表土的名称及其含义按国家标准《岩土工程勘察规范》（GB 50021—2009）定义。

（8）土方体积应按挖掘前的天然密实体积计算。

（9）挖沟槽、基坑、一般土方因工作面和放坡增加的工程量（管沟工作面增加的工程量），是否并入各土方工程量中，按各省、自治区、直辖市或行业建设主管部门的规定实施，如并入各土方工程量中，办理工程结算时，按经发包人认可的施工组织设计规定计算，编制工程量清单时，可按表5-2～表5-4规定计算。

表5-2　放坡系数表

土类别	放坡起点/m	人工挖土	机械挖土		
			在坑内作业	在坑上作业	顺沟槽在坑上作业
一、二类土	1.20	0.5	0.33	0.75	0.5
三类土	1.50	0.33	0.25	0.67	0.33
四类土	2.00	0.25	0.10	0.33	0.25

注：1. 沟槽、基坑中土类别不同时，分别按其放坡起点、放坡系数，依不同土类别厚度加权平均计算。
2. 计算放坡时，在交接处的重复工程量不予扣除，原槽、坑作基础垫层时，放坡自垫层上表面开始计算。

表5-3　基础施工所需工作面宽度计算表

基础材料	每边各增加工作面宽度/mm	基础材料	每边各增加工作面宽度/mm
砖基础	200	混凝土基础支模板	300
浆砌毛石、条石基础	150	基础垂直面做防水层	1000（防水层面）
混凝土基础垫层支模板	300		

注：本表按《全国统一建筑工程预算工程量计算规则》（GJDGZ—101—95）整理。

表5-4　管沟施工每侧所需工作面宽度计算表

管沟材料＼管道结构宽/mm	≤500	≤1000	≤2500	＞2500
混凝土及钢筋混凝土管道/mm	400	500	600	700
其他材质管道/mm	300	400	500	600

注：1. 本表按《全国统一建筑工程预算工程量计算规则》（GJDGZ—101—95）整理。
2. 管道结构宽：有管座的按基础外缘，无管座的按管道外径。

① 放坡 放坡是施工中较常用的一种措施，当土方开挖深度超过一定限度时，将上口开挖宽度增大，将土壁做成具有一定坡度的边坡，在土方工程中称为放坡。其目的是为了防止土壁坍塌。

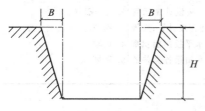

图 5-11 放坡系数计算示意图

② 放坡起点 放坡起点就是指某类别土壤边壁直立不加支撑开挖的最大深度，一般是指设计室外地坪标高至基础底标高的深度。其决定因素是土壤类别，如表 5-2 所示。

③ 放坡系数 将土壁做成一定坡度的边坡时，土方边坡的坡度以其高度 H 与边坡宽度 B 之比来表示。如图 5-11 所示。即

$$土方坡度 = H/B$$

放坡系数

$$K = B/H$$

放坡系数的大小不仅与挖土方式（人工挖土还是机械挖土）有关，而且机械挖土的放坡系数还与机械的施工位置有关。如表 5-2 所示。

【例 5-1】 已知某基坑开挖深度 $H=10m$。其中表层土为一、二类土，厚 $h_1=2m$，中层土为三类土，厚 $h_2=5m$；下层土为四类土，厚 $h_3=3m$。采用正铲挖土机在坑底开挖。试确定其放坡系数。

【解】 由表 5-2 可知：

① 由于是采用正铲挖土机在坑底开挖，所以表层土的放坡系数为 $K_1=0.33$；中层土的放坡系数 $K_2=0.25$；下层土的放坡系数 $K_3=0.10$。

② 根据不同土壤厚度加权平均计算其放坡系数：

$$K = [h_1 \times K_1 + h_2 \times K_2 + h_3 \times K_3]/H = [2 \times 0.33 + 5 \times 0.25 + 3 \times 0.10]/10 = 0.221$$

④ 工作面 根据基础施工的需要，挖土时按基础垫层的双向尺寸向周边放出一定范围的操作面积，作为工人施工时的操作空间，这个单边放出的宽度，就称为工作面。

其决定因素是基础材料，如表 5-3 所示。

（10）挖方出现流沙、淤泥时，应根据实际情况由发包人与承包人双方现场签证确认工程量。

（11）管沟土方项目适用于管道（给排水、工业、电力、通信）、光（电）缆沟（包括人孔桩、接口坑）及连接井（检查井）等。

（12）在《房屋建筑与装饰工程工程量计算规范（GB 50854—2013）》附录 A（土石方工程）中，对土方工程工程量清单的项目设置、项目特征描述的内容、计量单位及工程量计算规则等做出了详细的规定。表 5-5、表 5-6 列出了部分常用项目的相关内容。

表 5-5 土方工程 （编号：010101）

项目编码	项目名称	项目特征	计量单位	工程量计算规则	工作内容
010101001	平整场地	1. 土壤类别 2. 弃土运距 3. 取土运距	m^2	按设计图示尺寸以建筑物首层建筑面积计算。	1. 土方挖填 2. 场地找平 3. 运输
010101002	挖一般土方			按设计图示尺寸以体积计算。	1. 排地表水
010101003	挖沟槽土方	1. 土壤类别 2. 挖土深度 3. 弃土运距	m^3	按设计图示尺寸以基础垫层底面积乘以挖土深度计算。	2. 土方开挖 3. 围护（挡土板）及拆除 4. 基底钎探
010101004	挖基坑土方				5. 运输

续表

项目编码	项目名称	项目特征	计量单位	工程量计算规则	工作内容
010101007	管沟土方	1. 土壤类别 2. 管外径 3. 挖沟深度 4. 回填要求	1. m 2. m³	1. 以米计量，按设计图示以管道中心线长度计算。 2. 以立方米计量，按设计图示管底垫层面积乘以挖土深度计算；无管底垫层按管外径的水平投影面积乘以挖土深度计算。不扣除各类井的长度，井的土方并入	1. 排地表水 2. 土方开挖 3. 围护(挡土板)、支撑 4. 运输 5. 回填

表 5-6　回填（编号：010103）

项目编码	项目名称	项目特征	计量单位	工程量计算规则	工作内容
010103001	回填方	1. 密实度要求 2. 填方材料品种 3. 填方粒径要求 4. 填方来源、运距	m³	按设计图示尺寸以体积计算。 1. 场地回填：回填面积乘平均回填厚度 2. 室内回填：主墙间面积乘回填厚度，不扣除间隔墙 3. 基础回填：按挖方清单项目工程量减去自然地坪以下埋设的基础体积(包括基础垫层及其他构筑物)。	1. 运输 2. 回填 3. 压实

二、工程量计算规则

（一）平整场地

1. 平整场地

平整场地是指为了便于进行建筑物的定位放线，在基础土方开挖前，对建筑场地垂直方向处理厚度在±30cm 以内的就地挖、填、找平工作。如图 5-12 所示。

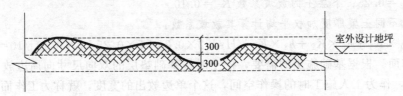

图 5-12　平整场地范围示意图

2. 平整场地的清单工程量计算规则

《房屋建筑与装饰工程工程量计算规范》（GB 50854—2013）规定：平整场地的工作内容包括土方挖填、场地找平和运输。

其清单工程量计算规则为：按设计图示尺寸以建筑物首层建筑面积以平方米计算。

3. 平整场地的计价工程量计算规则

各地建筑工程预算定额关于平整场地的工程量计算规则主要有两类。

（1）大部分地区《建筑工程预算定额》中规定平整场地的工程量按建筑物或构筑物底面积的外边线每边各增加 2m 计算，围墙按中心线每边各增加 1m 计算。室外管道沟不应计算平整场地。土方运输要单独列项，然后计算其工程量。一般计算公式为：

$$S_平 = S_底 + 2L_外 + 16$$

式中　$S_平$——平整场地的定额工程量，m^2；

$S_底$——建筑物底层建筑面积，m^2；

$L_外$——外墙外边线长，m。

（2）有些地区平整场地的定额工程量是按首层建筑面积乘以系数 1.4 计算。

【例 5-2】 请分别计算图 5-13 中平整场地的清单工程量和计价工程量。

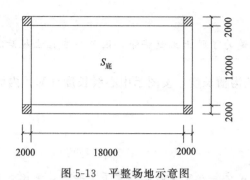

图 5-13　平整场地示意图

【解】 ① 平整场地清单工程量＝18×12＝216（m²）

② 平整场地的计价工程量＝18×12＋2×2×（18＋12）＋16＝352（m²）

（二）沟槽、基坑土方

1. 沟槽和基坑土方的清单工程量计算规则

《房屋建筑与装饰工程工程量计算规范》（GB 50854—2013）规定，沟槽和基坑的工作内容包括排地表水、土方开挖、围护（挡土板）、支撑、基底钎探和运输。

其计算规则为：房屋建筑按设计图示尺寸以基础垫层底面积乘以挖土深度（设计室外地坪至垫层底高度）以体积计算。

2. 沟槽和基坑土方的计价工程量计算规则

（1）人工挖沟槽　其工程量须根据放坡或不放坡，带不带挡土板（单面挡土板增加 10cm，双面挡土板增加 20cm），以及增加工作面的具体情况来计算。其计算式如下：

$$挖沟槽工程量＝沟槽断面积×沟槽长度$$

① 沟槽断面积　其大小与土方开挖方式有关。如图 5-14 所示。

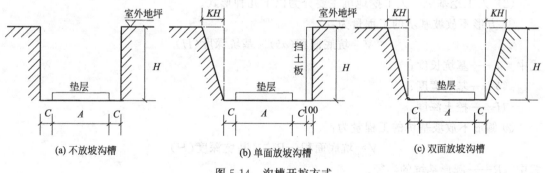

图 5-14　沟槽开挖方式

$$不放坡沟槽断面面积＝(A+2C)H$$
$$单面放坡沟槽断面面积＝(A+2C+100+0.5KH)H$$
$$双面放坡沟槽断面面积＝(A+2C+KH)H$$

式中　A——垫层宽度；

　　　C——工作面宽度；

　　　K——放坡系数；

H——挖土深度，一律以设计室外地坪标高为准计算。

提示

挡土板和放坡都是为了防止土壁坍塌，因此，支挡土板后就不能再计算放坡。

② 沟槽长度 外墙挖沟槽长度，按图示中心线长度计算；内墙挖沟槽长度，按图示沟槽底间净长度计算。

提示

计算放坡挖土时，交接处重复的工程量不予扣除，如图5-15所示。在交接处重复工程量不予扣除。

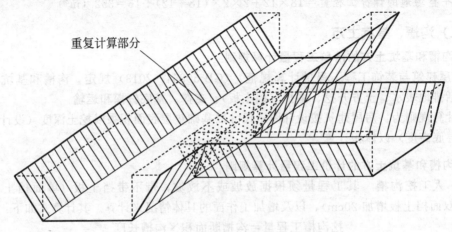

重复计算部分

图 5-15 交接处重复计算部分示意图

(2) 人工挖基坑 人工挖地坑主要分为以下几种形式。

① 方形不放坡基坑的工程量为：

$$V=坑底面积(ab)×基坑深度(H)$$

式中 a——基坑长度；

b——基坑宽度；

H——挖土深度。

② 圆形不放坡基坑的工程量为：

$$V=坑底面积(\pi R^2)×基坑深度(H)$$

式中 R——圆形基坑的半径。

③ 方形放坡基坑 [如图5-16(a) 所示] 的工程量为：

$$V=\frac{1}{3}K^2H^3+(A+2C+KH)(B+2C+KH)×H$$

或：

$$V=\frac{H}{6}[ab+(a+a_1)(b+b_1)+a_1b_1]$$

式中 A、B——垫层的长度、宽度，m；

C——工作面宽度，m；

H——基坑深度，m；

K——放坡系数；

a、b—— 基坑下底的长度、宽度，m；

a_1、b_1—— 基坑上底的长度、宽度，m。

④ 圆形放坡基坑［如图 5-16(b) 所示］的工程量计算公式为：

$$V=\frac{1}{3}\pi H(r^2+R^2+rR)$$

式中 r——基坑底的半径；

R——基坑口的半径。

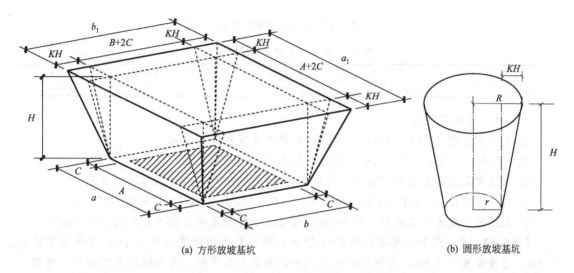

(a) 方形放坡基坑　　　　　　　　　　(b) 圆形放坡基坑

图 5-16　放坡基坑工程量计算示意图

（3）支挡土板　按槽、坑土体与挡土板接触面积计算，支挡土板后，不得再计算放坡。双面支挡土板应分别计算其接触面积之后汇总。

（4）基底钎探　基底钎探是指对槽或坑底的土层进行钎探的操作方法，即将钢钎打入基槽底的土层中，根据每打入一定深度（一般为 300mm）的锤击数，间接地判断地基的土质变化和分布情况，以及是否有空穴和软土层等。

其工程量计算规则以基底面积计算。

（5）土方运输　包括余方弃置和缺方内运。余方弃置是指从余方点装料运输至弃置点；缺方内运是指从取料点装料运输至缺方点。余方弃置的清单工程量应按挖方清单工程量减利用回填方体积（正数）计算；缺方内运清单的工程量应按挖方清单工程量减利用回填方体积（负数）计算。

【例 5-3】　已知某混凝土独立基础的垫层长度为 2100mm，宽度为 1500mm，设计室外地坪标高为 —0.3m，垫层底部标高为 —1.6m，两边需留工作面，如图 5-17 所示，坑内土质为三类土。请分别计算人工挖土方的清单工程量和主项的计价工程量。

【解】　（1）计算清单工程量

根据挖基坑土方的清单工程量计算规则，该基坑土方的工程量为：

$V=$ 基础垫层底面积×基坑挖土深度 $=2.1\times1.5\times(1.6-0.3)=4.095$（m³）

其工程量清单见表 5-7。

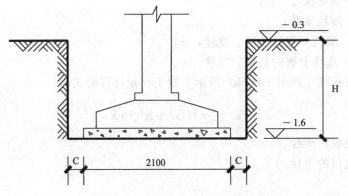

图 5-17　混凝土基础示意图

表 5-7　挖基坑土方工程量清单表

项目编码	项目名称	项目特征描述	计量单位	工程量
010101004001	挖基坑土方	三类土,挖土深度 1.3m	m^3	4.095

（2）计算定额工程量

① 人工挖土深度 $H=1.3m$；三类土的放坡起点深度为 1.50m。

因为 1.3m＜1.5m，所以应垂直开挖，如图 5-17 所示。

② 基础类别为混凝土独立基础，所以两边各增加的工作面宽度为 $C=0.3m$。

③ 坑底面积 $(S_2)=(A+2C)\times(B+2C)=(1.5+0.6)\times(2.1+0.6)=5.67$（$m^2$）

④ 人工挖地坑定额工程量 $(V_2)=$ 坑底面积×挖土深度 $=5.67\times1.3=7.371$（m^3）

【例 5-4】　某建筑物的基础如图 5-18 所示，基础垫层的宽度均为 1.4m，工作面宽度为 0.3m，沟槽深度为 2.6m，土壤类别为三类土，采用人工开挖，请分别计算挖沟槽的清单工程量和定额工程量。

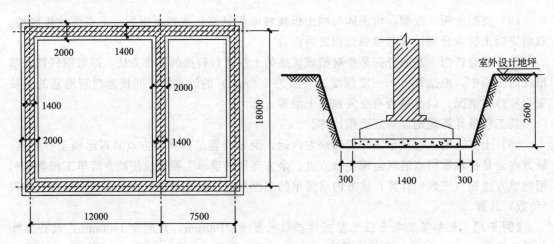

图 5-18　地槽开挖放坡示意图

【解】　（1）计算清单工程量

① 沟槽长度 $=(12+7.5+18)\times2+(18-1.4)=91.6$（m）

② 沟槽断面面积 $=1.4\times2.6=3.64$（m^2）

③ 清单工程量 $=$ 沟槽长度×沟槽断面面积 $=91.6\times3.64=333.42$（m^3）

其清单工程量计算表见表 5-8。

表 5-8　清单工程量计算表

项目编码	项目名称	项目特征描述	计量单位	工程量
010101003001	挖沟槽土方	三类土,条形基础,垫层宽度 1.4m,挖土深度 2.6m	m³	333.42

（2）计算定额工程量

① 沟槽长度＝(12＋7.5＋18)×2＋(18－2)＝91 (m)

② 人工挖土深度为 2.60m＞三类土的放坡起点深度 1.40m，所以应当放坡。

③ 人工挖三类土的放坡系数 $K＝0.33$；$KH＝2.6×0.33＝0.858$ (m)

④ 沟槽断面面积＝$(KH＋A＋2C)×H＝(1.4＋0.6＋0.858)×2.6＝7.4308$ (m²)

⑤ 定额工程量＝沟槽长度×沟槽断面面积＝91×7.4308＝676.20 (m³)

（三）一般土方

1. 土方的清单工程量计算规则

《房屋建筑与装饰工程工程量计算规范》（GB 50854—2013）规定，挖一般土方的工作内容包括：排地表水、土方开挖、围护（挡土板）、支撑、基底钎探和运输。

其清单工程量计算规则为：按设计图示尺寸以体积计算。

2. 土方的计价工程量计算规则

定额挖土方分人工挖土方和机械挖土方。

（1）人工挖土方　与人工挖沟槽和人工挖地坑相同。

（2）机械挖土方　机械挖土方是目前施工中较常采用的一种土方开挖方式，其工程量计算方法同人工挖土方。需要指出的是：通常情况下，机械挖土方时需留出一定厚度土方由人工开挖，则机械挖土方就应按机械挖土方占 90％、人工挖土方占 10％分列两项计算挖土方费用。其余附项的工程量计算规则与人工挖沟槽和人工挖地坑相同。

（四）管沟土方

1. 管沟土方的清单工程量计算规则

其清单工程量计算规则有两种：

（1）以米计量，按设计图示以管道中心线长度计算；

（2）以立方米计量，按设计图示管底垫层面积乘以挖土深度计算；无管底垫层按管外径的水平投影面积乘以挖土深度计算。不扣除各类井的长度，井底土方并入。

> **提示**
>
> 清单规范中管沟土方与挖基槽土方、基坑土方和一般土方的工作内容相比最大的区别是没有基底钎探附项工程，但增加了回填土附项工程。

2. 管沟土方的计价工程量计算规则

（1）管沟土方　各地预算定额管沟土方的定额工程量计算规则：按设计图示尺寸以体积计算。

$$管沟土方体积＝沟底宽度×管沟深度×管沟长度$$

式中，管沟长度按图示中心线长度以延长米计算；管沟深度按图示沟底至室外地坪深度计算。

沟底宽度按设计规定尺寸计算，如无规定，可按表 5-9 规定宽度计算。

表 5-9 管道地沟沟底宽度 单位：m

管 径	铸铁管、钢管、石棉水泥管	混凝土、钢筋混凝土、预应力混凝土管	陶土管
50～70	0.60	0.80	0.70
100～200	0.70	0.90	0.80
250～350	0.80	1.00	0.90
400～450	1.00	1.30	1.10
500～600	1.30	1.50	1.40
700～800	1.60	1.80	—
900～1000	1.80	2.00	—
1100～1200	2.00	2.30	—
1300～1400	2.20	2.60	—

（2）支挡土板和运输 与挖沟槽和挖地坑一样。

（3）回填土 管道沟槽回填工程量以挖方体积减去管径所占体积计算。管径在500mm以下的不扣除管道所占体积；管径超过500mm以上时，按规定扣除管道所占体积。如表5-10所示。

表 5-10 每延长米管沟回填扣除土方体积 单位：m³

管道种类 \ 管径/mm	501～600	601～800	801～1000	1001～1200	1201～1400	1401～1600
钢管	0.21	0.44	0.71	—	—	—
铸铁管	0.24	0.49	0.77	—	—	—
钢筋混凝土管	0.33	0.60	0.92	1.15	1.35	1.55

（五）回填土

1. 回填土的清单工程量计算规则

《房屋建筑与装饰工程工程量计算规范》（GB 50854—2013）规定，回填土的工作内容包括运输、回填和压实。

其清单工程量按设计图示尺寸以体积计算，具体分为三种。

（1）场地回填 按场地的面积乘以平均回填厚度以体积计算。

（2）室内回填 是指室内地坪以下，由室外设计地坪标高填至地坪垫层底标高的夯填土，按主墙间面积乘以回填厚度，不扣除间隔墙。

室内回填土体积＝主墙间净面积×回填土厚度

其中，回填土厚度＝设计室内外地坪高差－地面面层和垫层的厚度

> **提 示**
>
> 对于砌块墙而言，厚度在180mm及以上的墙为主墙，在180mm以下的墙为间壁墙，只起分隔作用。对于剪力墙而言，厚度在100mm及以上的墙为主墙，在100mm以下的墙为间壁墙，只起分割作用。

（3）基础回填 是指在基础施工完毕以后，将槽、坑四周未做基础的部分回填至室外设计地坪标高。挖方体积减去自然地坪以下埋设的基础体积（包括基础垫层及其他构筑物）。

清单基础回填土体积＝清单槽、坑挖土体积－设计室外地坪标高以下埋设的基础体积

2. 回填土的计价工程量计算规则

回填土的计价工程量按设计图示尺寸以体积计算，具体分为两种。

① 房心回填　是指室外地坪和室内地坪垫层之间的土方回填，如图 5-17 所示。计算规则与清单室内回填相同。

$$房心回填土体积＝室内净面积×回填土厚度$$

② 沟槽、基坑回填　是指设计室外地坪以下的土方回填。

定额基础回填土体积＝定额槽、坑挖土体积－设计室外地坪标高以下埋设的基础体积，如图 5-19 所示。

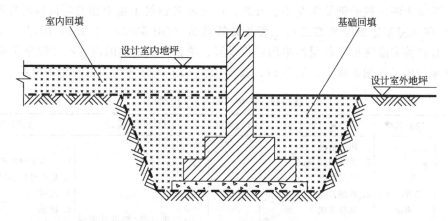

图 5-19　土方回填示意图

> **提示**
>
> 清单规范与预算定额关于回填土的最大区别在于：清单中管沟的回填土不单独计算，包括在管沟土方的工作内容中。

第三节　桩 基 工 程

一、《房屋建筑与装饰工程工程量计算规范》中的相关解释说明

《房屋建筑与装饰工程工程量计算规范》（GB 50854—2013）对桩基工程主要有以下相关解释说明。

（1）桩基工程包括打桩和灌注桩两部分。

（2）地层情况按表 5-1 的规定，并根据岩土工程勘察报告按单位工程各地层所占比例（包括范围值）进行描述。对无法准确描述的地层情况，可注明由投标人根据岩土工程勘察报告自行决定报价。

（3）项目特征中的桩截面、混凝土强度等级、桩类型等可直接用标准图代号或设计桩型

进行描述。

（4）预制钢筋混凝土方桩、预制钢筋混凝土管桩项目以成品桩编制，应包括成品桩购置费，如果用现场预制桩，应包括现场预制的所有费用。

（5）打试验桩和打斜桩应按相应项目编码单独列项，并应在项目特征中注明试验桩或斜桩（斜率）。

（6）灌注桩项目特征中的桩长应包括桩尖，空桩长度＝孔深－桩长，孔深为自然地面至设计桩底的深度。

（7）泥浆护壁成孔灌注桩是指在泥浆护壁条件下成孔，采用水下灌注混凝土的桩。

（8）干作业成孔灌注桩是指不用泥浆护壁和套管护壁的情况下，用钻机成孔后，下钢筋笼，灌注混凝土的桩，适用于地下水位以上的土层使用。

（9）混凝土灌注桩的钢筋笼制作、安装，按附录 E 钢筋工程中相关项目编码列项。

（10）在《房屋建筑与装饰工程工程量计算规范（GB 50854—2013）》附录 C（桩基工程）中，对打桩和灌注桩工程量清单的项目设置、项目特征描述的内容、计量单位及工程量计算规则等做出了详细的规定。表 5-11、表 5-12 列出了部分常用项目的相关内容。

表 5-11　打桩（编号：010301）

项目编码	项目名称	项目特征	计量单位	工程量计算规则	工作内容
010301001	预制钢筋混凝土方桩	1. 地层情况 2. 送桩深度、桩长 3. 桩截面 4. 桩倾斜度 5. 沉桩方法 6. 接桩方式 7. 混凝土强度等级	1. m 2. m³ 3. 根	1. 以米计量，按设计图示尺寸以桩长（包括桩尖）计算 2. 以立方米计量，按设计图示截面积乘以桩长（包括桩尖）以实体积计算 3. 以根计量，按设计图示数量计算	1. 工作平台搭拆 2. 桩机竖拆、移位 3. 沉桩 4. 接桩 5. 送桩
010301002	预制钢筋混凝土管桩	1. 地层情况 2. 送桩深度、桩长 3. 桩外径、壁厚 4. 桩倾斜度 5. 沉桩方法 6. 桩尖类型 7. 混凝土强度等级 8. 填充材料种类 9. 防护材料种类			1. 工作平台搭拆 2. 桩机竖拆、移位 3. 沉桩 4. 接桩 5. 送桩 6. 桩尖制作安装 7. 填充材料、刷防护材料
010301003	钢管桩	1. 地层情况 2. 送桩深度、桩长 3. 材质 4. 管径、壁厚 5. 桩倾斜度 6. 沉桩方法 7. 填充材料种类 8. 防护材料种类	1. t 2. 根	1. 以吨计量，按设计图示尺寸以质量计算 2. 以根计量，按设计图示数量计算	1. 工作平台搭拆 2. 桩机竖拆、移位 3. 沉桩 4. 接桩 5. 送桩 6. 切割钢管、精割盖帽 7. 管内取土 8. 填充材料、刷防护材料
010301004	截（凿）桩头	1. 桩类型 2. 桩头截面、高度 3. 混凝土强度等级 4. 有无钢筋	1. m³ 2. 根	1. 以立方米计量，按设计桩截面乘以桩头长度以体积计算 2. 以根计量，按设计图示数量计算	1. 截（切割）桩头 2. 凿平 3. 废料外运

表 5-12　灌注桩（编号：010302）

项目编码	项目名称	项目特征	计量单位	工程量计算规则	工 作 内 容
010302002	沉管灌注桩	1. 地层情况 2. 空桩长度、桩长 3. 复打长度 4. 桩径 5. 沉管方法 6. 桩尖类型 7. 混凝土类别、强度等级	1. m 2. m³ 3. 根	1. 以米计量，按设计图示尺寸以桩长（包括桩尖）计算 2. 以立方米计量，按不同截面在桩上范围内以体积计算。 3. 以根计量，按设计图示数量计算	1. 打（沉）拔钢管 2. 桩尖制作、安装 3. 混凝土制作、运输、灌注、养护

二、工程量计算规则

桩基工程在《房屋建筑与装饰工程工程量计算规范》中主要包括打桩和灌注桩。打桩包括预制钢筋混凝土方桩、预制钢筋混凝土管桩、钢管桩和截（凿）桩头。灌注桩主要包括泥浆护壁成孔灌注桩、沉管灌注桩和干作业成孔灌注桩。

（一）预制钢筋混凝土方桩

1. 预制钢筋混凝土方桩的清单工程量计算规则

其工程量计算规则有三种：

（1）以米计量，按设计图示尺寸以桩长（包括桩尖）计算，如图 5-20 所示；

（2）以立方米计量，按图示截面积乘以桩长（包括桩尖）以实体积计算；

（3）以根计量，按设计图示数量计算。

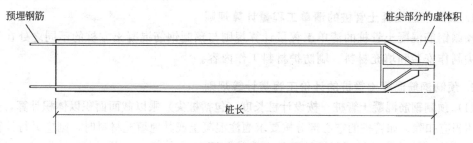

图 5-20　预制钢筋混凝土桩示意图

2. 预制钢筋混凝土方桩的计价工程量计算规则

（1）方桩　预制钢筋混凝土方桩的定额工程量计算规则是按设计桩长度（包括桩尖）乘以截面面积以体积计算。

（2）接桩

① 接桩　有些桩基设计很深，而预制桩因吊装、运输、就位等原因，不能将桩预制很长，从而需要接头，这种连接的过程就叫做接桩，如图 5-21 所示。

② 接桩的工程量计算规则　根据接头的不同形式分别计算，电焊接桩按设计接头以个数计算；硫黄胶泥接桩按桩截面的面积以 m² 计算。

（3）送桩

① 送桩　打桩有时要求将桩顶面送到自然地面以下，这时桩锤就不可能直接触击到桩头，因而需要另一根"冲桩"（也叫送桩），接到该桩顶上以传递桩锤的力量，使桩锤将桩打到要求的位置，最后再去掉"冲桩"，这一过程即为送桩，如图 5-21 所示。

② 送桩的工程量计算规则　按送桩长度乘以桩截面面积以 m³ 计算，其中送桩长度是按打桩架底至桩顶面高度计算，或按自桩顶面至自然地坪面另加 0.5m 计算，如图 5-21 所示。

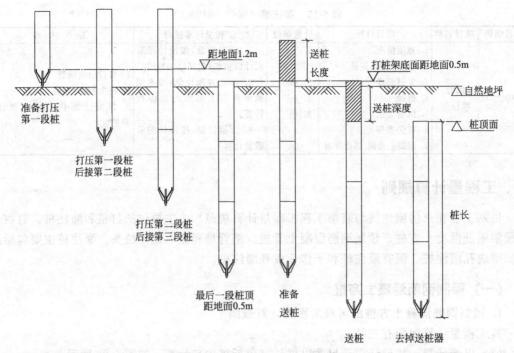

图 5-21　接桩、送桩示意图

（二）预制钢筋混凝土管桩

1. 预制钢筋混凝土管桩的清单工程量计算规则

预制钢筋混凝土管桩的清单工程量计算规则与预制钢筋混凝土方桩的不同之处在于：多了桩尖制作安装和填充材料、刷防护材料工作内容。

2. 预制钢筋混凝土管桩的计价工程量计算规则

（1）预制钢筋混凝土管桩　按设计桩长度（包括桩尖）乘以截面面积以体积计算，空心部分的体积应扣除。如管桩的空心部分按要求灌注混凝土或其他填充材料时，则应另行计算。

（2）接桩、送桩　与预制钢筋混凝土方桩相同。

（三）钢管桩

1. 钢管桩的清单工程量计算规则

其工程量计算规则有两种：

（1）以吨计量，按设计图示尺寸以质量计算。

（2）以根计量，按设计图示数量计算。

2. 钢管桩的计价工程量计算规则

与预制钢筋混凝土管桩相同。

（四）截（凿）桩头

1. 截（凿）桩头的清单工程量计算规则

其工程量计算规则有两种：

（1）以立方米计量，按设计桩截面乘以桩头长度以体积计算。

（2）以根计量，按设计图示数量计算。

2. 截（凿）桩头的计价工程量计算规则

按截（凿）桩长度乘以设计桩截面面积以体积计算。

提示

　　打桩在新清单规范中与 2008 版的规范相比，最大的区别就是把接桩包含在打桩的工作内容中，增加了截（凿）桩头清单。

【**例 5-5**】　某工程需要打设 400mm×400mm×24000mm 的预制钢筋混凝土方桩，共计 300 根。预制桩的每节长度为 8m，送桩深度为 5m，桩的接头采用焊接接头。试求预制方桩的清单工程量和定额工程量、送桩和接桩的定额工程量。

【**解**】　① 按照清单规范的计算规则，预制方桩的清单工程量为：

如果按米计算：$24×300＝7200$（m）

如果按立方米计算：$0.4^2×24×300＝1152$（m³）

如果按根计算：300 根

② 按照预算定额计算规则，预制方桩的定额工程量$＝0.4×0.4×24×300＝1152$（m³）

③ 按照预算定额计算规则，预制方桩的接桩工程量为：$2×300＝600$（个）

④ 按照预算定额计算规则，预制方桩的送桩工程量为：

　　桩截面面积×送桩长度×个数$＝(0.4×0.4)×(5+0.5)×300＝264$（m³）

（五）沉管灌注桩

1. 沉管灌注桩

沉管灌注桩是将带有活瓣的桩尖（打时合拢，拔时张开）的钢管打入土中到设计深度，然后将拌好的混凝土浇灌到钢管内，灌到需要量时立即拔出钢管。这种在现场灌注的混凝土桩叫灌注桩，常见的是砂石桩和混凝土桩。如图 5-22 所示。

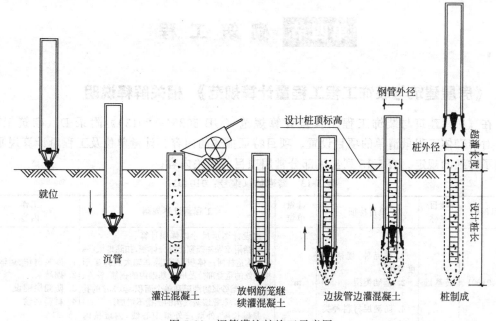

图 5-22　沉管灌注桩施工示意图

2. 沉管灌注桩的清单工程量计算规则

其工程量计算规则有三种:

(1) 以米计量,按设计图示尺寸以桩长(包括桩尖)计算。

(2) 以立方米计量,按不同截面在桩上范围内以体积计算。

(3) 以根计量,按设计图示数量计算。

3. 沉管灌注桩的计价工程量计算规则

按 [设计桩长(包括桩尖,不扣除桩尖虚体积)+设计超灌长度]×钢管管箍外径的截面面积,以立方米计算。设计图纸未注明超灌长度,可按 0.5m 计算。如图 5-22 所示。

提示

混凝土灌注桩的清单工程量和计价工程量中不包含钢筋笼制作、安装的工程量。

【例 5-6】 某工程需打设 60 根沉管混凝土灌注桩。钢管内径为 350mm,管壁厚度为 50mm,设计桩身长度为 8000mm,桩尖长 600mm。设计超灌长度为 0.5m。请分别计算沉管混凝土灌注桩的计价工程量和清单工程量。

【解】 (1) 计算计价工程量:

① 设计桩长+设计超灌长度=8+0.6+0.5=9.1 (m)

② 桩管外径=0.35+0.05×2=0.45 (m)

③ 混凝土灌注桩的计价工程量=$\pi \times 0.225^2 \times 9.1 \times 60 = 86.79$ (m³)

(2) 计算清单工程量:

① 以米计量,其清单工程量=(8+0.6)×60=516 (m)

② 以立方米计量,其清单工程量=$\pi \times [(0.35+0.05 \times 2) \div 2]^2 \times (8+0.6) \times 60 = 82.07$ (m³)

③ 以根计量,其清单工程量=60 根

第四节 砌 筑 工 程

一、《房屋建筑与装饰工程工程量计算规范》 相关解释说明

在《房屋建筑与装饰工程工程量计算规范 (GB 50854—2013)》附录 D (砌筑工程)中,对砖砌体工程量清单的项目设置、项目特征描述的内容、计量单位及工程量计算规则等做出了详细的规定。表 5-13 列出了部分常用项目的相关内容。

表 5-13 砖砌体 (编号:010401)

项目编码	项目名称	项目特征	计量单位	工程量计算规则	工作内容
010401001	砖基础	1. 砖品种、规格、强度等级 2. 基础类型 3. 砂浆强度等级 4. 防潮层材料种类	m³	按设计图示尺寸以体积计算。 　包括附墙垛基础宽出部分体积,扣除地梁(圈梁)、构造柱所占体积,不扣除基础大放脚 T 形接头处的重叠部分及嵌入基础内的钢筋、铁件、管道、基础砂浆防潮层和单个面积≤0.3m² 的孔洞所占体积,靠墙暖气沟的挑檐不增加。 　基础长度:外墙按外墙中心线,内墙按内墙净长线计算	1. 砂浆制作、运输 2. 砌砖 3. 防潮层铺设 4. 材料运输

续表

项目编码	项目名称	项目特征	计量单位	工程量计算规则	工作内容
010401003	实心砖墙	1. 砖品种、规格、强度等级 2. 墙体类型 3. 砂浆强度等级、配合比	m³	按设计图示尺寸以体积计算。 扣除门窗、洞口、嵌入墙内的钢筋混凝土柱、梁、圈梁、挑梁、过梁及凹进墙内的壁龛、管槽、暖气槽、消火栓箱所占体积,不扣除梁头、板头、檩头、垫木、木楞头、沿缘木、木砖、门窗走头、砖墙内加固钢筋、木筋、铁件、钢管及单个面积≤0.3m²的孔洞所占体积。凸出墙面的腰线、挑檐、压顶、窗台线、虎头砖、门窗套的体积亦不增加。凸出墙面的砖垛并入墙体体积内计算。 1. 墙长度:外墙按中心线、内墙按净长计算。 2. 墙高度 (1)外墙:斜(坡)屋面无檐口天棚者算至屋面板底;有屋架且室内外均有天棚者算至屋架下弦底另加200mm;无天棚者算至屋架下弦底另加300mm,出檐宽度超过600mm时按实砌高度计算;与钢筋混凝土楼板隔层者算至板顶。平屋顶算至钢筋混凝土板底。 (2)内墙:位于屋架下弦者,算至屋架下弦底;无屋架者算至天棚底另加100mm;有钢筋混凝土楼板隔层者算至楼板顶;有框架梁时算至梁底。 (3)女儿墙:从屋面板上表面算至女儿墙顶面(如有混凝土压顶时算至压顶下表面)。 (4)内、外山墙:按其平均高度计算。 3. 框架间墙:不分内外墙按墙体净尺寸以体积计算。 4. 围墙:高度算至压顶上表面(如有混凝土压顶时算至压顶下表面),围墙柱并入围墙体积内。	1. 砂浆制作、运输 2. 砌砖 3. 刮缝 4. 砖压顶砌筑 5. 材料运输
010401012	零星砌砖	1. 零星砌砖名称、部位 2. 砖品种、规格、强度等级 3. 砂浆强度等级、配合比	1. m³ 2. m² 3. m 4. 个	1. 以立方米计量,按设计图示尺寸截面积乘以长度计算 2. 以平方米计量,按设计图示尺寸水平投影面积计算 3. 以米计量,按设计图示尺寸长度计算 4. 以个计量,按设计图示数量计算	1. 砂浆制作、运输 2. 砌砖 3. 缝缝 4. 材料运输

二、工程量计算规则

(一) 砖基础

1. 基础和墙身的分界线划分

(1) 基础与墙身使用同一种材料时,以设计室内地面为界(有地下室者,以地下室室内设计地面为界),以下为基础,以上为墙身,如图 5-23 所示。

(2) 基础与墙身使用不同材料时,位于设计室内地面±300mm 以内时,以不同材料为分界线;超过±300mm 时,以设计室内地面为分界线,如图 5-23 所示。

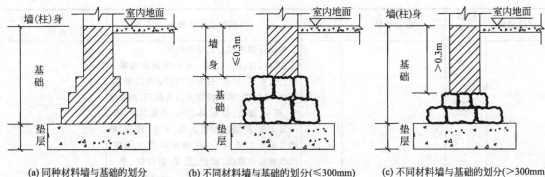

(a) 同种材料墙与基础的划分　　(b) 不同材料墙与基础的划分(≤300mm)　　(c) 不同材料墙与基础的划分(>300mm)

图 5-23　基础与墙身（柱身）划分示意图

（3）砖、石围墙，以设计室外地坪为界，以下为基础，以上为墙身

2. 砖基础的清单工程量计算规则

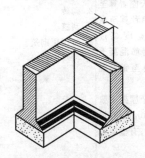

图 5-24　基础大放脚 T 形
接头处的重叠部分示意图

　　工作内容包括：砂浆制作、运输、砌砖、防潮层铺设、材料运输。

　　砖基础的清单工程量是按图示尺寸以体积计算，包括附墙垛基础宽出部分体积，扣除地梁（圈梁）、构造柱所占体积，不扣除基础大放脚 T 形接头处的重叠部分及嵌入基础内的钢筋、铁件、管道、基础砂浆防潮层和单个面积≤0.3m² 的孔洞所占体积，靠墙暖气沟的挑檐不增加。基础大放脚 T 形接头处的重叠部分如图 5-24 所示。基础防潮层示意图如图 5-25 所示。计算公式为：

　　砖基础的清单工程量＝砖基础的断面面积×砖基础长度

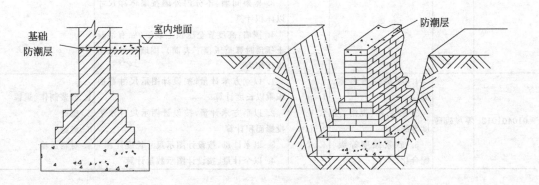

图 5-25　基础防潮层示意图

　　（1）标准砖墙的厚度　标准砖尺寸应为 240mm×115mm×53mm。标准砖墙厚度应按表 5-14 计算。

表 5-14　标准砖墙计算厚度表

砖数（厚度）	1/4	1/2	3/4	1	1.5	2	2.5	3
计算厚度/mm	53	115	180	240	365	490	615	740

（2）砖基础的断面面积　砖基础多为大放脚形式，大放脚有等高式与间隔式两种，如图 5-26 所示。

由于砖基础的大放脚具有一定的规律性，所以可将各种标准砖墙厚度的大放脚增加断面面积按墙厚折成高度。预先把砖基础大放脚的折加高度及大放脚增加的断面积编制成表格，计算基础工程量时，就可直接查折加高度和大放脚增加的断面积表，如表 5-15 所示。

$$折加高度 = \frac{大放脚增加的面积}{墙厚} = \frac{2S_1}{D}$$

折加高度计算方法示意图如图 5-27 所示。

① 等高式大放脚：按标准砖双面放脚每层等高 12.6cm，砌出 6.25cm 计算。

② 间隔式大放脚：按标准砖双面放脚，最底下一层放脚高度为 12.6cm，往上为 6.3cm 和 12.6cm 间隔放脚。

表 5-15　砖基础等高、间隔大放脚折加高度和大放脚增加断面积表

放脚层数		一	二	三	四	五	六	七	八	九	十
折加高度/m	半砖 0.115 等高	0.137	0.411			—					
	半砖 0.115 间隔	0.137	0.342								
	一砖 0.240 等高	0.066	0.197	0.394	0.656	0.984	1.378	1.838	2.363	2.953	3.61
	一砖 0.240 间隔	0.066	0.164	0.328	0.525	0.788	1.083	1.444	1.838	2.297	2.789
	1.5 砖 0.365 等高	0.043	0.129	0.259	0.432	0.647	0.906	1.208	1.553	1.942	2.372
	1.5 砖 0.365 间隔	0.043	0.108	0.216	0.345	0.518	0.712	0.949	1.208	1.51	1.834
	两砖 0.490 等高	0.032	0.096	0.193	0.321	0.482	0.672	0.90	1.157	1.447	1.768
	两砖 0.490 间隔	0.032	0.08	0.161	0.253	0.38	0.53	0.707	0.90	1.125	1.366
	2.5 砖 0.615 等高	0.026	0.077	0.154	0.256	0.384	0.538	0.717	0.922	1.153	1.409
	2.5 砖 0.615 间隔	0.026	0.064	0.128	0.205	0.307	0.419	0.563	0.717	0.896	1.088
	三砖 0.740 等高	0.021	0.064	0.128	0.213	0.319	0.447	0.596	0.766	0.958	1.171
	三砖 0.740 间隔	0.021	0.053	0.106	0.17	0.255	0.351	0.468	0.596	0.745	0.905
增加断面面积/m²	等高	0.016	0.047	0.095	0.158	0.236	0.236	0.331	0.441	0.567	0.709
	间隔	0.016	0.039	0.079	0.126	0.189	0.260	0.347	0.441	0.551	0.669

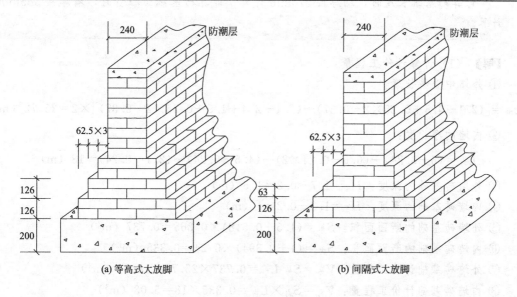

图 5-26　砖基础大放脚的两种形式

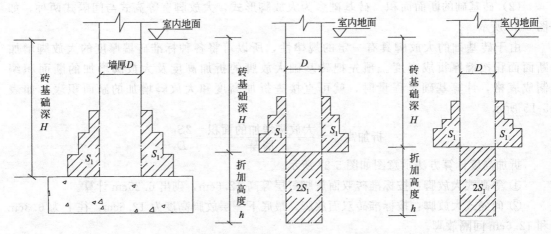

图 5-27　折加高度计算方法示意图

③ 砖基础断面面积的计算公式如下：

砖基础的断面面积(S)＝标准墙厚面积＋大放脚增加的面积

＝标准墙厚×(设计基础高度＋大放脚折加高度)

（3）砖基础的长度　砖基础的外墙墙基按外墙中心线的长度计算；内墙墙基按内墙的净长度计算。

3. 砖基础的计价工程量计算规则

砖基础的计价工程量与清单工程量的计算方法基本相同。所不同的是清单中砖基础的工程内容包括防潮层的铺设，而计价中防潮层的工程量要单独列项计算。

【例 5-7】　如图 5-28 所示，求砖基础的计价工程量和清单工程量。

 提示

计算砖基础长度时，墙厚按 370mm 计算；计算砖基础工程量时，墙厚按 365mm 计算。

【解】　（1）计算计价工程量

① 外墙中心线长度：

$L_中＝[(2.1＋4.5＋0.25×2－0.37)＋(2.1＋2.4＋1.5＋0.25×2－0.37)]×2＝25.72$（m）

② 内墙的净长度：

$L_内＝(6－0.24)＋(6.6－0.24×2)＋(4.5－0.24)＋(2.1－0.24)＝18$（m）

③ 外墙砖基础的深度：$H_1＝1.7－0.2＝1.5$（m）

④ 内墙砖基础的深度：$H_2＝1.2－0.2＝1$（m）

⑤ 外墙砖基础的断面面积：$S_外＝(1.5＋0.518)×0.365＝0.737$（m²）

⑥ 内墙砖基础的断面面积：$S_内＝(1＋0.394)×0.24＝0.335$（m²）

⑦ 外墙砖基础计价工程量：$V_外＝S_外 L_中＝0.737×25.72＝18.96$（m³）

⑧ 内墙砖基础计价工程量：$V_内＝S_内×L_内＝0.335×18＝6.03$（m³）

⑨ 防潮层的定额工程量需单独列项计算。

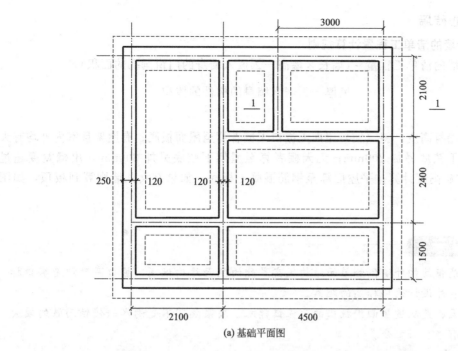

(a) 基础平面图

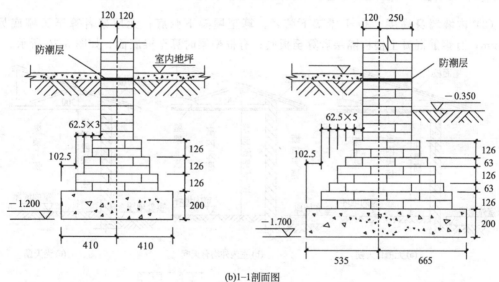

(b)1-1剖面图

图 5-28　【例 5-7】图

（2）计算清单工程量

清单工程量的计算方法与定额工程量相同，见表 5-16。

表 5-16　清单工程量计算表

项目编码	项目名称	项目特征描述	计量单位	工程量
010401001001	砖基础	条形基础,内墙基础深度1m	m³	6.03
010401001002	砖基础	条形基础,外墙基础深度1.5m	m³	18.96

（二）实心砖墙

1. 实心砖墙的清单工程量计算规则

砖墙的清单工程量＝（墙长×墙高－∑嵌入墙身的门窗洞孔的面积）×

墙厚－∑嵌入墙身的构件的体积

其中：

（1）外墙墙身高度　斜（坡）屋面无檐口天棚者算至屋面板底；有屋架且室内外均有天棚者算至屋架下弦底另加 200mm；无天棚者算至屋架下弦底另加 300mm，出檐宽度超过600mm 时按实砌高度计算；平屋面算至钢筋混凝土板底，如果有女儿墙则算到板顶，如图5-29 所示。

提示

檐口是指结构外墙体和屋面结构板交界处的屋面结构板顶，檐口高度就是檐口标高处，到室外设计地坪标高的距离。

檐口天棚是从坡屋面檐挑出的为保证檩木、屋架端部不受雨水的侵蚀而做的较大的天棚，有平、斜之分。

（2）内墙墙身高度　位于屋架下弦者，算至屋架下弦底；无屋架者算至天棚底另加100mm；有钢筋混凝土楼板隔层者算至板底；有框架梁时算至梁底面。如图 5-30 所示。

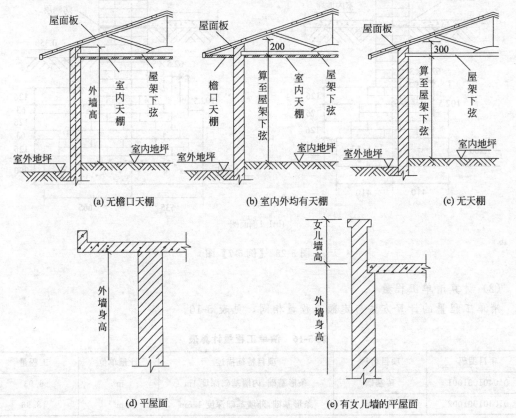

图 5-29　外墙墙身高度示意图

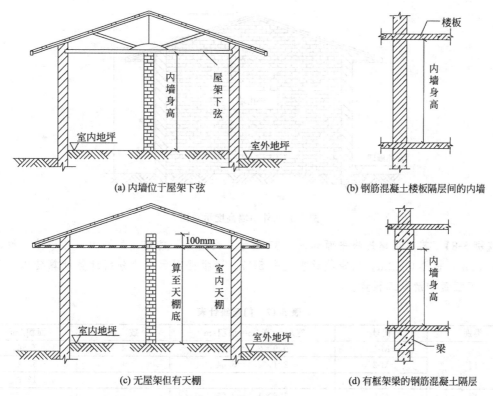

图 5-30　内墙墙身高度示意图

（3）女儿墙的高度　自外墙顶面（屋面板顶面）至图示女儿墙顶面高度，分别不同墙厚并入外墙计算，如图 5-31 所示。

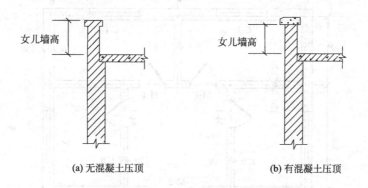

图 5-31　女儿墙高度示意图

（4）内、外山墙的高度　按其平均高度计算，如图 5-32 所示外山墙的高度：

$$H = 0.5H_1 + H_2$$

（5）围墙的高度　高度算至压顶上表面（如有混凝土压顶时算至压顶下表面），围墙柱并入围墙体积内。

2. 实心砖墙的计价工程量计算规则

实心砖墙计价工程量的计算方法与清单基本相同，不同的是清单中砖砌体包括了砖墙勾缝，而计价中的砖砌体勾缝要单独列项计算。

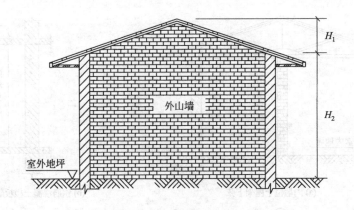

图 5-32 外山墙高度示意图

【例 5-8】 某单层建筑物平面如图 5-33 所示。内墙为一砖墙，外墙为一砖半墙，板顶标高为 3.3m，板厚 0.12m。门窗统计表见表 5-17。请根据图示尺寸分别计算计算砖内、外墙的计价工程量和清单工程量。

表 5-17 门窗统计表

类别	代号	宽/m×高/m=面积/m²	数 量	面积/m²
门	M-1	0.9×2.1=1.89	4	7.56
	M-2	2.1×2.4=5.04	1	5.04
	合计			12.6
窗	C-1	1.5×1.5=2.25	4	9
总计				21.6

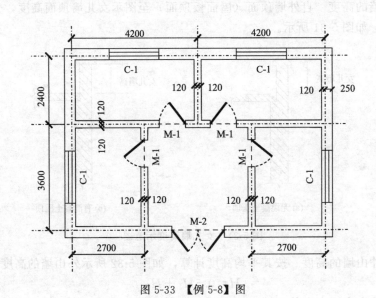

图 5-33 【例 5-8】图

【解】 （1）计算清单工程量

① 外墙中心线长度：

$$L_中=[(3.6+2.4-0.24+0.37)+(4.2×2-0.24+0.37)]×2=29.32(m)$$

② 外墙高度：$H_外=3.3m$；

③ 应扣外墙上门窗洞的面积：$S_{外门窗}=9+5.04=14.04(m^2)$

④ 外墙的清单工程量：$V_{外墙}=(L_中 \times H_外 - S_{外门窗}) \times 外墙厚 = (29.32 \times 3.3 - 14.04) \times 0.365 = 30.19(m^3)$

⑤ 内墙净长度：$L_内 = (4.2 \times 2 - 0.24) + (2.4 - 0.24) + (3.6 - 0.24) \times 2 = 17.04(m)$

⑥ 内墙净高：$H_内 = 3.3 - 0.12 = 3.18(m)$

⑦ 应扣内墙上门窗洞的面积：$S_{内门窗} = 7.56m^2$

⑧ 内墙的清单工程量：

$V_{内墙} = (L_内 \times H_内 - S_{内门窗}) \times 内墙厚 = (17.04 \times 3.18 - 7.56) \times 0.24 = 11.19(m^3)$

内外墙工程量清单表见表5-18。

表5-18　内外墙工程量清单表

项目编码	项目名称	项目特征描述	计量单位	工程量
010401003001	实心砖墙	外墙，墙体厚365mm，墙体高3.3m	m³	30.19
010401003003	实心砖墙	内墙，墙体厚240mm，墙体高3.18m	m³	11.19

（2）计算计价工程量

内外墙的计价工程量与清单完全相同。

（三）零星砌砖与砌块砌体

1. 零星砌砖的清单工程量计算规则

零星砌砖的清单工程量按设计图示尺寸以体积计算，应扣除混凝土及钢筋混凝土梁垫、梁头、板头所占的体积。零星砌砖项目适用于台阶、台阶挡墙、梯带、锅台、炉灶、蹲台、池槽、池槽腿、花台、花池、楼梯栏板、阳台栏板、地垄墙、屋面隔热板下的砖墩、≤0.3m² 的孔洞填塞等。

砖砌锅台与炉灶可按外形尺寸以个计算，砖砌台阶可按水平投影面积以平方米计算，小便槽、地垄墙可按长度计算，其他工程量按立方米计算。

2. 零星砌体的计价工程量计算规则

零星砌体包括台阶、台阶挡墙、厕所蹲台、小便池槽、水池槽腿、花台、花池、地垄墙、屋面隔热板下的砖墩等，其工程量均按实砌体积以立方米计算。

砖砌炉灶不分大小，均按图示外形尺寸以立方米计算，不扣除各种空洞的体积，套用炉灶定额。

3. 砌块砌体的清单工程量和计价工程量计算规则

砌块砌体的清单、计价工程量与实心砖墙的计算方法相同。

第五节　混凝土及钢筋混凝土工程

一、现浇混凝土基础

1.《房屋建筑与装饰工程工程量计算规范》中现浇混凝土基础的清单表格

在《房屋建筑与装饰工程工程量计算规范（GB 50854—2013）》附录E（混凝土及钢筋混凝土工程）中，对现浇混凝土基础工程量清单的项目设置、项目特征描述的内容、计量单位及工程量计算规则等做出了详细的规定。表 5-19 列出了部分常用项目的相关内容。

表 5-19　现浇混凝土基础（编号：010501）

项目编码	项目名称	项目特征	计量单位	工程量计算规则	工作内容
010501001	垫层		m³	按设计图示尺寸以体积计算。不扣除伸入承台基础的桩头所占体积	1. 模板及支撑制作、安装、拆除、堆放、运输及清理模内杂物、刷隔离剂等
010501002	带形基础	1. 混凝土类别			
010501003	独立基础	2. 混凝土强度等级			2. 混凝土制作、运输、浇筑、振捣、养护
010501004	满堂基础				

2. 混凝土基础和墙、柱的分界线

混凝土基础和墙、柱的分界线：以混凝土基础的扩大顶面为界，以下为基础，以上为柱或墙。如图 5-34 所示。

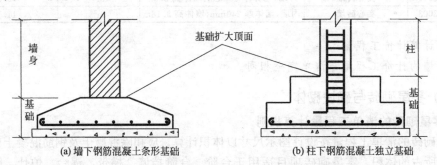

(a) 墙下钢筋混凝土条形基础　　　　(b) 柱下钢筋混凝土独立基础

图 5-34　混凝土基础和墙、柱划分示意图

 提示

在 GB 50854—2013 的附录 E 中，现浇混凝土及钢筋混凝土实体工程项目"工作内容"中增加了模板及支架的内容，同时又在措施项目中单列了现浇混凝土模板及支架工程项目。对此，招标人应根据工程实际情况选用。若招标人在措施项目清单中未编列模板项目清单，即模板及支架不再单列，按混凝土及钢筋混凝土实体项目执行，综合单价应包含模板及支架。

3. 钢筋混凝土带形基础的清单工程量与计价工程量计算规则

钢筋混凝土带形基础的清单工程量和计价工程量的计算规则相同，均按设计图示尺寸以体积计算。不扣除构件内钢筋、预埋铁件和伸入承台基础的桩头所占体积。

（1）带形基础的形式　带形基础按其形式不同可分为无梁式（板式）混凝土基础和有梁式（带肋）混凝土基础两种。当有梁式（带肋）混凝土带形基础的肋高与肋宽之比在 4∶1 以内时，才能视作有梁式带形基础；超过 4∶1 时，起肋部分视作墙身，肋以下部分视作无梁式带形基础，如图5-35所示。

（2）带形混凝土基础的工程量计算

带形混凝土基础的工程量＝基础断面积$(S_{断})$×基础长度(L)＋T 形搭接部分体积$(V_{搭接})$

基础长度：外墙为其中心线长度（$L_{中}$）；内墙为基础间净长度（$L_{内}$）。如图 5-36 所示。

① 无梁式（板式）混凝土带形基础的工程量

$$S_{基础}=Bh_2+\frac{B+b}{2}\times h_1$$

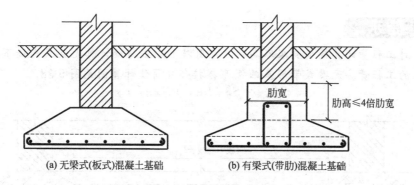

(a) 无梁式(板式)混凝土基础　　　　(b) 有梁式(带肋)混凝土基础

图 5-35　带形混凝土基础

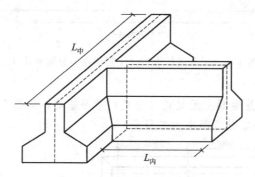

图 5-36　带形混凝土基础长度

$$L = L_{中} + L_{内}$$

$$V_{无梁式基础} = S_{基础}L + nV_{搭接} = \left[Bh_2 + \frac{B+b}{2} \times h_1 \right](L_{中} + L_{内}) + nV_{搭接}$$

其中，$V_{搭接} = \dfrac{bch_1}{2} + \dfrac{(B-b)ch_1}{6} = \dfrac{B+2b}{6}ch_1$；$n$ 为 T 形接头的个数。

无梁式带形基础 T 形搭接部分的体积计算示意图见图 5-37。

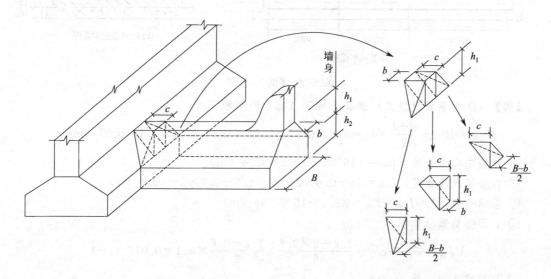

图 5-37　无梁式带形基础 T 形搭接部分的体积计算示意图

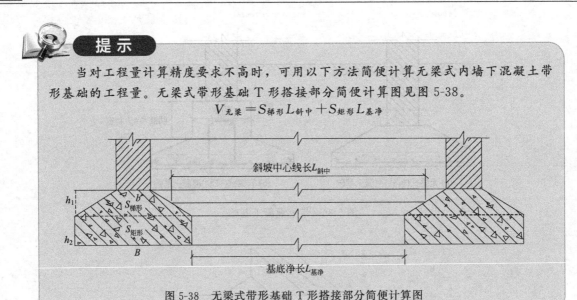

当对工程量计算精度要求不高时，可用以下方法简便计算无梁式内墙下混凝土带形基础的工程量。无梁式带形基础 T 形搭接部分简便计算图见图 5-38。

$$V_{无梁} = S_{梯形}L_{斜中} + S_{矩形}L_{基净}$$

图 5-38 无梁式带形基础 T 形搭接部分简便计算图

【例 5-9】 某现浇钢筋混凝土无梁式（板式）带形基础，如图 5-39 所示，混凝土强度等级为 C20，试计算该带形基础混凝土的工程量。

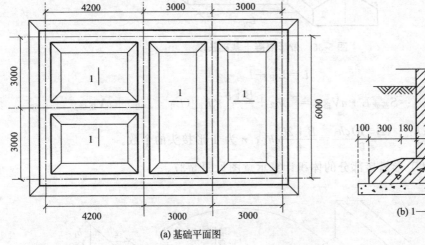

(a) 基础平面图

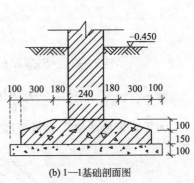

(b) 1—1基础剖面图

图 5-39 【例 5-9】图

【解】 ① 无梁式（板式）混凝土带形基础的断面积：

$$S_{基础} = Bh_2 + \frac{B+b}{2} \times h_1 = 1.2 \times 0.15 + 0.5 \times (1.2+0.6) \times 0.1 = 0.27 \ (m^2)$$

② 外墙中心线长度：$L_{中} = (10.2+6) \times 2 = 32.4 \ (m)$

③ 内墙基间净长度：$L_{内} = (6-0.6 \times 2) \times 2 + 4.2 - 0.6 \times 2 = 12.6 \ (m)$

④ 基础长度：$L = L_{中} + L_{内} = 32.4 + 12.6 = 45 \ (m)$

⑤ T 形搭接部分体积：

$$V_{搭接} = \frac{B+2b}{6} ch_1 = \frac{1.2+2 \times 0.6}{6} \times \frac{1.2-0.6}{2} \times 0.1 = 0.012 \ (m^3)$$

⑥ T 形接头的个数：$n = 6$

⑦ $S_{基础}L = 0.27 \times 45 = 12.15 \ (m^3)$

⑧ $V_{无梁式基础}=S_{基础}L+nV_{搭接}=\left[Bh_2+\dfrac{B+b}{2}\times h_1\right](L_{中}+L_{内})+nV_{搭接}=12.22\ (\text{m}^3)$

② 有梁式（带肋）混凝土带形基础的工程量

计算有梁式（带肋）混凝土带形基础的工程量时，其肋高与肋宽之比在 4：1 以内的按有梁式带形基础计算。超过 4：1 时，起肋部分按墙计算，肋以下按无梁式带形基础计算。

$$S_{基础}=Bh_3+bh_1+\dfrac{B+b}{2}\times h_2$$

$$L=L_{中}+L_{内}$$

$$V_{有梁式基础}=S_{基础}L+nV_{搭接}=\left[Bh_3+bh_1+\dfrac{B+b}{2}\times h_2\right](L_{中}+L_{内})+nV_{搭接}$$

式中，$V_{搭接}=\left[bh_1+\dfrac{(B+2b)h_2}{6}\right]\times c=\left[bh_1+\dfrac{(B+2b)h_2}{6}\right]\times\dfrac{B-b}{2}$；$c=\dfrac{B-b}{2}$；$n$ 为 T 形接头的个数。

有梁式带形基础 T 形搭接部分的体积计算示意图如图 5-40 所示。

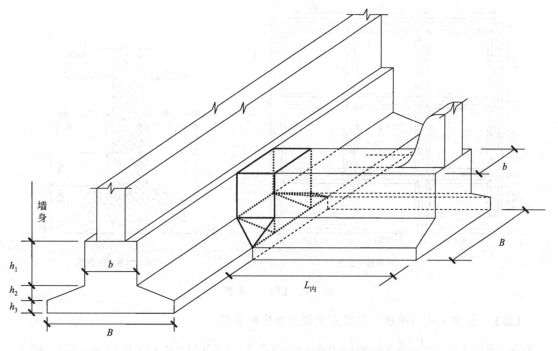

图 5-40　有梁式带形基础 T 形搭接部分的体积计算示意图

提示

当对工程量计算精度要求不高时，可用以下方法简便计算有梁式内墙下混凝土带形基础的工程量。有梁式带形基础 T 形搭接部分简便计算图见图 5-41。

$$V_{有梁}=S_{矩形1}L_{梁净}+S_{梯形}L_{斜中}+S_{矩形2}L_{基净}$$

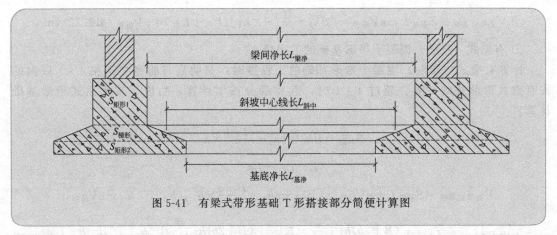

图 5-41 有梁式带形基础 T 形搭接部分简便计算图

【**例 5-10**】 如图 5-42 所示为某现浇钢筋混凝土房屋的有梁式（带肋）带形基础平面及剖面图，基础混凝土强度等级 C25，垫层混凝土强度等级为 C15，试计算该带形基础混凝土的工程量。

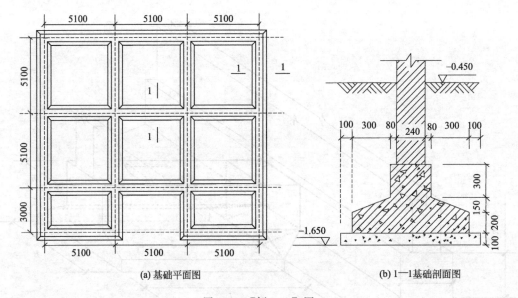

(a) 基础平面图   (b) 1—1基础剖面图

图 5-42 【例 5-10】图

【**解**】 ① 有梁式（带肋）混凝土带形基础的断面积：

$$S_{基础} = Bh_3 + bh_1 + \frac{B+b}{2} \times h_2 = 1 \times 0.2 + 0.4 \times 0.3 + 0.5 \times (1+0.4) \times 0.15 = 0.425 \ (\text{m}^2)$$

② 外墙中心线长度：$L_{中} = (5.1 \times 3 + 5.1 \times 2 + 3) \times 2 + 3 \times 2 = 63 \ (\text{m})$

③ 内墙基间净长度：$L_{内} = (5.1 \times 3 - 0.5 \times 2) + (5.1 - 0.5 \times 2) \times 6 = 38.9 \ (\text{m})$

④ 基础长度：$L = L_{中} + L_{内} = 63 + 38.9 = 101.9 \ (\text{m})$

⑤ T 形搭接部分体积：

$$V_{搭接} = \left[bh_1 + \frac{(B+2b)h_2}{6} \right] \times \frac{B-b}{2} = \left(0.4 \times 0.3 + \frac{1+2 \times 0.4}{6} \times 0.15 \right) \times 0.3 = 0.0495 \ (\text{m}^3)$$

⑥ T 形接头的个数：$n = 14$

⑦ $S_{基础} L = 0.425 \times 101.9 = 43.3075 \ (\text{m}^3)$

⑧ $V_{有梁式基础} = S_{基础} L + nV_{搭接} = \left(Bh_3 + bh_1 + \dfrac{B+b}{2} \times h_2 \right)(L_{中} + L_{内}) + nV_{搭接} = 44.00$ （m^3）

4. 钢筋混凝土柱下独立基础的清单工程量和计价工程量计算

常见的钢筋混凝土独立基础按其断面形状可分为四棱锥台形、阶台形（踏步形）和杯形独立基础等，其清单工程量的计算规则与计价工程量的计算规则相同，均按设计图示尺寸以体积计算，不扣除构件内钢筋、预埋铁件和伸入承台基础的桩头所占体积。

（1）四棱锥台形独立基础的工程量计算

$$V_{锥台形基础} = abh_1 + \dfrac{h_2}{6}\left[ab + (a + a_1)(b + b_1) + a_1 b_1 \right]$$

或：$V_{锥台形基础} = abh_1 + \dfrac{h_2}{3}\left(ab + \sqrt{aa_1 bb_1} + a_1 b_1 \right)$

钢筋混凝土柱下独立基础如图 5-43 所示。

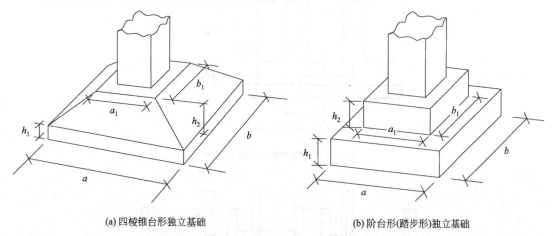

(a) 四棱锥台形独立基础　　　　　　(b) 阶台形(踏步形)独立基础

图 5-43　钢筋混凝土柱下独立基础

（2）台阶形（踏步形）独立基础的工程量计算

$$V_{阶台形基础} = abh_1 + a_1 b_1 h_2$$

（3）杯形独立基础的工程量计算

杯形基础属于柱下独立基础，但需留有连接装配式柱的孔洞，计算工程量时应扣除孔洞的体积，如图 5-44 所示。

$$V_{杯形基础} = a_4 b_4 h_3 + a_3 b_3 h_2 - \dfrac{h_1}{6}\left[a_1 b_1 + a_2 b_2 + (a_1 + a_2)(b_1 + b_2) \right]$$

5. 满堂基础

（1）满堂基础　满堂基础是指用梁、板、墙、柱组合浇注而成的基础。简单来讲，满堂基础就是把柱下独立基础或条形基础用梁联系起来，然后在下面整体浇筑地板，使得底板和梁成为整体。

满堂基础包括板式（无梁式）、梁板式（片筏式）和箱形满堂基础三种主要形式。

（2）满堂基础的清单工程量计算规则　满堂基础的工程量应按不同构造形式分别计算。

① 板式（无梁式）满堂基础如图 5-45 所示。板式（无梁式）满堂基础的工程量：

$$V = 基础底板体积 + 柱墩体积$$

② 梁板式（片筏式）满堂基础如图 5-46 所示。梁板式（片筏式）满堂基础的工程量：

$$V = 基础底板体积 + 梁体积$$

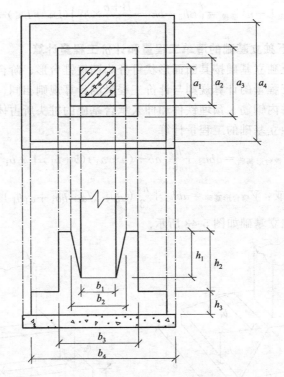

图 5-44 杯形独立基础示意图

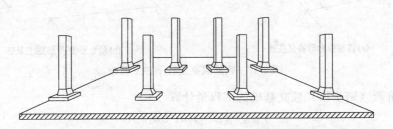

图 5-45 板式（无梁式）满堂基础

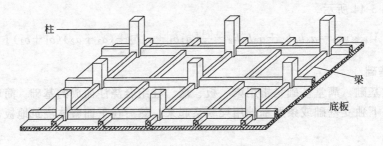

图 5-46 梁板式（片筏式）满堂基础

③ 箱形满堂基础如图 5-47 所示。

箱形满堂基础的清单工程量，应分别按板式（无梁式）满堂基础、柱、墙、梁、板有关规定计算。关于满堂基础的列项，可按清单附录 E.1、E.2、E.3、E.4、E.5 中的满堂基础、柱、梁、墙、板分别编码列项；也可利用 E.1 的第五级编码分别列项。

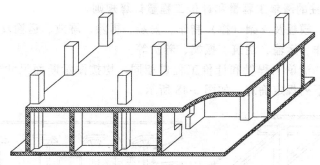

图 5-47　箱形满堂基础

6. 满堂基础的计价工程量计算规则

满堂基础的计价工程量计算规则与清单规则相同。

7. 垫层的清单工程量和计价工程量计算规则

垫层的清单工程量计算规则与计价工程量的计算规则相同，均按照图示尺寸以实体体积计算。

【**例 5-11**】　分别计算【例 5-10】内、外墙下混凝土垫层的工程量。

【**解**】　① 垫层的断面积：$S_{垫} = 0.1 \times 1.2 = 0.12$（$m^2$）

② 外墙基础垫层中心线长度：$L_{中} = (5.1 \times 3 + 5.1 \times 2 + 3) \times 2 + 3 \times 2 = 63$（m）

③ 内墙基础垫层间的净长度：$L_{内} = (5.1 \times 3 - 0.6 \times 2) + (5.1 - 0.6 \times 2) \times 6 = 37.5$（m）

④ 外墙基础垫层的工程量：$S_{垫} L_{中} = 0.12 \times 63 = 7.56$（$m^3$）

⑤ 内墙基础垫层的工程量：$S_{垫} L_{内} = 0.12 \times 37.5 = 4.5$（$m^3$）

二、现浇混凝土柱

1.《房屋建筑与装饰工程工程量计算规范》中关于现浇混凝土柱的解释说明

在《房屋建筑与装饰工程工程量计算规范（GB 50854—2013）》附录 E（混凝土及钢筋混凝土工程）中，对现浇混凝土柱工程量清单的项目设置、项目特征描述的内容、计量单位及工程量计算规则等做出了详细的规定。表 5-20 列出了部分常用项目的相关内容。

表 5-20　现浇混凝土柱（编号：010502）

项目编码	项目名称	项目特征	计量单位	工程量计算规则	工作内容
010502001	矩形柱	1. 混凝土类别 2. 混凝土强度等级	m³	按设计图示尺寸以体积计算。 柱高： 　1. 有梁板的柱高,应自柱基上表面(或楼板上表面)至上一层楼板上表面之间的高度计算。 　2. 无梁板的柱高,应自柱基上表面(或楼板上表面)至柱帽下表面之间的高度计算。 　3. 框架柱的柱高;应自柱基上表面至柱顶高度计算。 　4. 构造柱按全高计算,嵌接墙体部分(马牙槎)并入柱身体积。 　5. 依附柱上的牛腿和升板的柱帽,并入柱身体积计算	1. 模板及支架（撑）制作、安装、拆除、堆放、运输及清理模内杂物、刷隔离剂等 2. 混凝土制作、运输、浇筑、振捣、养护
010502002	构造柱				
010502003	异形柱	1. 柱形状 2. 混凝土类别 3. 混凝土强度等级			

2. 现浇混凝土柱的清单工程量和计价工程量计算规则

工作内容包括：模板及支架（撑）制作、安装、拆除、堆放、运输及清理模内杂物、刷隔离剂、混凝土制作、运输、浇筑、振捣、养护等。

现浇混凝土柱的清单工程量和计价工程量相同，均按图示断面尺寸乘以柱高以体积计算。其中，柱高按下列规定确定，如图5-48所示。

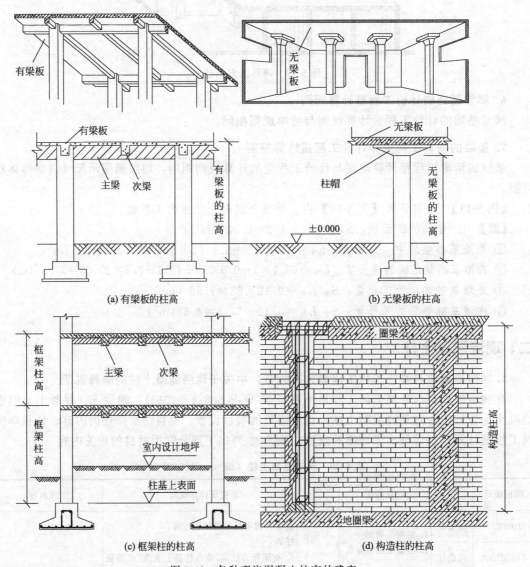

(a) 有梁板的柱高　　　　　　　　　　(b) 无梁板的柱高

(c) 框架柱的柱高　　　　　　　　　　(d) 构造柱的柱高

图 5-48　各种现浇混凝土柱高的确定

（1）有梁板的柱高，应自柱基上表面（或楼板上表面）至上一层楼板上表面之间的高度计算。

（2）无梁板的柱高，应自柱基上表面（或楼板上表面）至柱帽下表面之间的高度计算。

（3）框架柱的柱高应自柱基上表面至柱顶的高度计算。

（4）构造柱按全高计算，嵌入墙体部分（马牙槎）并入柱身体积。

（5）依附柱上的牛腿和升板的珠帽，并入柱身体积计算。

【例 5-12】 某工程使用带牛腿的钢筋混凝土柱 15 根，如图 5-49 所示，下柱高 $H_{下柱}=$ 6m，断面尺寸为 600mm×500mm；上柱高 $H_{上柱}=2.3m$，断面尺寸为 400mm×500mm；牛腿参数：$h=700mm$，$c=200mm$，$\alpha=45°$。试计算该柱的清单工程量。

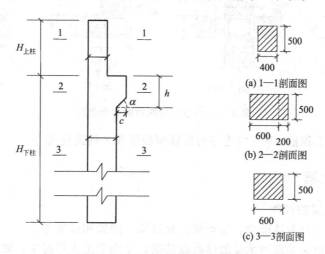

图 5-49 带牛腿的钢筋混凝土柱

【解】 ① 上柱的工程量：$V_{上柱}=H_{上柱}S_{上柱}=2.3×0.4×0.5=0.46$ （m³）

② 下柱的工程量：$V_{下柱}=H_{下柱}S_{下柱}=6×0.6×0.5=1.8$ （m³）

③ 牛腿的工程量：$V_{牛腿}=\left[\dfrac{(0.7-0.2\tan45°)+0.7}{2}×0.2\right]×0.5=0.06$ （m³）

④ 15 根柱总的工程量：$V_{柱}=15×(V_{上柱}+V_{下柱}+V_{牛腿})=34.8$ （m³）

3. 构造柱的清单工程量和计价工程量计算规则

构造柱的清单工程量计算规则和计价工程量的计算规则相同，均按设计图示尺寸以体积计算。不扣除构件内钢筋，预埋铁件所占体积。型钢混凝土构造柱扣除构件内型钢所占体积。构造柱按全高计算，嵌接墙体部分（马牙槎）并入柱身体积内。

（1）构造柱高 由于构造柱根部一般锚固在地圈梁内，因此，柱高应自地圈梁的顶部至柱顶部的高度计算。

（2）构造柱横截面积 构造柱一般是先砌砖后浇混凝土。在砌砖时一般每隔五皮砖（约 300mm）两边各留一马牙槎。如果是砖砌体，槎口宽度一般为 60mm，如果是砌块，槎口宽度一般为 100mm。计算构造柱体积时，与墙体嵌接部分的体积应并入到柱身的体积内计算。因此，可按基本截面宽度两边各加 30mm 计算。不同横截面积的具体计算方法如下。

① 一字形构造柱的横截面积：
$$S=d_1d_2+2×0.03d_2=(d_1+0.06)×d_2$$

② 十字形构造柱的横截面积：
$$S=d_1d_2+2×0.03d_1+2×0.03d_2=(d_1+0.06)×d_2+0.06×d_1$$

③ L 形构造柱的横截面积：
$$S=d_1d_2+0.03d_1+0.03d_2=(d_1+0.03)×d_2+0.03×d_1$$

④ T 形构造柱的横截面积：
$$S=d_1d_2+0.03d_1+2×0.03d_2=(d_1+0.06)×d_2+0.03×d_1$$

构造柱的四种断面示意图如图 5-50 所示。

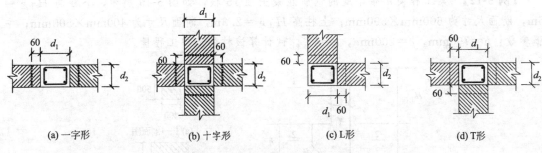

(a) 一字形　　　　(b) 十字形　　　　(c) L形　　　　(d) T形

图 5-50　构造柱的四种断面示意图

（3）构造柱的工程量　$V=$ 构造柱的折算横截面积 × 构造柱高

三、现浇混凝土梁

1. 现浇混凝土梁的种类

现浇混凝土梁可分为基础梁、矩形梁、异形梁、圈梁和过梁等。

（1）基础梁：独立基础间承受墙体荷载的梁，多用于工业厂房中，如图 5-51 所示。

（2）矩形梁：断面为矩形的梁。

（3）异形梁：断面为梯形或其他变截面的梁。

（4）圈梁：砌体结构中加强房屋刚度的水平封闭梁。

（5）过梁：门、窗、孔洞上设置的横梁。

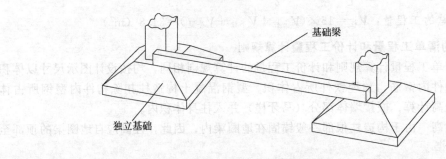

图 5-51　基础梁示意图

2.《房屋建筑与装饰工程工程量计算规范》中关于现浇混凝土梁的解释说明

在《房屋建筑与装饰工程工程量计算规范》（GB 50854—2013）附录 E（混凝土及钢筋混凝土工程）中，对现浇混凝土梁工程量清单的项目设置、项目特征描述的内容、计量单位及工程量计算规则等做出了详细的规定。表 5-21 列出了部分常用项目的相关内容。

表 5-21　现浇混凝土梁（编号：010503）

项目编码	项目名称	项目特征	计量单位	工程量计算规则	工作内容
010503001	基础梁	1. 混凝土种类 2. 混凝土强度等级	m³	按设计图示尺寸以体积计算。伸入墙内的梁头、梁垫并入梁体积内。梁长： 1. 梁与柱连接时，梁长算至柱侧面 2. 主梁与次梁连接时，次梁长算至主梁侧面	1. 模板及支架（撑）制作、安装、拆除、堆放、运输及清理模内杂物、刷隔离剂等 2. 混凝土制作、运输、浇筑、振捣、养护
010503002	矩形梁				
010503003	异形梁				
010503004	圈梁				
010503005	过梁				

3. 现浇混凝土梁的清单工程量和计价工程量计算规则

现浇混凝土梁的清单工程量和计价工程量计算规则一样，均按设计图示尺寸以体积计算。不扣除构件内钢筋、预埋铁件所占体积，伸入墙内的梁头、梁垫并入梁体积内。型钢混凝土梁扣除构件内型钢所占体积。即：

梁体积＝梁的截面面积×梁长

4. 梁的长度确定

（1）梁与柱连接时，梁长算至柱侧面，如图 5-52 所示。

（2）主梁与次梁连接时，次梁长算至主梁侧面，如图 5-52 所示。

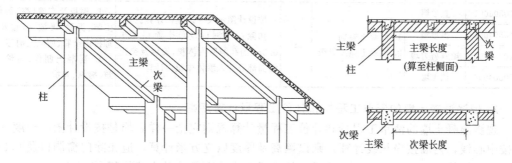

图 5-52 主梁、次梁长度计算示意图

（3）圈梁与过梁连接时，分别套用圈梁、过梁清单项目，圈梁与过梁不易划分时，其过梁长度按门窗洞口外围两端共加 500mm 计算，其他按圈梁计算，如图 5-53 所示。

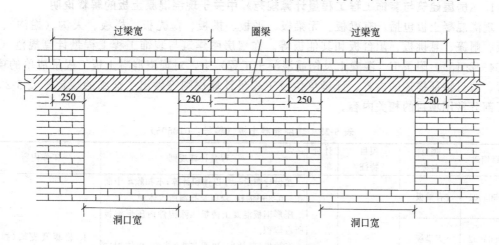

图 5-53 圈梁、过梁划分示意图

（4）当梁与混凝土墙连接时，梁长算到混凝土墙的侧面。

（5）对于圈梁的长度，外墙上按外墙中心线计算，内墙按净长线计算。

 提示

圈梁和过梁连接时应该分开列项，工程量分别为：

（1）圈梁 $V_{圈梁}＝圈梁长度×S_{圈梁}－V_{过梁}$

（2）过梁 $V_{过梁}＝（门窗洞口宽＋0.5）×S_{圈梁}$

四、现浇混凝土墙

1. 《房屋建筑与装饰工程工程量计算规范》中关于现浇混凝土墙的解释说明

在《房屋建筑与装饰工程工程量计算规范（GB 50854—2013）》附录 E（混凝土及钢筋混凝土工程）中，对现浇混凝土墙工程量清单的项目设置、项目特征描述的内容、计量单位及工程量计算规则等做出了详细的规定。表 5-22 列出了部分常用项目的相关内容。

表 5-22　现浇混凝土墙（编号：010504）

项目编码	项目名称	项目特征	计量单位	工程量计算规则	工作内容
010504001	直形墙	1. 混凝土类别 2. 混凝土强度等级	m³	按设计图示尺寸以体积计算。 扣除门窗洞口及单个面积大于 0.3m² 的孔洞所占体积，墙垛及突出墙面部分并入墙体积内计算	1. 模板及支架（撑）制作、安装、拆除、堆放、运输及清理模内杂物、刷隔离剂等 2. 混凝土制作、运输、浇筑、振捣、养护
010504002	弧形墙				
010504003	短肢剪力墙				
010504004	挡土墙				

2. 现浇混凝土墙的清单工程量和计价工程量计算规则

现浇混凝土墙的清单工程量和计价工程量计算规则完全一样，均是按设计图示长度（外墙按中心线，内墙按净长线计算）乘以墙高及厚度以立方米计算，应扣除门窗洞口及 0.3m² 以外孔洞的体积，柱、梁与墙相连时，柱、梁突出墙面部分并入墙体积内。

五、现浇混凝土板

1. 《房屋建筑与装饰工程工程量计算规范》中关于现浇混凝土板的解释说明

现浇混凝土板包括：有梁板、无梁板、平板、拱板、薄壳板、栏板、天沟（檐沟）、挑檐板、雨篷、悬挑板、阳台板和其他板等。在《房屋建筑与装饰工程工程量计算规范（GB 50854—2013）》附录 E（混凝土及钢筋混凝土工程）中，对现浇混凝土板工程量清单的项目设置、项目特征描述的内容、计量单位及工程量计算规则等做出了详细的规定。表 5-23 列出了部分常用项目的相关内容。

表 5-23　现浇混凝土板（编号：010505）

项目编码	项目名称	项目特征	计量单位	工程量计算规则	工作内容
010505001	有梁板	1. 混凝土种类 2. 混凝土强度等级	m³	按设计图示尺寸以体积计算，不扣除单个面积≤0.3m² 的柱、垛以及孔洞所占体积。 压形钢板混凝土楼板扣除构件内压形钢板所占体积。 有梁板（包括主、次梁与板）按梁、板体积之和计算，无梁板按板和柱帽体积之和计算，各类板伸入墙内的板头并入板体积内，薄壳板的肋、基梁并入薄壳体积内计算	1. 模板及支架（撑）制作、安装、拆除、堆放、运输及清理模内杂物、刷隔离剂等 2. 混凝土制作、运输、浇筑、振捣、养护
010505002	无梁板				
010505003	平板				
010505008	雨篷、悬挑板、阳台板			按设计图示尺寸以墙外部分体积计算。包括伸出墙外的牛腿和雨篷反挑檐的体积	
010505009	空心板			按设计图示尺寸以体积计算。空心板（GBF 高强薄壁蜂巢芯板等）应扣除空心部分体积	
010505010	其他板			按设计图示尺寸以体积计算	

2. 现浇混凝土各种板的清单工程量计算规则

现浇混凝土各种板的清单工程量均是按设计图示尺寸以体积计算，不扣除构件内钢筋、预埋铁件及单个面积≤0.3m² 的柱、垛以及孔洞所占体积，压形钢板混凝土楼板扣除构件内压形钢板所占体积。具体又分为以下几种情况。

（1）有梁板（包括主、次梁与板）　其工程量按梁、板体积之和计算，如图 5-54 所示。

（2）无梁板　是指不带梁，直接用柱头支撑的板，其工程量按板和柱帽体积之和计算，如图 5-54 所示。

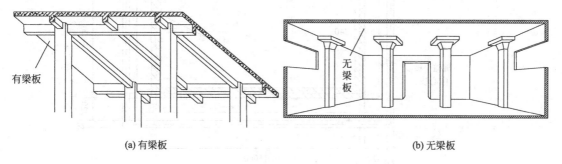

(a) 有梁板　　　　　　　　　　　　　　(b) 无梁板

图 5-54　有梁板、无梁板示意图

（3）平板　是指无梁无柱，四边直接搁在圈梁或承重墙上的板，其工程量按板实体体积计算。有多种板连接时，应以墙中心线划分。

（4）雨篷、悬挑板和阳台板　按设计图示尺寸以墙外部分体积计算，包括伸出墙外的牛腿和雨篷反挑檐的体积。

现浇挑檐、天沟板、雨篷、阳台与板（包括屋面板、楼板）连接时，以外墙外边线为分界线；与圈梁（包括其他梁）连接时，以梁外边线为分界线。外边线以外为挑檐、天沟、雨篷或阳台。如图 5-55 所示。

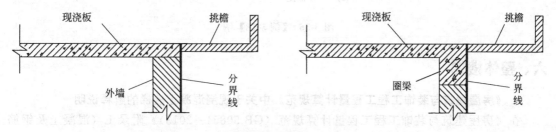

图 5-55　挑檐与现浇混凝土板的分界线

（5）各类板伸入墙内的板头并入板体积内，薄壳板的肋、基梁并入薄壳体积内计算。

3. 现浇混凝土板计价工程量的计算规则

现浇混凝土板计价工程量的计算规则与清单规则相同。

【例 5-13】　如图 5-56 所示，若屋面设计为挑檐排水，挑檐混凝土强度等级为 C25，试计算挑檐混凝土的工程量。

【解】　① 挑檐平板中心线长：$L_{平板}=[(15+0.24+1)+(9+0.24+1)]\times2=52.96$（m）

② 挑檐立板中心线长：$L_{立板}=[15+0.24+(1-0.08\div2)\times2+9+0.24+(1-0.08\div2)\times2]\times2=56.64$（m）

③ 挑檐平板断面积：$S_{平板}=0.1\times1=0.1$（m²）

④ 挑檐立板断面积：$S_{立板}=0.4\times0.08=0.032$（m²）

⑤ 挑檐的工程量：$V=S_{平板}L_{平板}+S_{立板}L_{立板}=0.1\times52.96+0.032\times56.64=7.11$（m³）

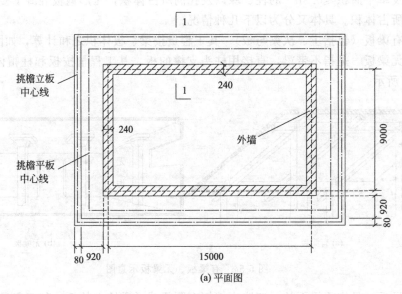

图 5-56　【例 5-13】图

六、整体楼梯

1.《房屋建筑与装饰工程工程量计算规范》中关于现浇混凝土楼梯的解释说明

在《房屋建筑与装饰工程工程量计算规范（GB 50854—2013）》附录 E（混凝土及钢筋混凝土工程）中，对现浇混凝土楼梯工程量清单的项目设置、项目特征描述的内容、计量单位及工程量计算规则等做出了详细的规定。表 5-24 列出了部分常用项目的相关内容。

表 5-24　现浇混凝土楼梯（编号：010506）

项目编码	项目名称	项目特征	计量单位	工程量计算规则	工作内容
010506001	直形楼梯	1. 混凝土种类 2. 混凝土强度等级	1. m² 2. m³	1. 以平方米计量，按设计图示尺寸以水平投影面积计算。不扣除宽≤500mm 的楼梯井，伸入墙内部分不计算。 2. 以立方米计量，按设计图示尺寸以体积计算	1. 模板及支架（撑）制作、安装、拆除、堆放、运输及清理模内杂物、刷隔离剂等。 2. 混凝土制作、运输、浇筑、振捣、养护
010506002	弧形楼梯				

2. 现浇混凝土楼梯的清单工程量计算规则

现浇混凝土楼梯的清单工程量有两种计量方法。

（1）以平方米计量，按设计图示尺寸以水平投影面积计算。不扣除宽度（c）≤500mm

的楼梯井，伸入墙内部分不计算。如图 5-57 所示整体楼梯的工程量为：

① 当 $c \leqslant 500mm$ 时，整体楼梯的工程量 $S = BL$

② 当 $c > 500mm$ 时，整体楼梯的工程量 $S = BL - cx$

式中　B——楼梯间的净宽；

　　　L——楼梯间的净长；

　　　c——楼梯井的宽度；

　　　x——楼梯井的水平投影长度。

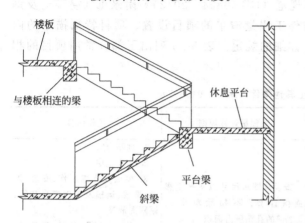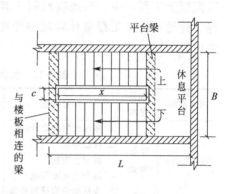

图 5-57　有楼梯-楼板相连梁的整体楼梯

 提示

　　整体楼梯（包括直形楼梯、弧形楼梯）的水平投影面积包括休息平台、平台梁、斜梁和楼梯的连接梁。当整体楼梯与现浇楼板无梯梁连接时，以楼梯的最后一个踏步边缘加 300mm 为界，如图 5-58 所示。

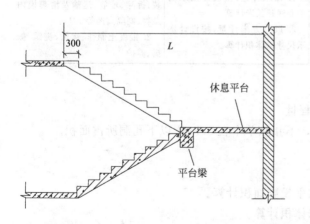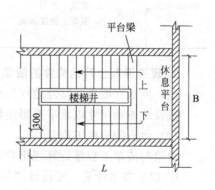

图 5-58　无楼梯-楼板相连梁的整体楼梯

（2）以立方米计量，按设计图示尺寸以体积计算。

3. 现浇混凝土楼梯的计价工程量计算规则

楼梯应分层按其水平投影面积计算。楼梯井宽度超过 500mm 时，其面积应扣除。伸入墙内部分的体积已包括在定额内，不另计算。但楼梯基础、栏杆、扶手，应另列项目套用相应定额计算。楼梯水平投影面积包括踏步、休息平台、平台梁、斜梁及楼梯与楼板连接的梁。

七、现浇混凝土其他构件

1. 《房屋建筑与装饰工程工程量计算规范》中关于现浇混凝土其他构件的解释说明

在《房屋建筑与装饰工程工程量计算规范（GB 50854—2013）》附录 E（混凝土及钢筋混凝土工程）中，对现浇混凝土其他构件工程量清单的项目设置、项目特征描述的内容、计量单位及工程量计算规则等做出了详细的规定。表 5-25 列出了部分常用项目的相关内容。

表 5-25　现浇混凝土其他构件（编号：010507）

项目编码	项目名称	项目特征	计量单位	工程量计算规则	工作内容
010507001	散水、坡道	1. 垫层材料种类、厚度 2. 面层厚度 3. 混凝土类别 4. 混凝土强度等级 5. 变形缝填塞材料种类	m²	按设计图示尺寸以水平投影面积计算。不扣除单个≤0.3m²的孔洞所占面积	1. 地基夯实 2. 铺设垫层 3. 模板及支撑制作、安装、拆除、堆放、运输及清理模内杂物、刷隔离剂等 4. 混凝土制作、运输、浇筑、振捣、养护 5. 变形缝填塞
010507002	室外地坪	1. 地坪厚度 2. 混凝土强度等级			
010507004	台阶	1. 踏步高、宽 2. 混凝土种类 3. 混凝土强度等级	1. m² 2. m³	1. 以平方米计量，按设计图示尺寸水平投影面积计算 2. 以立方米计量，按设计图示尺寸以体积计算	1. 模板及支撑制作、安装、拆除、堆放、运输及清理模内杂物、刷隔离剂等 2. 混凝土制作、运输、浇筑、振捣、养护
010507005	扶手、压顶	1. 断面尺寸 2. 混凝土种类 3. 混凝土强度等级	1. m 2. m³	1. 以米计量，按设计图示的中心线延长米计算 2. 以立方米计量，按设计图示尺寸以体积计算	1. 模板及支架（撑）制作、安装、拆除、堆放、运输及清理模内杂物、刷隔离剂等 2. 混凝土制作、运输、浇筑、振捣、养护

2. 现浇混凝土其他构件的清单工程量

（1）散水、坡道、室外地坪的清单工程量

按设计图示尺寸以水平投影面积计算，不扣除单个在 0.3m² 以下孔洞所占面积。

（2）台阶的清单工程量

台阶的清单工程量计算规则有两种：

① 以平方米计量，按设计图示尺寸水平投影面积计算。

② 以立方米计量，按设计图示尺寸以体积计算。

提示

1. 台阶与平台连接时，其分界线以最上层踏步外沿加 300mm 计算。
2. 架空式混凝土台阶，按现浇楼梯计算。

（3）扶手、压顶的清单工程量计算规则

① 以米计量，按设计图示尺寸的中心线延长米计算。

② 以立方米计量，按设计图示尺寸以体积计算。

八、预制混凝土

1.《房屋建筑与装饰工程工程量计算规范》中关于预制混凝土的解释说明

在《房屋建筑与装饰工程工程量计算规范（GB 50854—2013）》附录 E（混凝土及钢筋混凝土工程）中，对预制混凝土工程量清单的项目设置、项目特征描述的内容、计量单位及工程量计算规则等做出了详细的规定。表 5-26～表 5-30 列出了部分常用项目的相关内容。

表 5-26　预制混凝土柱（编号：010509）

项目编码	项目名称	项目特征	计量单位	工程量计算规则	工作内容
010509001	矩形柱	1. 图代号 2. 单件体积 3. 安装高度 4. 混凝土强度等级 5. 砂浆（细石混凝土）强度等级、配合比	1. m³ 2. 根	1. 以立方米计量，按设计图示尺寸以体积计算 2. 以根计量，按设计图示尺寸以数量计算	1. 模板制作、安装、拆除、堆放、运输及清理模内杂物、刷隔离剂等 2. 混凝土制作、运输、浇筑、振捣、养护 3. 构件运输、安装 4. 砂浆制作、运输 5. 接头灌缝、养护

表 5-27　预制混凝土梁（编号：010510）

项目编码	项目名称	项目特征	计量单位	工程量计算规则	工作内容
010510001	矩形梁	1. 图代号 2. 单件体积 3. 安装高度 4. 混凝土强度等级 5. 砂浆（细石混凝土）强度等级、配合比	1. m³ 2. 根	1. 以立方米计量，按设计图示尺寸以体积计算 2. 以根计量，按设计图示尺寸以数量计算	1. 模板制作、安装、拆除、堆放、运输及清理模内杂物、刷隔离剂等 2. 混凝土制作、运输、浇筑、振捣、养护 3. 构件运输、安装 4. 砂浆制作、运输 5. 接头灌缝、养护
010510002	异形梁				
010510003	过梁				

表 5-28　预制混凝土板（编号：010512）

项目编码	项目名称	项目特征	计量单位	工程量计算规则	工作内容
010512001	平板	1. 图代号 2. 单件体积 3. 安装高度 4. 混凝土强度等级 5. 砂浆（细石混凝土）强度等级、配合比	1. m³ 2. 块	1. 以立方米计量，按设计图示尺寸以体积计算。不扣除单个面积≤300mm×300mm 的孔洞所占体积，扣除空心板空洞体积 2. 以块计量，按设计图示尺寸以数量计算	1. 模板制作、安装、拆除、堆放、运输及清理模内杂物、刷隔离剂等 2. 混凝土制作、运输、浇筑、振捣、养护 3. 构件运输、安装 4. 砂浆制作、运输 5. 接头灌缝、养护
010512002	空心板				

表 5-29 预制混凝土楼梯（编号：010513）

项目编码	项目名称	项目特征	计量单位	工程量计算规则	工作内容
010513001	楼梯	1. 楼梯类型 2. 单件体积 3. 混凝土强度等级 4. 砂浆（细石混凝土）强度等级	1. m³ 2. 段	1. 以立方米计量，按设计图示尺寸以体积计算。扣除空心踏步板空洞体积 2. 以段计量，按设计图示数量计算	1. 模板制作、安装、拆除、堆放、运输及清理模内杂物、刷隔离剂等 2. 混凝土制作、运输、浇筑、振捣、养护 3. 构件运输、安装 4. 砂浆制作、运输 5. 接头灌缝、养护

表 5-30 其他预制构件（编号：010514）

项目编码	项目名称	项目特征	计量单位	工程量计算规则	工作内容
010514001	垃圾道、通风道、烟道	1. 单件体积 2. 混凝土强度等级 3. 砂浆强度等级	1. m³ 2. m² 3. 根（块、套）	1. 以立方米计量，按设计图示尺寸以体积计算。不扣除单个面积 ≤ 300mm × 300mm 的孔洞所占体积，扣除烟道、垃圾道、通风道的孔洞所占体积 2. 以平方米计量，按设计图示尺寸以面积计算。不扣除单个面积 ≤ 300mm × 300mm 的孔洞所占面积 3. 以根计量，按设计图示尺寸以数量计算	1. 模板制作、安装、拆除、堆放、运输及清理模内杂物、刷隔离剂等 2. 混凝土制作、运输、浇筑、振捣、养护 3. 构件运输、安装 4. 砂浆制作、运输 5. 接头灌缝、养护
010514002	其他构件	1. 单件体积 2. 构件的类型 3. 混凝土强度等级 4. 砂浆强度等级			

注：1. 以块、根计量，必须描述单件体积。

2. 预制钢筋混凝土小型池槽、压顶、扶手、垫块、隔热板、花格等，应按本表中其他构件项目编码列项。

2. 预制混凝土的计价工程量计算规则

预制混凝土的计价工程量按图示尺寸实体体积以立方米计算，不扣除构件内钢筋、铁件及小于 0.3m² 以内孔洞的面积，扣除空心板空洞体积。

预制桩按桩全长（包括桩尖）乘以桩断面（空心柱应扣除孔洞体积）以立方米计算。

九、钢筋工程

1. 钢筋及其种类

钢筋是配置在钢筋混凝土及预应力钢筋混凝土构件中的钢条或钢丝的总称，其横截面为圆形，有时为带有圆角的方形。

钢筋种类很多，按轧制外形可分为光圆钢筋、带肋钢筋和扭转钢筋；按在结构中的用途可分为现浇混凝土钢筋、预制构件钢筋、钢筋网片和钢筋笼等。

2. 《房屋建筑与装饰工程工程量计算规范》中关于钢筋工程的解释说明

钢筋在混凝土中主要承受拉应力，变形钢筋由于肋的作用，和混凝土有较大的黏结能力，因而能更好地承受外力的作用。在《房屋建筑与装饰工程工程量计算规范（GB 50854—2013）》附录 E（混凝土及钢筋混凝土工程）中，对钢筋工程工程量清单的项目设置、项目特征描述的内容、计量单位及工程量计算规则等做出了详细的规定。表 5-31 列出了部分常用项目的相关内容。

表 5-31　钢筋工程（编号：010515）

项目编码	项目名称	项目特征	计量单位	工程量计算规则	工作内容
010515001	现浇构件钢筋	钢筋种类、规格	t	按设计图示钢筋（网）长度（面积）乘单位理论质量计算	1. 钢筋制作、运输 2. 钢筋安装 3. 焊接（绑扎）
010515002	预制构件钢筋				
010515003	钢筋网片				1. 钢筋网制作、运输 2. 钢筋网安装 3. 焊接（绑扎）
010515004	钢筋笼				1. 钢筋笼制作、运输 2. 钢筋笼安装 3. 焊接（绑扎）

3. 钢筋的保护层

钢筋的保护层是指从受力筋的外边缘到构件外表面之间的距离。钢筋最小保护层厚度应符合设计图中的要求，如表 5-32 所示。

表 5-32　纵向受力钢筋的混凝土保护层最小厚度表　　　　单位：mm

环境		板、墙、壳			梁			柱		
		≤C20	C25～C45	≥C50	≤C20	C25～C45	≥C50	C20	C25～C45	≥C50
一类		20	15	15	30	25	25	30	30	30
二类	a	—	20	20	—	30	30	—	30	30
	b	—	25	20	—	35	30	—	35	30
三类		—	30	25	—	40	35	—	40	35

注：1. 基础中纵向受力钢筋的混凝土保护层的厚度不应小于 40mm，当无垫层时不应小于 70mm。

2. 一类环境指室内正常环境；二类 a 环境指室内潮湿环境、非严寒和非寒冷地区的露天环境及严寒和寒冷地区冰冻线以下与无侵蚀性的水或土壤直接接触的环境；二类 b 环境是指严寒和寒冷地区的露天环境及严寒和寒冷地区冰冻线以上与无侵蚀性的水或土壤直接接触的环境；三类环境指使用除冰盐的环境、严寒和寒冷地区冬季水位变动的环境及滨海室外环境。

4. 钢筋的清单工程量计算规则

现浇构件钢筋、预制构件钢筋、钢筋网片和钢筋笼的清单工程量应区别不同种类和规格，按设计图示钢筋（网）长度（面积）乘以单位理论质量以吨计算，钢筋单位理论质量如表 5-33 所示。

表 5-33　钢筋理论质量表

品种	圆钢筋		螺纹钢筋	
直径/mm	截面/100mm²	理论质量/(kg/m)	截面/100mm²	理论质量/(kg/m)
4	0.126	0.099	—	—
5	0.196	0.154	—	—
6	0.283	0.222	—	—
6.5	0.332	0.260	—	—
8	0.503	0.395	—	—
10	0.785	0.617	0.785	0.062
12	1.131	0.888	1.131	0.089
14	1.539	1.21	1.54	1.21
16	2.011	1.58	2.0	1.58
18	2.545	2.00	2.54	2.00
20	3.142	2.47	3.14	2.47
22	3.801	2.98	3.80	2.98
25	4.909	3.85	4.91	3.85
28	6.158	4.83	6.16	4.83
30	7.069	5.55	—	—
32	8.042	6.31	8.04	6.31
40	12.561	9.865	—	—

提 示

　　1. 现浇构件中伸出构件的锚固钢筋应并入钢筋工程量内。除设计（包括规范规定）标明的搭接外，其他施工搭接不计算工程量，在综合单价中综合考虑。
　　2. 现浇构件中固定位置的支撑钢筋、双层钢筋用的"铁马"在编制工程量清单时，如果设计未明确，其工程数量可为暂估量，结算时按现场签证数量计算。

钢筋的长度

钢筋长度的计算分为以下几种情况。

（1）两端无弯钩的直钢筋

$$钢筋长度＝构件长度－两端保护层的厚度$$

（2）有弯钩的直钢筋

$$钢筋长度＝构件长度－两端保护层的厚度＋两端弯钩的长度$$

① 钢筋的弯钩

钢筋弯钩形式有三种，分别为直弯钩、斜弯钩和半圆弯钩。钢筋弯曲后，弯曲处内皮收缩、外皮延伸、轴线长度不变，弯曲处形成圆弧。由于下料尺寸大于弯起后尺寸，所以应考虑钢筋弯钩增加的长度。

② 弯钩增加的长度

弯钩增加的长度与钢筋弯钩的形式有关，对于 I 级钢筋而言，钢筋弯心直径为 $2.5d$，平直部分为 $3d$。一个直弯钩增加长度的理论计算值为 $3.5d$，一个斜弯钩增加长度的理论计算值为 $4.9d$，一个半圆弯钩增加长度的理论计算值为 $6.25d$，如图 5-59 所示。

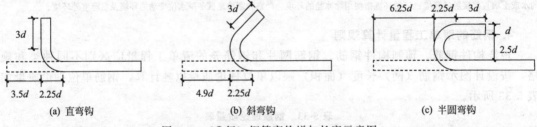

图 5-59　（I级）钢筋弯钩增加长度示意图

（3）有弯起的钢筋

$$钢筋长度＝构件长度－两端保护层厚度＋弯起钢筋增加的长度＋两端弯钩的长度$$

由于钢筋带有弯起，造成钢筋弯起段长度大于平直段长度，如图 5-60 所示。

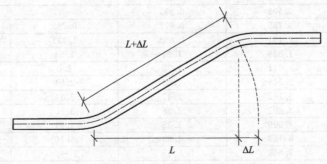

图 5-60　弯起钢筋增加长度示意图

钢筋弯起段增加的长度可按表 5-34 计算。

表 5-34　弯起钢筋增加长度

弯起角度	$\theta=30°$	$\theta=45°$	$\theta=60°$
示意图	$\theta=30°$　h　L	$\theta=45°$　h　L	$\theta=60°$　h　L
弯起增加长度	$\Delta L=0.268h$	$\Delta L=0.414h$	$\Delta L=0.577h$

（4）箍筋

① 箍筋的长度

$$箍筋长度＝每一构件箍筋根数×每箍长度$$

② 箍筋根数计算

箍筋根数取决于箍筋间距和箍筋配置的范围，而配置范围为构件长度减去两端保护层厚度。此外，考虑到实际施工时柱和梁的两头都需要放置钢筋，因此，对于直构件：

$$箍筋个数＝（构件长－2×保护层）/间距＋1$$

对于环形构件：

$$箍筋个数＝（构件长－2×保护层）/间距$$

③ 每箍长度计算

$$每箍长度＝每根箍筋的外皮尺寸周长＋箍筋两端弯钩的增加长度$$
$$每根箍筋的外皮尺寸周长＝构件断面周长－8×（主筋混凝土保护层厚度－箍筋直径）$$
$$＝构件断面周长－8×箍筋保护层厚度$$

按照设计要求，箍筋的两端均有弯钩，箍筋末端每个弯钩增加的长度按表 5-35 取定。

表 5-35　箍筋弯钩增加长度

弯钩形式		90°	135°	180°
弯钩增加值	一般结构	$5.5d$	$6.87d$	$8.25d$
	抗震结构	$10.5d$	$11.87d$	$13.25d$

提示

为简便计算，每箍长度也可以近似地按梁柱的外围周长计算。

【例 5-14】　如图 5-61 所示为某现浇 C25 混凝土矩形梁的配筋图，各号钢筋均为Ⅰ级圆钢筋。①、②、③、④号钢筋两端均有半圆弯钩，箍筋弯钩为抗震结构的斜弯钩。③、④号钢筋的弯起角度为 45°。主筋混凝土保护层厚度为 25mm。矩形梁的两端均设箍筋。试求该矩形梁的钢筋清单工程量。

【解】　① φ12：$(6.5-0.025×2+6.25×0.012×2)×2×0.888＝11.72$（kg）

② φ22：$(6.5-0.025×2+6.25×0.022×2)×2×2.98＝40.08$（kg）

③ φ22：

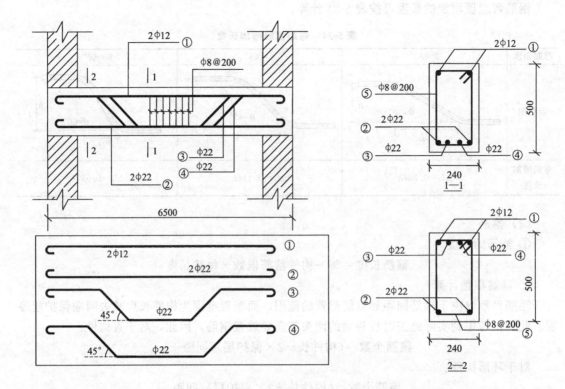

图 5-61　现浇 C25 混凝土矩形梁的配筋图

$$[6.5-0.025\times2+6.25\times0.022\times2+0.41\times(0.5-0.025\times2)\times2]\times2.98=21.14\ (kg)$$

④ φ22：

$$[6.5-0.025\times2+6.25\times0.022\times2+0.41\times(0.5-0.025\times2)\times2]\times2.98=21.14\ (kg)$$

⑤ φ8：$[(0.24+0.5)\times2-(0.025-0.008)\times8+11.87\times0.008\times2]\times[(6.5-0.025\times2)\div0.2+1]\times0.395=20.15\ (kg)$

清单工程量计算表见表 5-36。

表 5-36　清单工程量计算表

序号	项目编码	项目名称	项目特征描述	计量单位	工程量
1	010515001001	现浇构件钢筋	φ12	t	0.012
2	010515001002	现浇构件钢筋	φ22	t	0.040
3	010515001003	现浇构件钢筋	φ22	t	0.021
4	010515001004	现浇构件钢筋	φ22	t	0.021
5	010515001005	现浇构件钢筋	φ8	t	0.020

 提示

在计算清单工程量时，关于最后结果的保留位数有以下三点规定：

(1) 以 t 为单位，应保留三位小数，第四位小数四舍五入；

(2) 以 m³、m²、m、kg 为单位，应保留两位小数，第三位小数四舍五入；

(3) 以个、件、根、项、组、系统等为单位，应取整数。

5. 钢筋的计价工程量计算规则

钢筋的计价工程量与清单工程量计算规则的主要区别在于：

（1）清单规则中施工搭接不计算工程量，在综合单价中综合考虑。而预算定额计算钢筋工程量时，应按施工图或规范要求，计算搭接长度。

（2）施工用的钢筋支架（马凳），清单规定在编制工程量清单时，如果设计未明确，其工程数量可为暂估量，结算时按现场签证数量计算。预算定额则按施工组织设计的规定计算。

第六节 门窗工程

一、《房屋建筑与装饰工程工程量计算规范》中的相关解释说明

门窗工程主要包括木门窗、金属门窗、金属卷闸门、厂库房大门、特种门、其他门、门窗套、窗台板、窗帘盒等。在《房屋建筑与装饰工程工程量计算规范（GB 50854—2013）》附录 H（门窗工程）中，对门窗工程工程量清单的项目设置、项目特征描述的内容、计量单位及工程量计算规则等做出了详细的规定。表5-37～表5-43列出了部分常用项目的相关内容。

表 5-37　木门（编号：010801）

项目编码	项目名称	项目特征	计量单位	工程量计算规则	工作内容
010801001	木质门	1. 门代号及洞口尺寸 2. 镶嵌玻璃品种、厚度	1. 樘 2. m²	1. 以樘计量，按设计图示数量计算 2. 以平方米计量，按设计图示洞口尺寸以面积计算	1. 门安装 2. 玻璃安装 3. 五金安装
010801003	木质连窗门				
010801005	木门框	1. 门代号及洞口尺寸 2. 框截面尺寸 3. 防护材料种类	1. 樘 2. m	1. 以樘计量，按设计图示数量计算 2. 以米计量，按设计图示框的中心线以延长米计算	1. 木门框制作、安装 2. 运输 3. 刷防护材料

表 5-38　金属门（编号：010802）

项目编码	项目名称	项目特征	计量单位	工程量计算规则	工作内容
010802001	金属（塑钢）门	1. 门代号及洞口尺寸 2. 门框或扇外围尺寸 3. 门框、扇材质 4. 玻璃品种、厚度	1. 樘 2. m²	1. 以樘计量，按设计图示数量计算 2. 以平方米计量，按设计图示洞口尺寸以面积计算	1. 门安装 2. 五金安装 3. 玻璃安装

表 5-39　金属卷帘（闸）门（编号：010803）

项目编码	项目名称	项目特征	计量单位	工程量计算规则	工作内容
010803001	金属卷帘（闸）门	1. 门代号及洞口尺寸 2. 门材质 3. 启动装置品种、规格	1. 樘 2. m²	1. 以樘计量，按设计图示数量计算 2. 以平方米计量，按设计图示洞口尺寸以面积计算	1. 门运输、安装 2. 启动装置、活动小门、五金安装

表 5-40　木窗（编号：010806）

项目编码	项目名称	项目特征	计量单位	工程量计算规则	工作内容
010806001	木质窗	1. 窗代号及洞口尺寸 2. 玻璃品种、厚度	1. 樘 2. m²	1. 以樘计量，按设计图示数量计算 2. 以平方米计量，按设计图示洞口尺寸以面积计算	1. 窗安装 2. 五金、玻璃安装

表 5-41　金属窗（编号：010807）

项目编码	项目名称	项目特征	计量单位	工程量计算规则	工作内容
010807001	金属（塑钢、断桥）窗	1. 窗代号及洞口尺寸 2. 框、扇材质 3. 玻璃品种、厚度	1. 樘 2. m²	1. 以樘计量，按设计图示数量计算 2. 以平方米计量，按设计图示洞口尺寸以面积计算	1. 窗安装 2. 五金、玻璃安装

表 5-42　窗台板（编号：010809）

项目编码	项目名称	项目特征	计量单位	工程量计算规则	工作内容
010809001	木窗台板	1. 基层材料种类 2. 窗台面板材质、规格、颜色 3. 防护材料种类	m²	按设计图示尺寸以展开面积计算	1. 基层清理 2. 基层制作、安装 3. 窗台板制作、安装 4. 刷防护材料
010809002	铝塑窗台板				
010809003	金属窗台板				
010809004	石材窗台板	1. 黏结层厚度、砂浆配合比 2. 窗台板材质、规格、颜色			1. 基层清理 2. 抹找平层 3. 窗台板制作、安装

表 5-43　窗帘、窗帘盒、轨（编号：010810）

项目编码	项目名称	项目特征	计量单位	工程量计算规则	工作内容
010810002	木窗帘盒	1. 窗帘盒材质、规格 2. 防护材料种类	m	按设计图示尺寸以长度计算	1. 制作、运输、安装 2. 刷防护材料
010810004	铝合金窗帘盒				
010810005	窗帘轨	1. 窗帘轨材质、规格 2. 轨的数量 3. 防护材料种类			

二、门窗工程的清单工程量计算规则

1. 门窗的清单工程量

（1）规范中门窗的工作内容一般包括：门窗安装、玻璃安装、五金安装等，但未包括木门框的制作、安装，门框需单独列项。

（2）各种门、窗的工程量计算规则有两种：

① 以樘计量，按设计图示数量计算；

② 以平方米计量，按设计图示洞口尺寸以面积计算。

提　示

以樘计量，项目特征必须描述洞口尺寸；以平方米计量，项目特征可不描述洞口尺寸。

2. 木门框的清单工程量

清单工程量的计算规则有两种：

（1）以樘计量，按设计图示数量计算；

（2）以米计量，按设计图示框的中心线以延长米计算。

3. 金属卷帘（闸）门的清单工程量

清单工程量的计算规则有以下两种：

（1）以樘计量，按设计图示数量计算；

（2）以 m² 计量，按设计图示洞口尺寸以面积计算。

4. 窗台板的清单工程量

清单工程量计算规则按设计图示尺寸以展开面积计算。

5. 窗帘盒、窗帘轨的清单工程量

清单工程量按设计图示尺寸以长度计算。

三、各类门窗的计价工程量计算规则

各类木门窗、钢门窗的制作、安装及成品套装门、铝合金成品门窗、塑钢门窗的安装均按设计图示门、窗洞口面积以面积计算。木门联窗按门、窗洞口面积之和计算。

【例 5-15】 某教学楼部分采用木质连窗门，如图 5-62 所示，共 60 樘。试分别计算该教学楼连窗门的计价工程量和清单工程量。

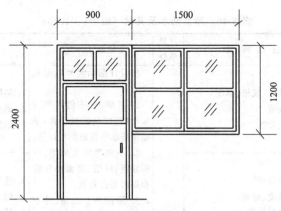

图 5-62　连窗门

【解】 （1）计价工程量

① 每樘连窗门的计价工程量＝2.4×0.9＋1.5×1.2＝3.96（m²）

② 60 樘连窗门工程量合计＝3.96×60＝237.6（m²）

（2）清单工程量

① 按樘计量：60 樘

② 按设计图示洞口面积计算：237.6m²

清单工程量计算表见表 5-44。

表 5-44　清单工程量计算表

序号	项目编码	项目名称	项目特征描述	计量单位	工程量
1	010801003001	连窗门	门尺寸为 2400mm×900mm 窗尺寸为 1500mm×1200mm	樘 m²	60 237.6

第七节　屋面及防水工程

一、《房屋建筑与装饰工程工程量计算规范》中的相关解释说明

屋面及防水工程包括一般工业和民用建筑结构的屋面、室内厕所、浴室防水、构筑物（含水池、水塔等）防水工程，楼地面、墙基、墙身的防水防潮以及屋面、墙面及楼地面的各种变形缝。在《房屋建筑与装饰工程工程量计算规范（GB 50854—2013)》附录 J（屋面及防水工程）中，对屋面及防水工程工程量清单的项目设置、项目特征描述的内容、计量单位及工程量计算规则等做出了详细的规定。表 5-45～表 5-48 列出了部分常用项目的相关内容。

表 5-45　瓦、型材及其他屋面（编号：010901）

项目编码	项目名称	项目特征	计量单位	工程量计算规则	工作内容
010901001	瓦屋面	1. 瓦品种、规格 2. 黏结层砂浆的配合比	m²	按设计图示尺寸以斜面积计算	1. 砂浆制作、运输、摊铺、养护 2. 安瓦、作瓦脊
010901002	型材屋面	1. 型材品种、规格 2. 金属檩条材料品种、规格 3. 接缝、嵌缝材料种类		不扣除房上烟囱、风帽底座、风道、小气窗、斜沟等所占面积。小气窗的出檐部分不增加面积	1. 檩条制作、运输、安装 2. 屋面型材安装 3. 接缝、嵌缝

表 5-46　屋面防水及其他（编号：010902）

项目编码	项目名称	项目特征	计量单位	工程量计算规则	工作内容
010902001	屋面卷材防水	1. 卷材品种、规格、厚度 2. 防水层数 3. 防水层做法	m²	按设计图示尺寸以面积计算。 1. 斜屋顶（不包括平屋顶找坡）按斜面积计算，平屋顶按水平投影面积计算。 2. 不扣除房上烟囱、风帽底座、风道、屋面小气窗和斜沟所占面积。 3. 屋面的女儿墙、伸缩缝和天窗等处的弯起部分，并入屋面工程量内	1. 基层处理 2. 刷底油 3. 铺油毡卷材、接缝
010902002	屋面涂膜防水	1. 防水膜品种 2. 涂膜厚度、遍数 3. 增强材料种类			1. 基层处理 2. 刷基层处理剂 3. 铺布、喷涂防水层
010902003	屋面刚性层	1. 刚性层厚度 2. 混凝土种类 3. 混凝土强度等级 4. 嵌缝材料种类 5. 钢筋规格、型号		按设计图示尺寸以面积计算。 不扣除房上烟囱、风帽底座、风道等所占面积	1. 基层处理 2. 混凝土制作、运输、铺筑、养护 3. 钢筋制安

续表

项目编码	项目名称	项目特征	计量单位	工程量计算规则	工作内容
010902004	屋面排水管	1. 排水管品种、规格 2. 雨水斗、山墙出水口品种、规格 3. 接缝、嵌缝材料种类 4. 油漆品种、刷漆遍数	m	按设计图示尺寸以长度计算。 　如设计未标注尺寸时，以檐口至设计室外散水上表面垂直距离计算	1. 排水管及配件安装、固定 2. 雨水斗、山墙出水口、雨水箅子安装 3. 接缝、嵌缝 4. 刷漆
010902007	屋面天沟、檐沟	1. 材料品种、规格 2. 接缝、嵌缝材料种类	m²	按设计图示尺寸以展开面积计算	1. 天沟材料铺设 2. 天沟配件安装 3. 接缝、嵌缝 4. 刷防护材料
010902008	屋面变形缝	1. 嵌缝材料种类 2. 止水带材料种类 3. 盖缝材料 4. 防护材料种类	m	按设计图示以长度计算	1. 清缝 2. 填塞防水材料 3. 止水带安装 4. 盖缝制作、安装 5. 刷防护材料

表 5-47　墙面防水、防潮（编号：010903）

项目编码	项目名称	项目特征	计量单位	工程量计算规则	工作内容
010903001	墙面卷材防水	1. 卷材品种、规格、厚度 2. 防水层数 3. 防水层做法	m²	按设计图示尺寸以面积计算	1. 基层处理 2. 刷黏结剂 3. 铺防水卷材 4. 接缝、嵌缝
010903002	墙面涂膜防水	1. 防水膜品种 2. 涂膜厚度、遍数 3. 增强材料种类			1. 基层处理 2. 刷基层处理剂 3. 铺布、喷涂防水层
010903003	墙面砂浆防水（防潮）	1. 防水层做法 2. 砂浆厚度、配合比 3. 钢丝网规格			1. 基层处理 2. 挂钢丝网片 3. 设置分格缝 4. 砂浆制作、运输、摊铺、养护
010903004	墙面变形缝	1. 嵌缝材料种类 2. 止水带材料种类 3. 盖缝材料 4. 防护材料种类	m	按设计图示以长度计算	1. 清缝 2. 填塞防水材料 3. 止水带安装 4. 盖缝制作、安装 5. 刷防护材料

表 5-48　楼（地）面防水、防潮（编号：010904）

项目编码	项目名称	项目特征	计量单位	工程量计算规则	工作内容
010904001	楼（地）面卷材防水	1. 卷材品种、规格、厚度 2. 防水层数 3. 防水层做法 4. 反边高度	m²	按设计图示尺寸以面积计算。 　1. 楼（地）面防水：按主墙间净空面积计算，扣除凸出地面的构筑物、设备基础等所占面积，不扣除间壁墙及单个面积≤0.3m²柱、垛、烟囱和孔洞所占面积。 　2. 楼（地）面防水反边高度≤300mm算作地面防水，反边高度>300mm算作墙面防水	1. 基层处理 2. 刷黏结剂 3. 铺防水卷材 4. 接缝、嵌缝
010904002	楼（地）面涂膜防水	1. 防水膜品种 2. 涂膜厚度、遍数 3. 增强材料种类 4. 反边高度			1. 基层处理 2. 刷基层处理剂 3. 铺布、喷涂防水层
010904003	楼（地）面砂浆防水（防潮）	1. 防水层做法 2. 砂浆厚度、配合比 3. 反边高度			1. 基层处理 2. 砂浆制作、运输、摊铺、养护

续表

项目编码	项目名称	项目特征	计量单位	工程量计算规则	工作内容
010904004	楼(地)面变形缝	1. 嵌缝材料种类 2. 止水带材料种类 3. 盖缝材料 4. 防护材料种类	m	按设计图示以长度计算	1. 清缝 2. 填塞防水材料 3. 止水带安装 4. 盖缝制作、安装 5. 刷防护材料

二、屋面及防水工程的工程量计算规则

(一)瓦屋面和型材屋面的清单工程量和计价工程量计算规则

1. 相关概念

(1) 延尺系数 C　延尺系数 C 是指两坡屋面的坡度系数,实际是三角形的斜边与直角底边的比值,即:

$$C = 斜长/直角底边 = 1/\cos\theta$$

$$斜长 = (A^2 + B^2)^{1/2}$$

坡屋面示意图如图 5-63 所示。

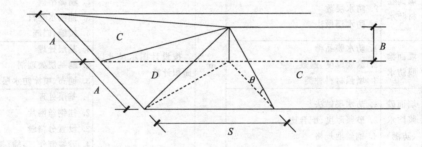

图 5-63　坡屋面示意图

注:1. 两坡排水屋面的面积为屋面水平投影面积乘以延尺系数 C;

2. 四坡排水屋面斜脊长度 $= A \times D$ (当 $S = A$ 时);

3. 两坡排水屋面的沿山墙泛水长度 $= A \times C$;

4. 坡屋面高度 $= B$。

(2) 隅延尺系数 D　隅延尺系数是指四坡屋面斜脊长度系数,实际是四坡排水屋面斜脊长度与直角底边的比值,即:

$$D = 四坡排水屋面斜脊长度/直角底边$$

$$四坡排水屋面斜脊长度 = (A^2 + 斜长^2)^{1/2} = AD$$

2. 瓦屋面和型材屋面的清单工程量计算规则与计价工程量计算规则相同,均是按设计图示尺寸以斜面积计算,不扣除房上烟囱、风帽底座、风道、小气窗、斜沟等所占面积,小气窗的出檐部分不增加面积。

斜屋面的面积 $S_实 = 屋面图示尺寸的水平投影面积 \, S_{水平} \times 延尺系数 \, C$

延尺系数(屋面坡度系数)可以直接查表 5-49。

表 5-49　屋面坡度系数表

坡　度			延尺系数 C	隔延尺系数 D
B(A=1)	高跨比(B/2A)	角度(θ)	(A=1)	(A=1)
1	1/2	45°	1.4142	1.7321
0.75		36°52′	1.2500	1.6008
0.70		35°	1.2207	1.5779
0.666	1/3	33°40′	1.2015	1.5620
0.65		33°01′	1.1926	1.5564
0.60		30°58′	1.1662	1.5362
0.577		30°	1.1547	1.5270
0.55		28°49′	1.1413	1.5170
0.50	1/4	26°34′	1.1180	1.5000
0.45		24°14′	1.0966	1.4839
0.40	1/5	21°48′	1.0770	1.4697
0.35		19°17′	1.0594	1.4569
0.30		16°42′	1.0440	1.4457
0.25		14°02′	1.0308	1.4362
0.20	1/10	11°19′	1.0198	1.4283
0.15		8°32′	1.0112	1.4221
0.125		7°8′	1.0078	1.4191
0.100	1/20	5°42′	1.0050	1.4177
0.083		4°45′	1.0035	1.4166
0.066	1/30	3°49′	1.0022	1.4157

提示

屋面坡度有三种表示方法，如图 5-64 所示。

(1) 用屋顶的高度与屋顶的跨度之比（简称高跨比）表示：$i=H/L$。

(2) 用屋顶的高度与屋顶的半跨之比（简称坡度）表示：$i=H/(L/2)$。

(3) 用屋面的斜面与水平面的夹角（θ）表示。

【例 5-16】　如图 5-65 为某四坡水泥瓦屋顶平面图，设计屋面坡度=0.5（即 $\theta=26°34′$，高跨比为 1/4），试计算：(1) 瓦屋面的清单工程量；(2) 全部屋脊长度。

【解】　(1) 瓦屋面的清单工程量

① 查屋面坡度延尺系数：$C=1.118$

② 屋面斜面积=$(30.84+0.5×2)×(15.24+0.5×2)×1.118=578.10(\text{m}^2)$

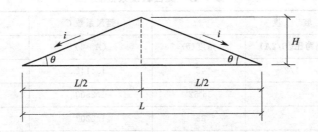

图 5-64　屋面坡度的表示方法

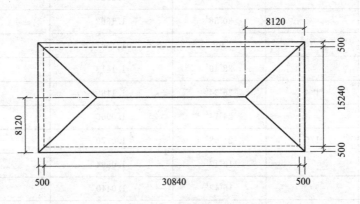

图 5-65　屋顶平面

清单工程量计算表见表 5-50。

表 5-50　清单工程量计算表

序号	项目编码	项目名称	项目特征描述	计量单位	工程量
1	010901001001	瓦屋面	水泥瓦屋面	m²	578.10

（2）全部屋脊长度

① 查屋面坡度隅延尺系数：$D=1.5$

② 屋面斜脊长度 $=AD=8.12\times1.5=12.18$（m）

③ 全部屋脊长度 $=(31.84-8.12\times2)+12.18\times4=64.32$（m）

（二）屋面防水及其他的清单工程量和计价工程量计算规则

屋面防水及其他主要包括屋面的防水工程、屋面的排水工程及屋面的变形缝三部分。

1. 屋面防水工程

屋面防水工程包括屋面卷材防水、屋面涂膜防水和屋面刚性层防水。

（1）屋面卷材、涂膜防水　其清单工程量计算规则与计价工程量计算规则相同，均是按设计图示尺寸以面积计算。斜屋顶（不包括平屋顶找坡）按斜面积计算；平屋顶按水平投影面积计算，不扣除房上烟囱、风帽底座、风道、屋面小气窗和斜沟所占面积；屋面的女儿墙、伸缩缝和天窗等处的弯起部分，按图示尺寸并入屋面工程量计算。如图示无规定时，女儿墙、伸缩缝的弯起部分可按 250mm 计算，天窗弯起部分可按 500mm 计算。

提 示

屋面防水搭接及附加层用量不另行计算，在综合单价中考虑，屋面的找平层、保温层按本规范相应项目另外编码列项。

（2）屋面刚性层防水 清单工程量计算规则也与计价工程量计算规则相同，均是按设计图示尺寸以面积计算，不扣除房上烟囱、风帽底座、风道等所占面积。

提 示

屋面刚性层无钢筋，其钢筋项目特征不必描述。

2. 屋面排水工程

（1）屋面排水管 其清单工程量应按设计图示尺寸以长度计算。如设计未标注尺寸，以檐口至设计室外散水上表面垂直距离计算。

其计价工程量应区别不同直径按图示尺寸以延长米计算，水斗、弯头、阳台出水口以个单外计算。水落管的长度应由水斗的下口算至设计室外地坪，泄水口的弯起部分不另增加。当水落管遇有外墙腰线，设计规定必须采用弯管绕过时，每个弯管长度折长按 250mm 计算。

如果是铁皮排水，则按图示尺寸以展开面积计算。

（2）屋面天沟、檐沟 其清单工程量按设计图示尺寸以展开面积计算。

计价工程量是按设计图示尺寸以面积计算，铁皮和卷材天沟均按展开面积计算。

3. 屋面变形缝

变形缝的清单工程量按设计图示尺寸以长度计算；其计价工程量要区分不同部位、不同材料以延长米计算，外墙变形缝如内外双面填缝者，计价工程量应按双面计算。

（三）墙面防水、防潮的清单工程量和计价工程量计算规则

（1）墙面卷材防水、涂膜防水、砂浆防水（防潮）的清单工程量和计价工程量计算规则相同，均按设计图示尺寸以面积计算。

（2）墙面变形缝的清单工程量和计价工程量计算规则相同，均按图示尺寸以长度计算。

提 示

墙面防水搭接及附加层用量不另行计算，在综合单价中考虑，墙面变形缝，若做了双面，工程量乘以 2，墙面找平层另外立项计算其清单工程量。

（四）楼（地）面防水、防潮的清单工程量和计价工程量计算规则

（1）楼（地）面卷材防水、涂膜防水、砂浆防水（潮）的清单工程量应按主墙间净空面积计算，扣除凸出地面的构筑物、设备基础等所占面积，不扣除间壁墙及单个面积≤0.3m² 柱、垛、烟囱和孔洞所占面积。当楼（地）面防水反边高度≤300mm 时，算作地面防水；当反边高度＞300mm，算作墙面防水。

（2）楼（地）面防水、防潮层的计价工程量也应按主墙间净空面积计算，扣除凸出地面的构筑物、设备基础等所占面积，不扣除间壁墙、柱、垛、烟囱和 0.3m² 以内孔洞所占面积。与墙面连接处高度在 500mm 以内者，按展开面积计算；超过 500mm 时，其立面部分的计价工程量全部按立面防水层计算。

（3）楼（地）面变形缝的工程量应按设计图示尺寸以长度计算。

提 示

楼地面防水搭接及附加层用量不另行计算，在综合单价中考虑，楼地面找平层按本规范相应的项目编码列项计算其清单工程量。

第八节　保温、隔热工程

一、保温、隔热工程的概念及方式

1. 保温、隔热工程

保温、隔热工程是指采用各种松散、板状、整体保温材料对需要保温的低温、中温和恒温的工业厂（库）房及公共民用建筑的屋面、天棚及墙柱面进行保温，对楼地面进行隔热的施工过程。

2. 保温、隔热的方式

保温、隔热的方式有内保温、外保温、夹心保温三种形式。

二、《房屋建筑与装饰工程工程量计算规范》中的相关解释说明

新版计算规范中保温、隔热工程主要包括：保温、隔热屋面；保温、隔热天棚；保温、隔热墙面；保温柱、梁；保温、隔热楼（地）面等。在《房屋建筑与装饰工程工程量计算规范（GB 50854—2013）》附录 K（保温、隔热、防腐工程）中，对保温、隔热、防腐工程量清单的项目设置、项目特征描述的内容、计量单位及工程量计算规则等做出了详细的规定。表 5-51 列出了部分常用项目的相关内容。

表 5-51　保温、隔热（编号：011001）

项目编码	项目名称	项目特征	计量单位	工程量计算规则	工作内容
011001001	保温隔热屋面	1. 保温隔热材料品种、规格、厚度 2. 隔气层材料品种、厚度 3. 黏结材料种类、做法 4. 防护材料种类、做法	m²	按设计图示尺寸以面积计算。扣除面积＞0.3m² 孔洞及占位面积	1. 基层清理 2. 刷黏结材料 3. 铺粘保温层 4. 铺、刷（喷）防护材料
011001002	保温隔热天棚	1. 保温隔热面层材料品种、规格、性能 2. 保温隔热材料品种、规格及厚度 3. 黏结材料种类及做法 4. 防护材料种类及做法		按设计图示尺寸以面积计算。扣除面积＞0.3m² 上柱、垛、孔洞所占面积，与天棚相连的梁按展开面积计算，并入天棚工程量内	

续表

项目编码	项目名称	项目特征	计量单位	工程量计算规则	工作内容
011001003	保温隔热墙面			按设计图示尺寸以面积计算。扣除门窗洞口以及面积＞0.3m² 梁、孔洞所占面积；门窗洞口侧壁需作保温时，并入保温墙体工程量内	1. 基层清理 2. 刷界面剂
011001004	保温柱、梁	1. 保温隔热部位 2. 保温隔热方式 3. 踢脚线、勒脚线保温做法 4. 龙骨材料品种、规格 5. 保温隔热面层材料品种、规格、性能 6. 保温隔热材料品种、规格及厚度 7. 增强网及抗裂防水砂浆种类 8. 黏结材料种类及做法 9. 防护材料种类及做法	m²	按设计图示尺寸以面积计算。 　1. 柱按设计图示柱断面保温层中心线展开长度乘保温层高度以面积计算，扣除面积＞0.3m² 梁所占面积。 　2. 梁按设计图示梁断面保温层中心线展开长度乘保温层长度以面积计算	3. 安装龙骨 4. 填贴保温材料 5. 保温板安装 6. 粘贴面层 7. 铺设增强格网、抹抗裂、防水砂浆面层 8. 嵌缝 9. 铺、刷(喷)防护材料
011001005	保温隔热楼地面	1. 保温隔热部位 2. 保温隔热材料品种、规格、厚度 3. 隔气层材料品种、厚度 4. 黏结材料种类、做法 5. 防护材料种类、做法		按设计图示尺寸以面积计算。扣除面积＞0.3m² 柱、垛、孔洞所占面积。门洞、空圈、暖气包槽、壁龛的开口部分不增加面积	1. 基层清理 2. 刷黏结材料 3. 铺粘保温层 4. 铺、刷(喷)防护材料

三、工程量计算规则

（一）保温、隔热层的清单工程量计算规则

（1）保温、隔热屋面：按设计图示尺寸以面积计算。扣除面积＞0.3m² 孔洞及占位面积。

（2）保温、隔热天棚：按设计图示尺寸以面积计算。扣除面积＞0.3m² 上柱、垛、孔洞所占面积，与天棚相连的梁按展开面积计算，并入天棚保温层的清单工程量内。

（3）保温、隔热墙面：按设计图示尺寸以面积计算。扣除门窗洞口及面积＞0.3m² 梁、孔洞所占面积；门窗洞口侧壁需作保温时，并入保温墙体工程量内。

（4）保温柱（梁）：按设计图示尺寸以面积计算。

① 柱按设计图示的柱断面保温层中心线展开长度乘以保温层高度，以面积计算，扣除面积＞0.3m² 的梁断面所占面积；

② 梁按设计图示的梁断面保温层中心线展开周长乘以保温层长度，以面积计算。

（5）保温、隔热楼（地）面：按设计图示尺寸以面积计算。扣除面积＞0.3m² 柱、垛、孔洞所占面积，门洞、空圈、暖气包槽、壁龛的开口部分不增加面积。

提示

1. 保温、隔热装饰面层，按本规范相关项目编码列项；

2. 柱帽保温隔热并入天棚保温、隔热工程量内；

3. 保温柱（梁）适用不与墙、天棚相连的独立柱、梁。

（二）保温、隔热层的计价工程量计算规则

（1）屋面保温、隔热层应区分不同材料，按设计图示尺寸以立方米和平方米计算。

（2）墙体保温、隔热层也应区分不同材料，按设计图示尺寸以立方米和平方米计算。保温层的长度，外墙按保温层中心线计算，内墙按保温层的净长线计算。应扣除门窗洞口和管道穿墙洞口等所占的工程量，洞口侧壁需做保温时，按图示设计尺寸计算并入保温墙体的工程量内。

（3）楼（地）面保温、隔热层，除干铺聚苯乙烯板（挤塑板）按设计图示尺寸以平方米计算外，其余保温材料的计价工程量均按结构墙体间净面积乘以设计厚度以立方米计算，不扣除柱、垛所占体积。

（4）外墙保温（浆料）腰线、门窗套、挑檐等零星项目，按设计图示尺寸展开面积以平方米计算。

（5）其他保温、隔热层的计价工程量

① 柱包保温隔热层，按图示的柱垛保温隔热层中心线的展开长度乘以图示尺寸高度及厚度，以立方米计算。柱帽保温隔热层按图示的保温隔热层体积并入天棚保温隔热层的计价工程量内。

② 天棚保温隔热层：沥青贴软木板、聚苯乙烯板按围护结构墙体间净面积乘以设计厚度，以立方米计算，不扣除柱、垛所占体积；胶浆粉黏结剂粘贴聚苯乙烯板保温隔热层按设计铺贴尺寸，以平方米计算。

③ 池槽隔热层按图示尺寸以立方米计算，其中，池壁按墙体、池壁按地面分别套用相应定额。

（三）找坡层的计价工程量计算规则

屋面找坡层的计价工程量按图示水平投影面积乘以平均厚度，以立方米计算。平均厚度的计算如图 5-66 所示。

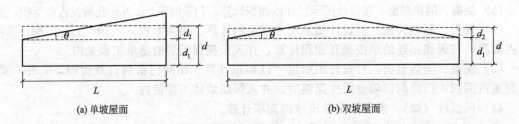

(a) 单坡屋面　　　　　　　　　　　　　(b) 双坡屋面

图 5-66　屋面找坡层平均厚度计算示意图

（1）单坡屋面平均厚度：

$$d = d_1 + d_2 = d_1 + iL/2$$

（2）双坡屋面平均厚度：

$$d = d_1 + d_2 = d_1 + iL/4$$

式中　d——厚度，m；

i——坡度系数（$i = \tan\theta$）；

θ——屋面倾斜角。

【例 5-17】 某双坡屋面尺寸如图 5-67 所示，其自下而上的做法是：预制钢筋混凝土板上铺水泥珍珠岩保温层，坡度系数为 2%，保温层最薄处为 60mm；20mm 厚 1：2 水泥砂浆（特细砂）找平层；三毡四油防水层（上卷 250mm）。试计算屋面保温层的计价工程量和清单工程量。

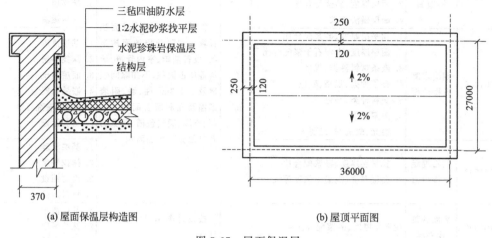

图 5-67　屋面保温层

【解】　（1）计价工程量

屋面水泥珍珠岩保温层的计价工程量应按图示设计尺寸面积乘以平均厚度，以立方米计算。

① 屋面保温层的面积：$(36-0.12\times2)\times(27-0.12\times2)=956.94(m^2)$

② 保温层的平均厚度：$0.06+2\%\times(27-0.12\times2)\div4=0.1938(m)$

③ 保温层的计价工程量：$956.94\times0.1938=185.46(m^3)$

（2）清单工程量：$(36-0.12\times2)\times(27-0.12\times2)=956.94(m^2)$

清单工程量计算表见表 5-52。

表 5-52　清单工程量计算表

序号	项目编码	项目名称	项目特征描述	计量单位	工程量
1	011001001001	保温隔热屋面	三毡四油防水层，1：2 水泥砂浆找平层，水泥珍珠岩保温层	m²	956.94

第九节　楼地面装饰工程

一、《房屋建筑与装饰工程工程量计算规范》中的相关解释说明

新版计算规范中楼地面装饰工程主要包括整体面层及找平层、块料面层、踢脚线、楼梯面层、台阶装饰、零星装饰项目等。在《房屋建筑与装饰工程工程量计算规范（GB 50854—2013）》附录 L（楼地面装饰工程）中，对楼地面装饰工程量清单的项目设置、项目特征描述的内容、计量单位及工程量计算规则等做出了详细的规定。表 5-53～表 5-57 列出了部分常用项目的相关内容。

表 5-53　整体面层及找平层（编号：011101）

项目编码	项目名称	项目特征	计量单位	工程量计算规则	工作内容
011101001	水泥砂浆楼地面	1. 找平层厚度、砂浆配合比 2. 素水泥浆遍数 3. 面层厚度、砂浆配合比 4. 面层做法要求	m²	按设计图示尺寸以面积计算。扣除凸出地面构筑物、设备基础、室内管道、地沟等所占面积，不扣除间壁墙及≤0.3m²柱、垛、附墙烟囱及孔洞所占面积。门洞、空圈、暖气包槽、壁龛的开口部分不增加面积	1. 基层清理 2. 抹找平层 3. 抹面层 4. 材料运输
011101002	现浇水磨石楼地面	1. 找平层厚度、砂浆配合比 2. 面层厚度、水泥石子浆配合比 3. 嵌条材料种类、规格 4. 石子种类、规格、颜色 5. 颜料种类、颜色 6. 图案要求 7. 磨光、酸洗、打蜡要求			1. 基层清理 2. 抹找平层 3. 面层铺设 4. 嵌缝条安装 5. 磨光、酸洗打蜡 6. 材料运输
011101003	细石混凝土楼地面	1. 找平层厚度、砂浆配合比 2. 面层厚度、混凝土强度等级			1. 基层清理 2. 抹找平层 3. 面层铺设 4. 材料运输
011101006	平面砂浆找平层	找平层厚度、砂浆配合比		按设计图示尺寸以面积计算	1. 基层清理 2. 抹找平层 3. 材料运输

表 5-54　块料面层（编号：011102）

项目编码	项目名称	项目特征	计量单位	工程量计算规则	工作内容
011102001	石材楼地面	1. 找平层厚度、砂浆配合比 2. 结合层厚度、砂浆配合比 3. 面层材料品种、规格、颜色 4. 嵌缝材料种类 5. 防护层材料种类 6. 酸洗、打蜡要求	m²	按设计图示尺寸以面积计算。门洞、空圈、暖气包槽、壁龛的开口部分并入相应的工程量内	1. 基层清理 2. 抹找平层 3. 面层铺设、磨边 4. 嵌缝 5. 刷防护材料 6. 酸洗、打蜡 7. 材料运输
011102002	碎石材楼地面				
011102003	块料楼地面				

表 5-55　踢脚线（编号：011105）

项目编码	项目名称	项目特征	计量单位	工程量计算规则	工作内容
011105001	水泥砂浆踢脚线	1. 踢脚线高度 2. 底层厚度、砂浆配合比 3. 面层厚度、砂浆配合比			1. 基层清理 2. 底层和面层抹灰 3. 材料运输
011105002	石材踢脚线			1. 以平方米计量，按设计图示长度乘高度以面积计算。 2. 以米计量，按延长米计算。	1. 基层清理 2. 底层抹灰 3. 面层铺贴、磨边 4. 擦缝 5. 磨光、酸洗、打蜡 6. 刷防护材料 7. 材料运输
011105003	块料踢脚线	1. 踢脚线高度 2. 粘贴层厚度、材料种类 3. 面层材料品种、规格、颜色 4. 防护材料种类	1. m² 2. m		
011105004	塑料板踢脚线	1. 踢脚线高度 2. 黏结层厚度、材料种类 3. 面层材料种类、规格、颜色			1. 基层清理 2. 基层铺贴 3. 面层铺贴 4. 材料运输
011105005	木质踢脚线	1. 踢脚线高度 2. 基层材料种类、规格 3. 面层材料品种、规格、颜色			

表 5-56　楼梯面层（编号：011106）

项目编码	项目名称	项目特征	计量单位	工程量计算规则	工作内容
011106001	石材楼梯面层	1. 找平层厚度、砂浆配合比 2. 黏结层厚度、材料种类 3. 面层材料品种、规格、颜色 4. 防滑条材料种类、规格 5. 勾缝材料种类 6. 防护材料种类 7. 酸洗、打蜡要求	m²	按设计图示尺寸以楼梯（包括踏步、休息平台及≤500mm的楼梯井）水平投影面积计算。楼梯与楼地面相连时，算至梯口梁内侧边沿；无梯口梁者，算至最上一层踏步边沿加300mm	1. 基层清理 2. 抹找平层 3. 面层铺贴、磨边 4. 贴嵌防滑条 5. 勾缝 6. 刷防护材料 7. 酸洗、打蜡 8. 材料运输
011106002	块料楼梯面层				
011106003	拼碎块料面层				
011106004	水泥砂浆楼梯面层	1. 找平层厚度、砂浆配合比 2. 面层厚度、砂浆配合比 3. 防滑条材料种类、规格			1. 基层清理 2. 抹找平层 3. 抹面层 4. 抹防滑条 5. 材料运输
011106005	现浇水磨石楼梯面层	1. 找平层厚度、砂浆配合比 2. 面层厚度、水泥石子浆配合比 3. 防滑条材料种类、规格 4. 石子种类、规格、颜色 5. 颜料种类、颜色 6. 磨光、酸洗打蜡要求			1. 基层清理 2. 抹找平层 3. 抹面层 4. 贴嵌防滑条 5. 磨光、酸洗、打蜡 6. 材料运输
011106007	木板楼梯面层	1. 基层材料种类、规格 2. 面层材料品种、规格、颜色 3. 黏结材料种类 4. 防护材料种类			1. 基层清理 2. 基层铺贴 3. 面层铺贴 4. 刷防护材料 5. 材料运输

表 5-57　台阶装饰（编号：011107）

项目编码	项目名称	项目特征	计量单位	工程量计算规则	工作内容
011107001	石材台阶面	1. 找平层厚度、砂浆配合比 2. 黏结层材料种类 3. 面层材料品种、规格、颜色 4. 勾缝材料种类 5. 防滑条材料种类、规格 6. 防护材料种类	m²	按设计图示尺寸以台阶（包括最上层踏步边沿加300mm）水平投影面积计算	1. 基层清理 2. 抹找平层 3. 面层铺贴 4. 贴嵌防滑条 5. 勾缝 6. 刷防护材料 7. 材料运输
011107002	块料台阶面				
011107003	拼碎块料台阶面				
011107004	水泥砂浆台阶面	1. 找平层厚度、砂浆配合比 2. 面层厚度、砂浆配合比 3. 防滑条材料种类			1. 基层清理 2. 抹找平层 3. 抹面层 4. 抹防滑条 5. 材料运输

二、工程量计算规则

（一）整体面层及找平层的清单工程量和计价工程量计算规则

1. 整体面层的清单工程量计算规则

整体面层的清单工程量按设计图示尺寸以面积计算。扣除凸出地面的构筑物、设备基础、室内管道、地沟等所占面积，不扣除间壁墙及≤0.3m²的柱、垛、附墙烟囱及孔洞所占的面积，但门洞、空圈、暖气包槽及壁龛等开口部分也不增加。

2. 平面砂浆找平层的清单工程量计算规则

清单工程量按设计图示尺寸以面积计算。

 提示

水泥砂浆面层处理是拉毛还是提浆压光应在做法要求中描述；平面砂浆找平层只适用于仅做找平层的平面抹灰；楼地面混凝土垫层另按附录E.1垫层项目编码列项，其他材料垫层按D.4垫层项目编码列项。

3. 整体面层的计价工程量计算规则

楼地面整体面层的计价工程量按设计图示尺寸以实抹面积计算。扣除凸出地面的构筑物、设备基础、室内管道、地沟等所占面积（不需做面层的地沟盖板所占面积亦应扣除），不扣除间壁墙及≤0.3m² 的柱、垛、附墙烟囱及孔洞所占的面积，但门洞、空圈、暖气包槽及壁龛等开口部分并入相应的计价工程量中。

4. 找平层的计价工程量计算规则

找平层的计价工程量按主墙间的净空面积以平方米计算。扣除凸出地面的构筑物、设备基础、室内管道、地沟等所占面积（不需做面层的地沟盖板所占面积亦应扣除），不扣除间壁墙及≤0.3m² 的柱、垛、附墙烟囱及孔洞所占的面积，但门洞、空圈、暖气包槽及壁龛等开口部分并入相应的计价工程量中。

（二）楼地面块料面层的清单和计价工程量计算规则

1. 楼地面块料面层的清单工程量计算规则

按设计图示尺寸以面积计算。门洞、空圈、暖气包槽、壁龛的开口部分并入相应的工程量内。

2. 楼地面块料面层的计价工程量计算规则

应按设计图示，饰面外围尺寸以实铺面积计算。不扣除单个面积在 0.3m² 以内孔洞所占面积，门洞、空圈、暖气包槽、壁龛的开口部分并入相应的计价工程量中。

（三）踢脚线的清单工程量和计价工程量计算规则

1. 踢脚线的清单工程量计算规则

踢脚线的清单工程量计算规则主要有两种：

（1）以平方米计量，按设计图示长度乘以高度，以面积计算；

（2）以米计量，按延长米计算。

【例5-18】 如图5-68所示为某工程地面施工图，已知地面为现浇水磨石面层，踢脚线为150mm高水磨石。其中100mm厚的内墙为起分隔作用的空心石膏板。请分别计算水磨石地面和水磨石踢脚线的清单工程量。

【解】 （1）水磨石地面的清单工程量

因为既不扣除间壁墙所占面积，也不增加门洞所占面积，所以

$S_{地面}=(5.7×2-0.24)×(3.3-0.24)+(3.3-0.24)×(5.1-0.24)×2+(5.7×2-3.3×2-0.24)×(5.1-0.24)=86.05(m^2)$

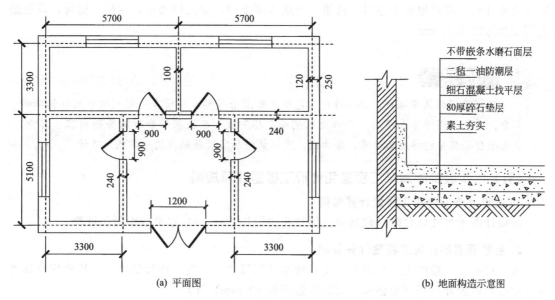

图 5-68　某工程地面施工图

（2）水磨石踢脚线的清单工程量

① 按延长米计算：

$[(5.7-0.12-0.05+3.3-0.24)\times2-0.9]\times2+[(5.1-0.24+3.3-0.24)\times2-0.9]\times2+[(4.8-0.24+5.1-0.24)\times2-1.2-4\times0.9]+(8\times0.24+2\times0.37)$

$=16.28\times2+14.94\times2+14.04+2.66=79.14(m)$

② 按实抹面积计算：$79.14\times0.15=11.87(m^2)$

清单工程量计算表见表 5-58。

表 5-58　清单工程量计算表

序号	项目编码	项目名称	项目特征描述	计量单位	工程量
1	011101002001	现浇水磨石楼地面	80mm 厚碎石垫层，细石混凝土找平层，二毡一油防潮层，水磨石面层	m²	86.05
2	011105002001	现浇水磨石踢脚线	150mm 高水磨石	m²	11.87

2. 踢脚线的计价工程量计算规则

按设计图示，饰面外围尺寸实铺长度乘以高度以面积计算；锯齿形踢脚线按设计图示，饰面外围尺寸实铺斜长乘以垂直于斜长的高，以面积计算，锯齿部分的面积不计算。

（四）楼梯面层的清单工程量和计价工程量计算规则

1. 楼梯面层的清单工程量计算规则

按设计图示尺寸以楼梯（包括踏步、休息平台及≤500mm 的楼梯井）水平投影面积计算。楼梯与楼地面相连时，算至梯口梁内侧边沿；无梯口梁者，算至最上一层踏步边沿加 300mm。

2. 楼梯面层的计价工程量计算规则

对于整体面层的楼梯按设计尺寸以展开面积计算。与楼地面相连时，从第一个踏步算至梯口梁内侧边沿；无梯口梁者，算至最上层踏步边沿加 300mm。

对于块料、橡胶塑料、木竹地板及其他材料面层的楼梯，按设计图示，饰面外围尺寸以展开面积计算。与楼地面相连时，从第一个踏步算至梯口梁内侧边沿；无梯口梁者，算至最上层踏步边沿加300mm。

> **提示**
>
> 　　楼梯面层的清单项目，其工作内容包括抹防滑条或贴嵌防滑条；定额项目只包括踏步部分，不包括楼梯休息平台、踏步两端侧面、踢脚线、底板装饰和防滑条的内容。其中，休息平台面层应按楼地面计算，踢脚线、底板装饰和防滑条贴嵌均应单独列项计算。

（五）台阶装饰的清单工程量和计价工程量计算规则

1. 台阶装饰的清单工程量计算规则

按设计图示尺寸以台阶（包括最上层踏步边沿加300mm）水平投影面积计算。

2. 台阶面层的计价工程量计算规则

按设计尺寸（整体面层）或设计图示饰面外围尺寸（块料、橡胶塑料、木竹地板及其他材料面层）以展开面积（包括最上层踏步边沿加300mm）计算。

第十节　墙、柱面装饰与隔断、幕墙工程

一、《房屋建筑与装饰工程工程量计算规范》中的相关解释说明

　　13版房屋建筑与装饰工程工程量计算规范中墙、柱面装饰与隔断、幕墙工程包括：墙面抹灰、柱梁面抹灰、零星抹灰、墙面块料面层、柱（梁）面镶贴块料、镶贴零星块料、墙饰面、柱（梁）饰面、幕墙工程、隔断。在《房屋建筑与装饰工程工程量计算规范（GB 50854—2013）》附录M（墙、柱面装饰与隔断、幕墙工程）中，对墙、柱面装饰与隔断、幕墙工程量清单的项目设置、项目特征描述的内容、计量单位及工程量计算规则等做出了详细的规定。表5-59～表5-63列出了部分常用项目的相关内容。

表5-59　墙面抹灰（编号：011201）

项目编码	项目名称	项目特征	计量单位	工程量计算规则	工作内容
011201001	墙面一般抹灰	1. 墙体类型 2. 底层厚度、砂浆配合比 3. 面层厚度、砂浆配合比 4. 装饰面材料种类 5. 分格缝宽度、材料种类	m²	按设计图示尺寸以面积计算。扣除墙裙、门窗洞口及单个>0.3m²的孔洞面积，不扣除踢脚线、挂镜线和墙与构件交接处的面积，门窗洞口和孔洞的侧壁及顶面不增加面积。附墙柱、梁、垛、烟囱侧壁并入相应的墙面面积内。	1. 基层清理 2. 砂浆制作、运输 3. 底层抹灰 4. 抹面层 5. 抹装饰面 6. 勾分格缝
011201002	墙面装饰抹灰			1. 外墙抹灰面积按外墙垂直投影面积计算 2. 外墙裙抹灰面积按其长度乘以高度计算 3. 内墙抹灰面积按主墙间的净长乘以高度计算 （1）无墙裙的，高度按室内楼地面至天棚底面计算	
011201003	墙面勾缝	1. 勾缝类型 2. 勾缝材料种类		（2）有墙裙的，高度按墙裙顶至天棚底面计算 （3）有吊顶天棚抹灰，高度算至天棚底	1. 基层清理 2. 砂浆制作、运输 3. 勾缝
011201004	立面砂浆找平层	1. 基层类型 2. 找平的砂浆厚度、配合比		4. 内墙裙抹灰面按内墙净长乘以高度计算	1. 基层清理 2. 砂浆制作、运输 3. 抹灰找平

表 5-60　柱（梁）面抹灰（编号：011202）

项目编码	项目名称	项目特征	计量单位	工程量计算规则	工作内容
011202001	柱、梁面一般抹灰	1. 柱体类型 2. 底层厚度、砂浆配合比 3. 面层厚度、砂浆配合比 4. 装饰面材料种类 5. 分格缝宽度、材料种类	m²	1. 柱面抹灰：按设计图示柱断面周长乘高度以面积计算 2. 梁面抹灰：按设计图示梁断面周长乘长度以面积计算	1. 基层清理 2. 砂浆制作、运输 3. 底层抹灰 4. 抹面层 5. 勾分格缝
011202002	柱、梁面装饰抹灰				
011202003	柱、梁面砂浆找平	1. 柱（梁）体类型 2. 找平的砂浆厚度、配合比			1. 基层清理 2. 砂浆制作、运输 3. 抹灰找平
011202004	柱面勾缝	1. 勾缝类型 2. 勾缝材料种类		按设计图示柱断面周长乘高度以面积计算	1. 基层清理 2. 砂浆制作、运输 3. 勾缝

表 5-61　墙面块料面层（编号：011204）

项目编码	项目名称	项目特征	计量单位	工程量计算规则	工作内容
011204001	石材墙面	1. 墙体类型 2. 安装方式	m²	按镶贴表面积计算	1. 基层清理 2. 砂浆制作、运输 3. 黏结层铺贴 4. 面层安装 5. 嵌缝 6. 刷防护材料 7. 磨光、酸洗、打蜡
011204002	拼碎石材墙面	3. 面层材料品种、规格、颜色 4. 缝宽、嵌缝材料种类 5. 防护材料种类 6. 磨光、酸洗、打蜡要求			
011204003	块料墙面				
011204004	干挂石材钢骨架	1. 骨架种类、规格 2. 防锈漆品种遍数	t	按设计图示以质量计算	1. 骨架制作、运输、安装 2. 刷漆

表 5-62　柱（梁）面镶贴块料（编号：011205）

项目编码	项目名称	项目特征	计量单位	工程量计算规则	工作内容
011205001	石材柱面	1. 柱截面类型、尺寸 2. 安装方式	m²	按镶贴表面积计算	1. 基层清理 2. 砂浆制作、运输 3. 黏结层铺贴 4. 面层安装 5. 嵌缝 6. 刷防护材料 7. 磨光、酸洗、打蜡
011205002	块料柱面	3. 面层材料品种、规格、颜色 4. 缝宽、嵌缝材料种类 5. 防护材料种类 6. 磨光、酸洗、打蜡要求			
011205003	拼碎块柱面				
011205004	石材梁面	1. 安装方式 2. 面层材料品种、规格、颜色 3. 缝宽、嵌缝材料种类 4. 防护材料种类 5. 磨光、酸洗、打蜡要求			
011205005	块料梁面				

表 5-63　幕墙工程（编号：011209）

项目编码	项目名称	项目特征	计量单位	工程量计算规则	工作内容
011209001	带骨架幕墙	1. 骨架材料种类、规格、中距 2. 面层材料品种、规格、颜色 3. 面层固定方式 4. 隔离带、框边封闭材料品种、规格 5. 嵌缝、塞口材料种类	m²	按设计图示框外围尺寸以面积计算。与幕墙同材质的窗所占面积不扣除	1. 骨架制作、运输、安装 2. 面层安装 3. 隔离带、框边封闭 4. 嵌缝、塞口 5. 清洗
011209002	全玻（无框玻璃）幕墙	1. 玻璃品种、规格、颜色 2. 黏结塞口材料种类 3. 固定方式		按设计图示尺寸以面积计算。带肋全玻幕墙按展开面积计算	1. 幕墙安装 2. 嵌缝、塞口 3. 清洗

二、工程量计算规则

（一）墙面抹灰的清单工程量和计价工程量计算规则

1. 墙面抹灰的清单工程量计算规则

按设计图示尺寸以面积计算。扣除墙裙、门窗洞口及单个>0.3m³的孔洞面积，不扣除踢脚线、挂镜线和墙与构件交接处的面积，门窗洞口和孔洞的侧壁及顶面不增加面积。附墙柱、梁、垛、烟囱侧壁并入相应的墙面面积内，具体如下。

（1）外墙抹灰面积按外墙垂直投影面积计算。

（2）外墙裙抹灰面积按其长度乘以高度计算。

（3）内墙抹灰面积按主墙间的净长乘以高度计算：

① 无墙裙的，高度按室内楼地面至天棚底面计算；

② 有墙裙的，高度按墙裙顶至天棚底面计算；

③ 有吊顶天棚抹灰，高度算到天棚底。

（4）内墙裙抹灰面按内墙净长乘以高度计算。

提示

1. 立面砂浆找平项目适用于仅做找平层的立面抹灰。

2. 飘窗凸出外墙面增加的抹灰并入外墙工程量内。

3. 有吊顶天棚的内墙抹灰，抹到吊顶以上部分在综合单价中考虑。

2. 墙面抹灰的计价工程量计算规则

（1）墙面抹灰的计价工程量计算规则与清单规则基本相同。所不同的是，有天棚吊顶的内墙、柱面抹灰，其高度按室内地面或楼面至吊顶底面另加100mm计算。

（2）墙面勾缝的计价工程量按墙面垂直投影面积计算。扣除墙裙和墙面抹灰面积，不扣除门窗套和腰线等零星抹灰和门窗洞口所占面积，垛和门窗侧面的勾缝面积亦不增加。

【例5-19】 如图5-69所示为某单层小型住宅平面图，室外地坪标高为−0.3m，屋面板顶面标高为3.3m，外墙上均有女儿墙，高600mm；预制楼板厚度为120mm；内侧墙面为石灰砂浆抹面，外侧墙面及女儿墙均为混合砂浆抹面；外墙厚365mm，内墙厚240mm，门洞尺寸均为900mm×2100mm，窗洞尺寸均为1800mm×1500mm，门窗框厚均为90mm，安装于墙体中间，试计算：

（1）内侧墙面石灰砂浆抹面的清单工程量；

（2）外侧墙面混合砂浆抹面的清单工程量。

【解】（1）内侧墙面石灰砂浆抹面的清单工程量

① 内侧墙面总长＝(2.1−0.24＋2.1＋3−0.24)×2×2＋(3.6−0.24＋3−0.24)×2＋(3.6−0.24＋2.1−0.24)×2＝49.56(m)

② 内侧墙面石灰砂浆抹面高度＝3.3−0.12＝3.18(m)

③ 需扣除的门窗洞口面积＝1.8×1.5×3＋0.9×2.1×7＝21.33(m²)

④ 清单中规定计算墙面抹灰工程量时，不增加门窗洞口侧壁的面积，所以内侧墙面石灰砂浆抹面的工程量＝49.56×3.18−21.33＝136.27(m²)

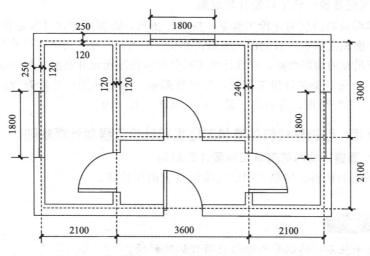

图 5-69　小型住宅平面图

（2）外侧墙面混合砂浆抹面的清单工程量

① 外侧墙面总长＝（2.1×2＋3.6＋0.25×2＋2.1＋3＋0.25×2）×2＝27.8（m）

② 外侧墙面混合砂浆抹面高度＝0.3＋3.3＋0.6＝4.2（m）

③ 需扣除的门窗洞口面积＝1.8×1.5×3＋0.9×2.1＝9.99（m²）

④ 外侧墙面混合砂浆抹面的工程量＝27.8×4.2－9.99＝106.77（m²）

清单工程量计算表见表 5-64。

表 5-64　清单工程量计算表

序号	项目编码	项目名称	项目特征描述	计量单位	工程量
1	011201001001	墙面一般抹灰	内墙，石灰砂浆	m²	136.27
2	011201001002	墙面一般抹灰	外墙，混合砂浆	m²	106.77

（二）柱（梁）面抹灰的清单工程量和计价工程量计算规则

1. 柱（梁）面抹灰的清单工程量计算规则

（1）柱面一般抹灰、装饰抹灰和砂浆找平的清单工程量：按设计图示，柱断面周长乘以高度以面积计算。

（2）梁面一般抹灰、装饰抹灰和砂浆找平的清单工程量：按设计图示，梁断面周长乘以长度以面积计算。

（3）柱面勾缝的清单工程量：按设计图示，柱断面周长乘以高度，以面积计算。

2. 柱（梁）面抹灰的计价工程量计算规则

独立柱（梁）抹灰按设计图示尺寸，周长乘以柱（梁）的高度（长度）以面积计算。有天棚吊顶的柱面抹灰，其高度按室内地面或楼面至吊顶底面另加 100mm 计算。

（三）墙面块料面层的清单工程量和计价工程量计算规则

1. 墙面块料面层的清单工程量计算规则

干挂石材钢骨架的清单工程量按设计图示以质量计算。

石材墙面、拼碎石材墙面、块料墙面的清单工程量按镶贴表面积计算。

2. 墙面块料面层的计价工程量计算规则

（1）墙面镶贴块料面层的计价工程量：按设计图示，饰面外围尺寸实贴面积以"m²"计算。不扣除单个面积在 0.3m² 以内的孔洞所占面积，附墙柱（梁）并入墙面块料面层的计价工程量内。有天棚吊顶的块料墙面，计算计价工程量时应按图示尺寸高度另加 100mm 计算。

（2）干挂石材钢骨架的计价工程量：按设计图示，饰面外围尺寸垂直投影面积以"m²"计算或按重量以"t"计算，附墙柱（梁）并入墙面工程量内。

（四）柱（梁）面镶贴块料的清单工程量和计价工程量计算规则

1. 柱（梁）面镶贴块料的清单工程量计算规则

柱（梁）面镶贴块料的清单工程量均按镶贴表面积计算。

> **提示**
>
> 柱梁面干挂石材的钢骨架按相应项目编码列项。

2. 柱（梁）面镶贴块料的计价工程量计算规则

按设计图示，饰面外围周长尺寸乘以块料镶贴高度（长度）以面积计算。有天棚吊顶的块料柱面，计算计价工程量时应按图示尺寸高度另加 100mm 计算。

独立柱（梁）装饰龙骨的计价工程量按设计图示，饰面外围周长尺寸乘以装饰高度（长度）以"m²"计算或按重量以"t"计算。

（五）幕墙工程的清单工程量和计价工程量计算规则

1. 幕墙工程包括哪些？

幕墙工程包括带骨架幕墙和全玻（无框玻璃）幕墙。

2. 幕墙工程的清单工程量计算规则

（1）带骨架幕墙按设计图示框外围尺寸以面积计算，与幕墙同种材质的窗所占面积不扣除；

（2）全玻璃幕墙按设计图示尺寸以面积计算，带肋全玻璃幕墙按展开面积计算。

> **提示**
>
> 幕墙钢骨架按干挂石材钢骨架项目编码列项。

3. 幕墙的计价工程量计算规则

（1）玻璃幕墙、金属幕墙按设计图示框外围尺寸以面积计算，扣除窗所占面积；

（2）全玻璃幕墙按设计图示尺寸以面积计算，带玻璃肋者，其计价工程量并入幕墙工程量中；

（3）幕墙上悬窗按设计图示，窗扇面积以平方米计算。

第十一节 天 棚 工 程

一、《房屋建筑与装饰工程工程量计算规范》中的相关解释说明

天棚工程包括：天棚抹灰、天棚吊顶、采光天棚等。在《房屋建筑与装饰工程工程量计

算规范（GB 50854—2013）》附录 N（天棚工程）中，对天棚工程工程量清单的项目设置、项目特征描述的内容、计量单位及工程量计算规则等做出了详细的规定。表 5-65 列出了部分常用项目的相关内容。

表 5-65　天棚抹灰（编号：011301）及天棚吊顶（编号：011302）

项目编码	项目名称	项目特征	计量单位	工程量计算规则	工作内容
011301001	天棚抹灰	1. 基层类型 2. 抹灰厚度、材料种类 3. 砂浆配合比	m²	按设计图示尺寸以水平投影面积计算。不扣除间壁墙、垛、柱、附墙烟囱、检查口和管道所占的面积，带梁天棚的梁两侧抹灰面积并入天棚面积内，板式楼梯底面抹灰按斜面积计算，锯齿形楼梯底板抹灰按展开面积计算	1. 基层清理 2. 底层抹灰 3. 抹面层
011302001	吊顶天棚	1. 吊顶形式、吊杆规格、高度 2. 龙骨材料种类、规格、中距 3. 基层材料种类、规格 4. 面层材料品种、规格 5. 压条材料种类、规格 6. 嵌缝材料种类 7. 防护材料种类	m²	按设计图示尺寸以水平投影面积计算。天棚面中的灯槽及跌级、锯齿形、吊挂式、藻井式天棚面积不展开计算。不扣除间壁墙、检查口、附墙烟囱、柱垛和管道所占面积，扣除单个＞0.3m² 的孔洞、独立柱及与天棚相连的窗帘盒所占的面积	1. 基层清理、吊杆安装 2. 龙骨安装 3. 基层板铺贴 4. 面层铺贴 5. 嵌缝 6. 刷防护材料

二、工程量计算规则

（一）天棚抹灰的清单工程量和计价工程量计算规则

天棚抹灰的清单工程量和计价工程量计算规则相同，均按设计图示尺寸以水平投影面积计算。不扣除间壁墙、垛、柱、附墙烟囱、检查口和管道所占的面积，带梁天棚的梁两侧抹灰面积并入天棚面积内，板式楼梯底面抹灰按斜面积计算，锯齿形楼梯底板抹灰按展开面积计算。

（二）吊顶天棚的清单工程量和计价工程量计算规则

1. 吊顶天棚的清单工程量计算规则

吊顶天棚的清单工程量按设计图示尺寸以水平投影面积计算。天棚面中的灯槽及跌级、锯齿形、吊挂式、藻井式天棚面积不展开计算。不扣除间壁墙、检查口、附墙烟囱、柱垛和管道所占面积，扣除单个＞0.3m² 的孔洞、独立柱及与天棚相连的窗帘盒所占的面积。

2. 吊顶天棚的计价工程量计算规则

平面吊顶龙骨按设计图示尺寸，主墙间净空面积以"m²"计算或按重量以"t"计算，不扣除间壁墙、检查口、附墙烟囱、附墙垛、附墙柱和管道所占面积。

【例 5-20】 如图 5-70 所示，已知主梁尺寸为 500mm×300mm，次梁尺寸为 300mm×150mm，板厚 100mm。请分别计算井字梁天棚抹灰的清单工程量。

【解】 清单工程量：

$(9-0.24)×(7.5-0.24)+[(9-0.24)×(0.5-0.1)-(0.3-0.1)×0.15×2]×2×2+(7.5-0.24-0.6)×(0.3-0.1)×2×2=82.70(m^2)$

清单工程量计算表见表 5-66。

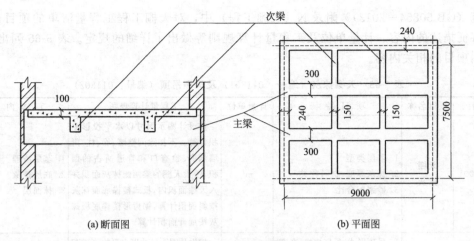

(a) 断面图   (b) 平面图

图 5-70   井字梁天棚示意图

表 5-66   清单工程量计算表

序号	项目编码	项目名称	项目特征描述	计量单位	工程量
1	011301001001	天棚抹灰	天棚抹灰	m²	82.70

第十二节   油漆、涂料、裱糊工程

一、《房屋建筑与装饰工程工程量计算规范》中的相关解释说明

新版计算规范中油漆、涂料、裱糊工程包括：门窗油漆、木扶手及其他板条、线条油漆、木材面油漆、金属面油漆、抹灰面油漆、喷刷涂料和裱糊。在《房屋建筑与装饰工程工程量计算规范（GB 50854—2013）》附录P（油漆、涂料、裱糊工程）中，对油漆、涂料、裱糊工程量清单的项目设置、项目特征描述的内容、计量单位及工程量计算规则等做出了详细的规定。表 5-67～表 5-72 列出了部分常用项目的相关内容。

表 5-67   门油漆（编号：011401）

项目编码	项目名称	项目 特 征	计量单位	工程量计算规则	工 作 内 容
011401001	木门油漆	1. 门类型 2. 门代号及洞口尺寸 3. 腻子种类 4. 刮腻子遍数 5. 防护材料种类 6. 油漆品种、刷漆遍数	1. 樘 2. m²	1. 以樘计量，按设计图示数量计量 2. 以平方米计量，按设计图示洞口尺寸以面积计算	1. 基层清理 2. 刮腻子 3. 刷防护材料、油漆
011401002	金属门油漆				1. 除锈、基层清理 2. 刮腻子 3. 刷防护材料、油漆

表 5-68   窗油漆（编号：011402）

项目编码	项目名称	项目 特 征	计量单位	工程量计算规则	工 作 内 容
011402001	木窗油漆	1. 门类型 2. 门代号及洞口尺寸 3. 腻子种类 4. 刮腻子遍数 5. 防护材料种类 6. 油漆品种、刷漆遍数	1. 樘 2. m²	1. 以樘计量，按设计图示数量计量 2. 以平方米计量，按设计图示洞口尺寸以面积计算	1. 基层清理 2. 刮腻子 3. 刷防护材料、油漆
011402002	金属窗油漆				1. 除锈、基层清理 2. 刮腻子 3. 刷防护材料、油漆

表 5-69 金属面油漆（编号：011405）

项目编码	项目名称	项 目 特 征	计量单位	工程量计算规则	工 作 内 容
011405001	金属面油漆	1. 构件名称 2. 腻子种类 3. 刮腻子要求 4. 防护材料种类 5. 油漆品种、刷漆遍数	1. t 2. m²	1. 以吨计量，按设计图示尺寸以质量计算 2. 以平方米计量，按设计展开面积计算	1. 基层清理 2. 刮腻子 3. 刷防护材料、油漆

表 5-70 抹灰面油漆（编号：011406）

项目编码	项目名称	项 目 特 征	计量单位	工程量计算规则	工 作 内 容
011406001	抹灰面油漆	1. 基层类型 2. 腻子种类 3. 刮腻子遍数 4. 防护材料种类 5. 油漆品种、刷漆遍数 6. 部位	m²	按设计图示尺寸以面积计算	1. 基层清理 2. 刮腻子 3. 刷防护材料、油漆

表 5-71 喷刷油漆（编号：011407）

项目编码	项目名称	项 目 特 征	计量单位	工程量计算规则	工 作 内 容
011407001	墙面喷刷涂料	1. 基层类型 2. 喷刷涂料部位 3. 腻子种类 4. 刮腻子要求 5. 涂料品种、喷刷遍数	m²	按设计图示尺寸以面积计算	1. 基层清理 2. 刮腻子 3. 刷、喷涂料
011407002	天棚喷刷涂料				

表 5-72 裱糊（编号：011408）

项目编码	项目名称	项 目 特 征	计量单位	工程量计算规则	工 作 内 容
011408001	墙纸裱糊	1. 基层类型 2. 裱糊部位 3. 腻子种类 4. 刮腻子遍数 5. 黏结材料种类 6. 防护材料种类 7. 面层材料品种、规格、颜色	m²	按设计图示尺寸以面积计算	1. 基层清理 2. 刮腻子 3. 面层铺粘 4. 刷防护材料

二、油漆、涂料、裱糊工程的清单工程量计算规则

（一）各类门窗油漆的清单工程量计算规则

各类门窗油漆的清单工程量计算规则有两种：

1. 以樘计量，按设计图示数量计量；

2. 以平方米计量，按设计图示洞口尺寸，以面积计算。

（二）金属面油漆的清单工程量计算规则

金属面油漆的清单工程量计算规则有两种：

1. 以"t"计量，按设计图示尺寸，以质量计算；

2. 以"m²"计量，按设计展开面积计算。

（三）抹灰面油漆的清单工程量计算规则

按设计图示尺寸以面积计算。

（四）墙面（天棚）喷刷涂料、墙面裱糊的清单工程量计算规则

墙面（天棚）喷刷涂料、墙面裱糊的清单工程量均按设计图示尺寸以面积计算。

【例5-21】　某住宅平面布置如图5-71所示，其客厅、卧室和过道的墙面贴装饰墙纸，卫生间墙面贴200mm×280mm印花面砖，硬木踢脚线(150mm×20mm)刷硝基清漆，卫生间内无踢脚线。设楼层高度为3.3m，楼板厚度为120mm，内外墙厚均为240mm，门洞尺寸均为900mm×2100mm，客厅与过道之间的空圈高度为2400mm，窗洞尺寸均为2200mm×1400mm，门、窗侧壁均安装有门窗套。试计算：(1)踢脚线刷硝基清漆的清单工程量；(2)卫生间墙面贴印花面砖的清单工程量；(3)客厅、卧室和过道贴装饰墙纸的清单工程量。

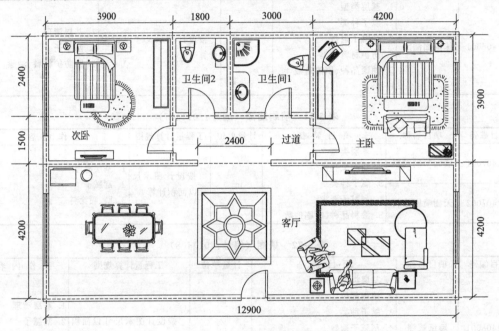

图5-71　住宅平面布置图

【解】　(1)踢脚线刷硝基清漆的清单工程量

① 按延长米计算：$(3.9-0.24)\times4+(4.2-0.24+3.9-0.24)\times2+(4.8-0.24+1.5-0.24)\times2+(12.9-0.24+4.2-0.24)\times2-0.9\times7-2.4\times2=63.66$(m)

② 按面积计算：$S_{踢脚}=63.66\times0.15=9.549$(m²)

(2)卫生间墙面贴印花面砖的清单工程量

① 卫生间墙面总长$=(1.8-0.24+2.4-0.24)\times2+(3-0.24+2.4-0.24)\times2=17.28$(m)

② 卫生间墙面高度$=3.3-0.12=3.18$(m)

③ 需扣除的门洞面积$=0.9\times2.1\times2=3.78$(m²)

④ 印花面砖工程量$=17.28\times3.18-3.78=51.17$(m²)

(3)客厅、卧室和过道贴装饰墙纸的清单工程量

① 客厅、卧室和过道内侧墙面总长$L_{总}=(3.9-0.24)\times4+(4.2-0.24+3.9-0.24)\times2+(4.8-0.24+1.5-0.24)\times2+(12.9-0.24+4.2-0.24)\times2=74.76$(m)

② 楼层净高$h=3.3-0.12=3.18$(m)

③ 需扣除的门、窗、空圈的面积$S_{洞}=0.9\times2.1\times7+2.4\times2.4\times2+2.2\times1.4\times4=37.07$(m²)

④ 需扣除踢脚线的面积$S_{踢脚}=9.549$m²

⑤ 壁纸工程量$=L_总 h-S_洞-S_{踢脚}=74.76×3.18-37.07-9.549=191.12(m^2)$

清单工程量计算表见表5-73。

表 5-73　清单工程量计算表

序号	项目编码	项目名称	项目特征描述	计量单位	工程量
1	011404002001	踢脚线油漆	刷硝基清漆	m^2	9.55
2	011204003001	块料墙面	印花面砖	m^2	51.17
3	011408001001	墙纸裱糊	房间、过道	m^2	191.12

第十三节　措施项目

一、措施项目的种类

措施项目一般包括两类：一类是可以计算工程量的项目，如脚手架、混凝土模板及支架、垂直运输、超高施工增加、大型机械设备进出场及安拆和施工降水排水；另一类是不能计算工程量的全文明施工及其他措施项目，如安全文明施工，夜间施工，非夜间施工照明，二次搬运，冬雨季施工，地上、地下设施，建筑物的临时保护设施，以及已完工程及设备保护。以下主要介绍可以计算工程量的项目的清单工程量和计价工程量计算规则。

二、《房屋建筑与装饰工程工程量计算规范》中的相关解释说明

1. 使用综合脚手架时，不再使用外脚手架、里脚手架等单项脚手架；综合脚手架适用于能够按"建筑面积计算规则"计算建筑面积的建筑工程脚手架，不适用于房屋加层、构筑物及附属工程脚手架。

2. 同一建筑物有不同檐高时，按建筑物竖向切面分别按不同檐高编列清单项目。

3. 整体提升架已包括2m高的防护架体设施。

4. 脚手架材质可以不描述，但应注明由投标人根据工程实际情况按照《建筑施工扣件式钢管脚手架安全技术规范》《建筑施工附着升降脚手架管理规定》等规范自行确定。

5. 在《房屋建筑与装饰工程工程量计算规范（GB 50854—2013）》附录S（措施项目）中，对脚手架工程工程量清单的项目设置、项目特征描述的内容、计量单位及工程量计算规则等做出了详细的规定。表5-74列出了部分常用项目的相关内容。

表 5-74　脚手架工程（编号：011701）

项目编码	项目名称	项目特征	计量单位	工程量计算规则	工作内容
011701001	综合脚手架	1. 建筑结构形式 2. 檐口高度	m^2	按建筑面积计算	1. 场内、场外材料搬运 2. 搭、拆脚手架、斜道、上料平台 3. 安全网的铺设 4. 选择附墙点与主体连接 5. 测试电动装置、安全锁等 6. 拆除脚手架后材料的堆放
011701002	外脚手架	1. 搭设方式 2. 搭设高度 3. 脚手架材质		按所服务对象的垂直投影面积计算	1. 场内、场外材料搬运 2. 搭、拆脚手架、斜道、上料平台 3. 安全网的铺设 4. 拆除脚手架后材料的堆放
011701003	里脚手架				
011701005	挑脚手架		m	按搭设长度乘以搭设层数以延长米计算	
077701006	满堂脚手架		m^2	按搭设的水平投影面积计算	

三、脚手架工程的清单工程量和计价工程量计算规则

脚手架工程的清单工程量与计价工程量计算规则相同。

1. 综合脚手架按建筑面积计算。

2. 里脚手架和外脚手架、整体提升架和外装饰吊篮，均按所服务对象的垂直投影面积计算。

3. 悬空脚手架和满堂脚手架，均按搭设的水平投影面积计算。

4. 挑脚手架按搭设长度乘以搭设层数以延长米计算。

四、混凝土模板及支架（撑）工程量计算规则

混凝土模板及支架（撑）的清单工程量和计价工程量相同。在《房屋建筑与装饰工程工程量计算规范（GB 50854—2013）》附录S（措施项目）中，对混凝土模板及支架（撑）工程量清单的项目设置、项目特征描述的内容、计量单位及工程量计算规则等做出了详细的规定。表 5-75 列出了部分常用项目的相关内容。

表 5-75 混凝土模板及支架（撑）（编号：011702）

项目编码	项目名称	项目特征	计量单位	工程量计算规则	工作内容
011702001	基础	基础类型		按模板与现浇混凝土构件的接触面积计算。 ①现浇钢筋混凝土墙、板单孔面积≤0.3m² 的孔洞不予扣除，洞侧壁模板亦不增加；单孔面积＞0.3m² 时应予扣除，洞侧壁模板面积并入墙、板工程量内计算 ②现浇框架分别按梁、板、柱有关规定计算；附墙柱、暗梁、暗柱并入墙内工程量内计算 ③柱、梁、墙、板相互连接的重叠部分，均不计算模板面积 ④构造柱按图示外露部分计算模板面积。	1. 模板制作 2. 模板安装、拆除、整理堆放及场内外运输 3. 清理模板黏结物及模内杂物、刷隔离剂等
011702002	矩形柱				
011702003	构造柱				
011702004	异形柱	柱截面形状			
011702005	基础梁	梁截面形状			
011702006	矩形梁	支撑高度			
011702007	异形梁	1. 梁截面形状 2. 支撑高度			
011702008	圈梁				
011702009	过梁				
017702011	直形墙	墙厚度	m²		
011702014	有梁板				
011702015	无梁板	支撑高度			
011702016	平板				
011702021	栏板				
011702023	雨篷、悬挑板、阳台板	1. 构件类型 2. 板厚度		按图示外挑部分尺寸的水平投影面积计算，挑出墙外的悬臂梁及板边不另计算	
011702024	楼梯	类型		按楼梯（包括休息平台、平台梁、斜梁和楼层板的连接梁）的水平投影面积计算，不扣除宽度≤500mm 的楼梯井所占面积，楼梯踏步、踏步板、平台梁等侧面模板不另计算，伸入墙内部分亦不增加	
011702027	台阶	台阶踏步宽		按图示台阶水平投影面积计算，台阶端头两侧不另计算模板面积；架空式混凝土台阶，按现浇楼梯计算	

（一）混凝土基础、柱、墙、梁、板的模板工程量计算规则

混凝土基础、柱、墙、梁、板的模板工程量均按模板与现浇混凝土构件的接触面积计算。

1. 现浇钢筋混凝土墙、板的单孔面积≤0.3m² 的孔洞不予扣除，洞侧壁模板亦不增加；

单孔面积＞0.3m² 时应予扣除，洞侧壁模板面积并入墙、板工程量内计算。

2. 现浇框架分别按梁、板、柱有关规定计算；附墙柱、暗梁、暗柱并入墙内工程量计算。

3. 柱与梁、柱与墙、梁与梁等连接的重叠部分，均不计算模板面积。

4. 构造柱按图示外露部分计算模板面积。

构造柱与砌体交错咬茬连接时，按混凝土外露面的最大宽度计算。构造柱与墙的接触面不计算模板面积，即：

$$构造柱与砖墙咬口模板工程量＝混凝土外露面的最大宽度×柱高$$

【**例 5-22**】　试计算如图 5-72 所示现浇混凝土独立基础的模板工程量。

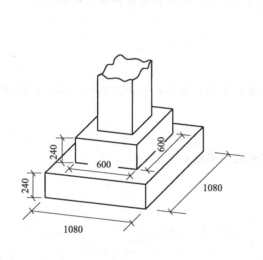
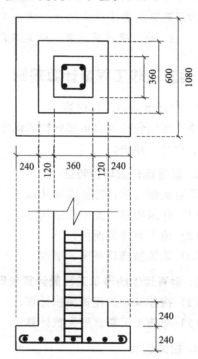

图 5-72　现浇混凝土独立基础

【**解**】　现浇混凝土独立基础的清单模板工程量：$S＝4×(1.08+0.6)×0.24＝1.61(m^2)$

（二）雨篷、悬挑板、阳台板的模板工程量计算规则

现浇钢筋混凝土悬挑板、雨篷、阳台板的模板工程量均按图示外挑部分尺寸的水平投影面积计算。挑出墙外的悬臂梁及板边模板不另计算。

（三）现浇混凝土楼梯的模板工程量计算规则

现浇钢筋混凝土楼梯的模板工程量按楼梯（包括休息平台、平台梁、斜梁、和楼层板的连接梁）的水平投影面积计算，不扣除宽度≤500mm 的楼梯井所占面积。楼梯的踏步、踏步板平台梁等侧面模板，不另计算。伸入墙内的部分亦不增加。

（四）混凝土台阶的模板工程量计算规则

按图示台阶水平投影面积计算，台阶端头两侧不另计算模板面积。架空式混凝土台阶，按现浇楼梯计算。

（五）其余混凝土构件的模板工程量计算规则

其余混凝土构件的模板工程量均按模板与现浇混凝土构件的接触面积计算。

提示

1. 以水平投影面积计算的模板工程量均不计算侧面模板面积。

2. 原槽浇灌的混凝土基础、垫层，不计算模板。

3. 此混凝土模板及支撑（架）项目，只适用于以平方米计量，按模板与混凝土构件的接触面积计算，以"立方米"计量，模板及支撑（支架）不再单列，按混凝土及钢筋混凝土实体项目执行，综合单价中应包含模板及支架。

4. 若现浇混凝土梁、板支撑高度超过 3.6m 时，项目特征应描述支撑高度。

五、垂直运输工程量计算规则

1. 垂直运输的工作内容

垂直运输包括垂直运输机械的固定装置、基础制作、安装；行走式垂直运输机械轨道的铺设、拆除、摊销。

2. 垂直运输的项目特征

垂直运输的项目特征需要从以下三个方面来进行描述：

（1）建筑物建筑类型及结构形式；

（2）地下室建筑面积；

（3）建筑物檐口高度、层数。

3. 垂直运输的清单工程量计算规则

（1）按建筑物的建筑面积计算；

（2）按施工工期日历天数计算。

4. 相关说明

（1）建筑物的檐口高度是指设计室外地坪至檐口滴水的高度（平屋顶系指屋面板底高度），突出主体建筑物屋顶的电梯机房、楼梯出口间、水箱间、瞭望塔、排烟机房等不计入檐口高度。

（2）垂直运输机械指施工工程在合理工期内所需垂直运输机械。

（3）同一建筑物有不同檐高时，按建筑物的不同檐高做纵向分割，分别计算建筑面积，以不同檐高分别编码列项。

六、超高施工增加工程量计算规则

1. 超高施工增加包括的工作内容

（1）建筑物超高引起的人工工效降低，以及由于人工工效降低引起的机械降效；

（2）高层施工用水加压水泵的安装、拆除及工作台班；

（3）通信联络设备的使用及摊销。

2. 超高施工增加的项目特征

超高施工增加的项目特征应从以下三个方面进行描述：

（1）建筑物建筑类型及结构形式；

（2）建筑物檐口高度、层数；

（3）单层建筑物檐口高度超过 20m，多层建筑物超过 6 层部分的建筑面积。

3. 超高施工增加的工程量计算规则

按建筑物超高部分的建筑面积计算。

4. 相关说明

（1）单层建筑物檐口高度超过 20m，多层建筑物超过 6 层时，可按超高部分的建筑面积计算超高施工增加。计算层数时，地下室不计入层数。

（2）同一建筑物有不同檐高时，可按不同高度的建筑面积分别计算建筑面积，以不同檐高分别编码列项。

七、大型机械设备进出场及安拆工程量计算规则

1. 大型机械设备进出场及安拆包含的工作内容

（1）大型机械设备进出场包括施工机械整体或分体自停放场地运至施工现场，或由一个施工地点运至另一个施工地点，所发生的施工机械进出场运输及转移费用，由机械设备的装卸、运输及辅助材料费等构成。

（2）大型机械设备安拆费包括施工机械在施工现场进行安装、拆卸所需的人工费、材料费、机械费、试运转费和安装所需的辅助设施的费用。

2. 大型机械设备进出场及安拆的项目特征

大型机械设备进出场及安拆的项目特征应从以下两个方面描述：

（1）机械设备名称；

（2）机械设备规格、型号。

3. 大型机械设备进出场及安拆的清单工程量计算规则

大型机械设备进出场及安拆的清单工程量应按使用机械设备的数量以"台次"计算。

八、施工排水、降水工程量计算规则

1. 施工排水、施工降水

（1）施工排水是指为保证工程在正常条件下施工，所采取的排水措施所发生的费用。

（2）施工降水是指为保证工程在正常条件下施工，所采取的降低地下水位的措施所发生的费用。

2. 施工排水、降水包括的分项

施工排水、降水包括成井和排水、降水两个分项。

3. 成井的清单工程量计算

（1）成井的工作内容　成井的工作内容包括准备钻机机械、埋设护筒、钻机就位、泥浆制作、固壁、成孔、出渣、清孔、对接上下井管（滤管）、焊接、安放、下滤料、洗井、连接试抽等。

（2）成井的项目特征

① 成井的方式；

② 地层情况；

③ 成井直径；

④ 井（滤）管类型、直径。

（3）成井的清单工程量计算规则　成井的清单工程量应按设计图示尺寸以钻孔深度计算。

4. 施工排水、降水的清单工程量计算规则

（1）施工排水、降水的工作内容　施工排水、降水的工作内容包括管道安装、拆除，场内搬运，抽水，值班，降水设备维修等。

（2）施工排水、降水的项目特征

① 机械规格、型号；

② 降排水管规格。

（3）施工排水、降水的清单工程量计算规则　按排、降水日历天数以昼夜计算。

本章小结

工程量计算规则，是规定在计算分项工程实物数量时，从施工图纸中摘取数值的取定原则。在计算工程量时，必须按照工程量清单计价规范或所采用的定额规定的计算规则进行计算。

工程量计算的依据，包括经审定的施工设计图纸及设计说明，工程量清单计价规范，建筑工程预算定额，审定的施工组织设计，施工技术措施方案和施工现场情况，经确定的其他有关技术经济文件等。

计算工程量时，应遵循一定的原则，计算的内容要符合一定的要求，为了提高计算的效率和防止重算或漏算，应按一定的顺序进行列项计算。

在《房屋建筑与装饰工程工程量计算规范》的附录中，对各分项工程的工程量计算规则以表格的形式做了规定。表格中，工程量清单项目设置的内容包括项目编号、项目名称、项目特征、工程量计算规则及工作内容等。

思考题

1. 什么是工程计量，工程计量有什么作用？

2. 工程计量的依据有哪些？

3. 工程计量应遵循哪些原则？

4. 简述工程量计算的基本方法和顺序。

5. 简述《建设工程工程量清单计价规范》中所规定的平整场地、挖一般土方、挖沟槽土方和挖基坑土方的工程量计算规则。

6. 请分别阐述预制钢筋混凝土桩和沉管灌注桩的清单工程量计算规则。

7. 分别简述砖基础、实心砖墙的清单工程量计算规则。

8. 分别简述现浇混凝土基础、柱、墙、梁、板及钢筋的工程量计算规则。

9. 一般措施项目包括哪些内容？

10. 简述脚手架工程的清单工程量计算规则。

11. 简述模板工程的清单工程量计算规则。

案例分析一

某砖混结构2层住宅首层平面图、基础平面图及基础剖面图如图5-73~图5-75所示。钢筋混凝土屋面板上表面高度为6m，每层高均为3m。内墙厚240mm，外墙厚365mm。外墙上均有女儿墙，高500mm，厚240mm。预制钢筋混凝土楼板、屋面板厚度均为120mm。内墙砖基础为三层等高式大放脚，外墙砖基础为五层间隔式大放脚。外墙上圈梁和过梁的体积为3m³，内墙上圈梁和过梁的体积为1.5m³。首层入口处设有一混凝土台阶，踏步宽度为300mm，踏步高度为150mm，其水平投影面积为4.5m²。台阶上面设有一矩形雨篷，具体尺寸如图5-73~图5-75所示。门窗尺寸统计表见表5-76。

表5-76　门窗尺寸统计表

类别	代号	宽/m×高/m＝面积/m²	首层	二层	小计	面积/m²
门	M-1	1.5×2.4＝3.6	1	0	1	3.6
	M-2	0.9×2.1＝1.89	3	3	6	11.34
	合计					14.94
窗	C-1	2×1.8＝3.6	2	2	4	14.4
	C-2	1.2×0.9＝1.08	5	6	11	11.88
	合计					26.28
总计						41.22

试根据施工图计算：（1）该住宅的建筑面积；（2）砖基础的清单工程量；（3）砖外墙和砖内墙的清单工程量；（4）入口处台阶的模板工程量。

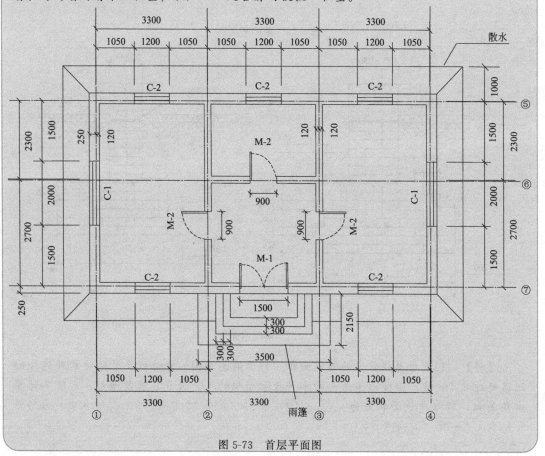

图5-73　首层平面图

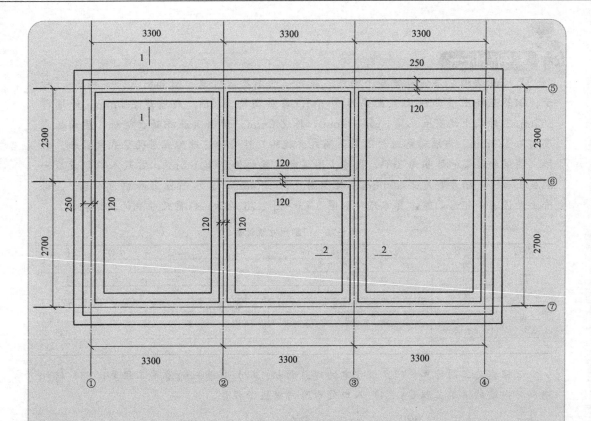

图 5-74 基础平面图

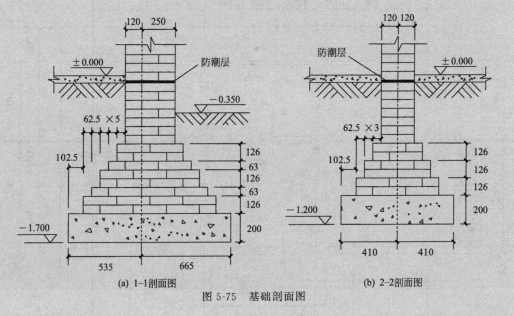

(a) 1—1剖面图   (b) 2—2剖面图

图 5-75 基础剖面图

【解】 (1) 计算该住宅的建筑面积。由于雨篷结构的外边线至外墙结构外边线的距离超过 2.1m 时，应按雨篷结构的水平投影面积的 1/2 计算其建筑面积；台阶不计算建筑面积，所以建筑面积应为：$(3.3 \times 3 + 0.25 \times 2) \times (2.7 + 2.3 + 0.25 \times 2) + 0.5 \times 2.15 \times 3.5 = 60.96 (m^2)$

（2）计算砖基础的清单工程量

① 外墙中心线长度：

$$L_中=[(3.3\times3-0.24+0.37)+(5-0.24+0.37)]\times2=30.32(m)$$

② 内墙的净长度：

$$L_内=(5-0.24)\times2+(3.3-0.24)=12.58(m)$$

③ 外墙砖基础的深度：$H_1=1.7-0.2=1.5(m)$

④ 内墙砖基础的深度：$H_2=1.2-0.2=1(m)$

⑤ 外墙砖基础的断面面积：$S_外=(1.5+0.518)\times0.365=0.737(m^2)$

⑥ 内墙砖基础的断面面积：$S_内=(1+0.394)\times0.24=0.335(m^2)$

⑦ 外墙砖基础的工程量：$V_{外基}=S_外L_中+S_内+L_内=0.737\times30.32=22.35(m^3)$

⑧ 内墙砖基础的工程量：$V_{内基}=S_外L_中+S_内+L_内=0.335\times12.58=4.21(m^3)$

清单工程量计算表见表5-77。

表5-77　清单工程量计算表

项目编码	项目名称	项目特征描述	计量单位	工程量
010401001001	砖基础	条形基础，内墙基础深度1m	m³	22.35
010401001002	砖基础	条形基础，外墙基础深度1.5m	m³	4.21

（3）计算砖外墙和砖内墙的清单工程量

① 外墙高度：$H_外=6m$

② 女儿墙高度：$H_女=0.5m$

③ 应扣外墙上门窗洞的面积：$S_{外门窗}=26.28+3.6=29.88(m^2)$

④ 外墙的工程量：$V_外墙=(L_中H_外-S_{外门窗})\times外墙厚-一圈、过梁体积=(30.32\times6-29.88)\times0.365-3=52.49(m^3)$

⑤ 女儿墙工程量：$V_女儿墙=L_中H_女\times女儿墙厚=30.32\times0.5\times0.24=3.64(m^3)$

⑥ 每层内墙净高：$H_内=3-0.12=2.88(m)$

⑦ 应扣内墙上门窗洞的面积：$S_{内门窗}=11.34(m^2)$

⑧ 砖内墙的工程量：$V_内墙=(L_内\times2H_内-S_{内门窗})\times内墙厚-一圈、过梁体积=(12.58\times2\times2.88-11.34)\times0.24-1.5=13.17(m^3)$

清单工程量计算表见表5-78。

表5-78　清单工程量计算表

项目编码	项目名称	项目特征描述	计量单位	工程量
010401003001	实心砖墙	外墙，墙体厚365mm，墙体高6m	m³	52.49
010401003002	实心砖墙	女儿墙，墙体厚240mm，墙体高0.5m	m³	3.64
010401003003	实心砖墙	内墙，墙体厚240mm，墙体高5.76m	m³	13.17

（4）计算入口处台阶的模板工程量。由于混凝土台阶（不包括梯带）的模板工程量应按图示台阶尺寸的水平投影面积计算，台阶端头两侧不另计算模板面积，所以，台阶的模板工程量应为4.5m²。

案例分析二

请根据配套的1号住宅楼图纸计算其相应构件的清单工程量和定额工程量。

1. 某建筑物地基处理如图 5-76 所示，土质为一类土，人工开挖至桩顶标高后打桩，采用轨道式柴油打桩机在坑内打孔灌注混凝土桩，活瓣式桩尖，直径 400mm，设计桩长度 9m，桩顶标高－2.6m，设计室外地坪－0.6m。

试计算：（1）土方开挖的计价工程量；

（2）打桩的计价工程量。

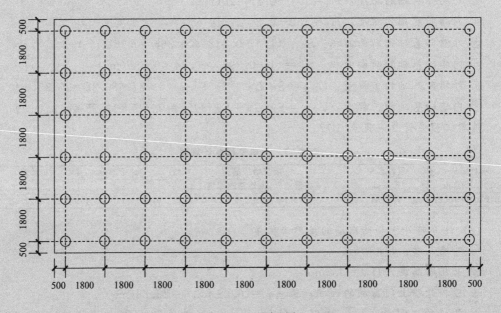

图 5-76　习题 1 图

2. 某工程设计室外地坪标高为－1.100m，采用混凝土满堂基础，混凝土垫层，详细尺寸如图所示。地质报告显示土壤类别为二类土，采用反铲挖掘机在坑边进行土方开挖，工作面自垫层边留 300mm，考虑机械上下行驶坡道，可按挖方总量的 3% 计算。

试计算：（1）土方开挖的清单工程量和计价工程量；

（2）混凝土满堂基础的计价工程量。

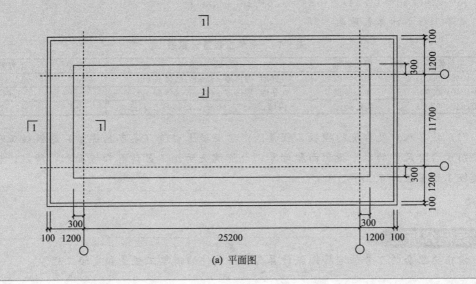

(a) 平面图

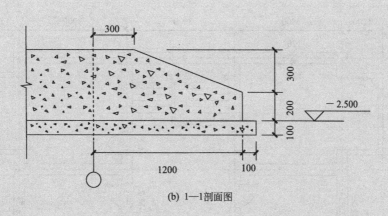

(b) 1—1剖面图

图 5-77 习题2图

3. 某单位办公楼为框架结构，二层小会议室现浇钢筋混凝土柱、梁、板如图所示。其中，柱为600mm×600mm，梁为400mm×500mm，板厚均为100mm。

试计算：(1) 该会议室现浇钢筋混凝土柱和板的混凝土工程量；

(2) 柱和板的模板工程量（按接触面积计算）。

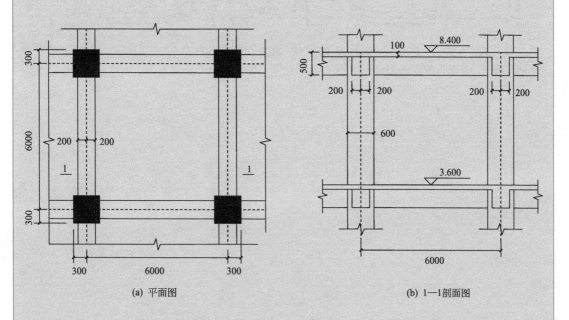

(a) 平面图

(b) 1—1剖面图

图 5-78 习题3图

4. 如图4-23所示为某单层砖混结构建筑物的平面图，基础和墙身均由机红砖砌筑，内外墙厚均为240mm，层高为3m，外墙上设有女儿墙，高500mm，厚240mm，预制钢筋混凝土楼板厚度为120mm，外墙上圈梁、过梁的体积之和为3m³，内墙上圈梁、过梁的体积之和为2m³，M-1尺寸为1500mm×2400mm，M-2尺寸为900mm×2100mm，C-1尺寸为1800mm×1200mm，阳台处的空圈尺寸为1800mm×2400mm。

试计算该建筑物砖内、外墙的清单工程量。

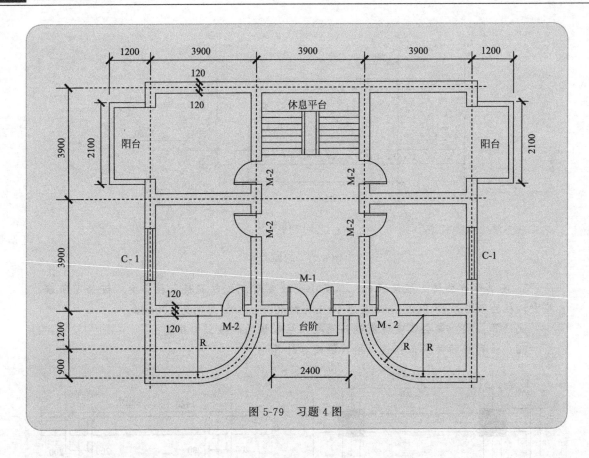

图 5-79 习题 4 图

第六章　工程量清单计价

问题导入

　　什么是工程量清单计价？工程量清单计价与定额计价有何区别？工程量清单计价过程是怎样的？工程量清单计价方法有哪些？什么是综合单价？如何编制综合单价？什么是招标控制价？如何编制招标控制价？什么是投标价？如何编制投标价？

本章内容框架

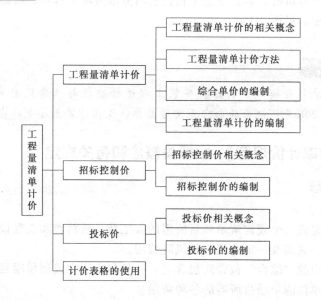

学习要求

　　1. 熟悉工程量清单计价相关概念，以及工程量清单计价与定额计价的区别；

　　2. 掌握分部分项工程及措施项目综合单价的编制方法；

　　3. 掌握工程量清单计价的编制；

　　4. 熟悉招标控制价、投标报价的编制，以及工程计价表格的组成与使用。

第一节 工程量清单计价

一、工程量清单计价的概念

工程量清单计价是国际上通用的一种计价模式，推行工程量清单计价是适应我国工程投资体制和建设项目管理体制改革的需要，是深化我国工程造价管理改革的一项重要工作。

1. 工程量清单计价

工程量清单计价是工程造价计价的一种模式，是指在建设工程招投标过程中，招标人按照《建设工程工程量清单计价规范》（GB 50500—2013）各专业统一的工程量计算规则提供招标工程量清单，投标人依据招标工程量清单、拟建工程的施工方案，结合自身实际情况并考虑风险因素，确定工程项目各部分的单价，进而确定工程总价的过程或活动。

工程量清单计价是国际上普遍采用的工程招标方式，是一个广义的概念，它包括招标人的招标控制价和投标人的投标报价。

2. 采用工程量清单计价时，建筑安装工程造价的组成

采用工程量清单计价时，建筑安装工程造价由分部分项工程费、措施项目费、其他项目费、规费和税金组成，见图 6-1。

> **提示**
>
> 工程量清单计价模式下的建筑安装工程造价组成与《建筑安装工程费用组成》（建标［2003］206 号）包含的内容无实质差异，仅在计算角度上存在差异。

二、13 版 《清单计价规范》 中相关概念和有关规定

（一）相关概念

1. 综合单价

综合单价是指完成一个规定清单项目所需的人工费、材料费和工程设备费、施工机具使用费和企业管理费、利润及一定范围内的风险费用。

（1）综合单价中的"综合"包含两层含义：一是包含所完成清单项目所需的全部工作内容；二是包含完成单位清单项目所需的各种费用。

（2）此处的综合单价是一种狭义上的综合单价，并不是真正意义上的全费用综合单价，规费和税金等不可竞争的费用并不包括在项目单价中。

2. 风险费用

风险费用隐含于已标价工程量清单综合单价中，用于化解发承包双方在合同中约定内容和范围内的市场价格波动风险的费用。

3. 单价项目

单价项目是指工程量清单中以单价计价的措施项目，即根据合同工程图纸（含设计变

更）和相关工程现行国家计量规范规定的工程量计算规则进行计量，按已标价工程量清单相应综合单价进行价款计算的项目。

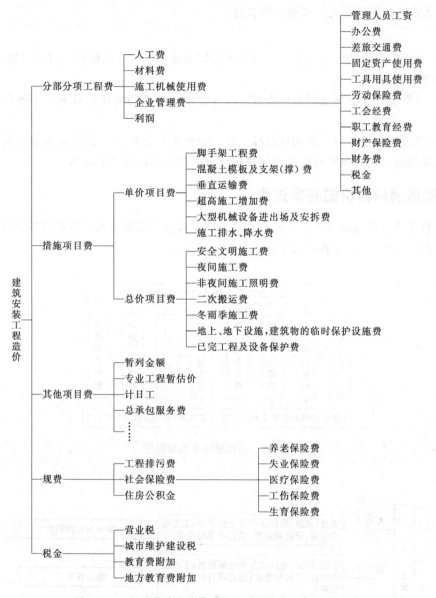

图 6-1 工程量清单计价模式下的建筑安装工程造价组成

4. 什么是总价项目

总价项目是指工程量清单中以总价计价的措施项目，即此类项目在相关工程现行国家计量规范中无工程量计算规则，以总价（或计算基础乘费率）计算的项目。

（二）有关规定

（1）使用国有资金投资的建设工程施工发承包，必须采用工程量清单计价。

（2）非国有资金投资的建设工程，宜采用工程量清单计价。

（3）工程量清单宜采用综合单价计价。

提 示

本条为强制性条文，必须严格执行。

（4）措施项目中的安全文明施工费必须按国家或省级、行业建设主管部门的规定计算，不得作为竞争性费用。

（5）规费和税金必须按国家或省级、行业建设主管部门的规定计算，不得作为竞争性费用。

（6）建设工程发承包，必须在招标文件、合同中明确计价中的风险内容及其范围，不得采用无限风险、所有风险或类似语句规定计价中的风险内容及其范围。

三、工程量清单计价的基本过程

工程量清单计价过程可以分为两个阶段：即工程量清单编制和工程量清单计价。工程量清单编制程序见图6-2，工程量清单计价过程见图6-3。

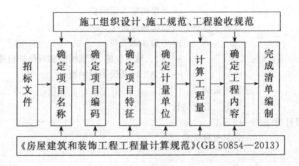

图6-2　工程量清单编制程序

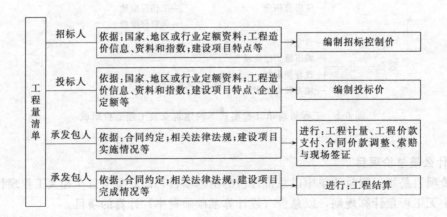

图6-3　工程量清单计价过程

四、工程量清单计价与定额计价的区别

工程量清单计价是区别于定额计价的一种计价模式，两种计价方法的具体区别见表6-1。

表 6-1　工程量清单计价与定额计价的比较

比较内容	工程量清单计价	定额计价
项目设置	工程量清单项目的设置是以一个"综合实体"考虑的，一般而言，一个清单项目包括若干个定额项目工程内容	定额计价法采用的定额项目其工程内容一般是单一的，是按施工工序、工艺进行设置的
定价原则	按《清单计价规范》的要求，由施工企业自主报价，市场决定价格，反映的是市场价格	按工程造价管理机构发布的有关规定及定额基价进行计价，反映的是计划价格
计价价款构成	采用工程量清单计价时，一个单位工程的造价包括完成招标工程量清单项目所需的全部费用，即包括分部分项工程费、措施项目费、其他项目费、规费和税金	采用定额计价法计价时，一个单位工程的造价包括直接费、间接费、利润和税金
单价构成	工程量清单计价采用综合单价。综合单价包括人工费、材料费、机械费、企业管理费和利润，且各项费用均由投标人根据企业自身情况并考虑一定风险因素费用自行编制。综合单价依据市场自主报价，反映了企业自身的管理水平和技术水平	定额计价采用定额子目基价，定额子目基价只包含定额编制时期完成定额分部分项工程项目所需的人工费、材料费、机械费，并不包含利润和各种风险因素影响的费用。定额基价没有反映企业的真正水平
价差调整	按工程承发包双方约定的价格直接计算，除招标文件规定外，不存在价差调整的问题	按工程承发包双方约定的价格与定额价调整价差
计价过程	招标方必须设置清单项目并计算其清单工程量，同时对清单项目的特征必须清晰、完整地描述，以便投标人报价，所以清单计价模式由两个阶段组成：一是招标方编制工程量清单；二是投标方根据招标工程量清单报价	招标方只负责编写招标文件，不设置工程项目内容，也不计算工程量。工程计价时的分部分项工程子目和相应的工程量是由投标方根据设计文件和招标文件确定的。项目设置、工程量计算、工程计价等工作都在一个阶段（即投标阶段）内完成
人工、材料、机械消耗量	工程量清单计价时的人工、材料、机械台班消耗量是由投标方根据企业自身情况采用企业定额确定的。这个定额标准是按企业个别水平编制的，它真正反映企业的个别成本	定额计价中的人工、材料、机械台班消耗量是采用地区或行业定额确定的。这个定额标准是按社会平均水平编制的，反映的是社会平均成本
工程量计算规则	按清单工程量计算规则，计算所得的工程量只包括图示尺寸净量，而措施增量和损耗量由投标人在报价时考虑在综合单价中	按定额工程量计算规则，计算所得的工程量一般包含图示尺寸净量、措施增量和损耗量三项
计价方法	清单计价模式下，一个项目可能由一个或多个子项组成，相应的，一个清单实体项目综合单价的计价往往要计算多个子项才能完成其组价，即每一个清单项目组合计价	按施工顺序，将不同的分项工程的工程量计算出来，然后选套定额单价，每一个分项工程独立计价
价格表现形式	清单计价时采用的综合单价是一个相对完全的单价，是投标报价、评标、结算的重要依据	定额计价时采用的定额单价是一个不完全单价，并不具有单独存在的意义
适用范围	全部使用国有资金投资的工程建设项目，必须采用工程量清单计价	非国有资金投资的工程项目可以采用定额计价
工程风险	招标人负责编制工程量清单，所以工程量错误风险由招标人承担；投标人自主报价，所以报价风险由投标人承担	定额工程量由投标人确定，所以采用定额计价时投标人不但承担工程量计算错误风险，而且还承担报价风险

五、工程量清单计价的编制方法

工程量清单计价是确定工程总价的活动。那么，如何计算得到工程总价呢？

根据《建设工程工程量清单计价规范》（GB 50500—2013）规定，利用综合单价计算清单项目各项费用，然后汇总得到工程总造价，即：

（1）分部分项工程费＝∑分部分项工程量×分部分项工程综合单价

（2）措施项目费＝∑单价措施项目工程量×措施项目综合单价＋∑总价项目措施费

（3）其他项目费＝暂列金额＋专业工程暂估价＋计日工＋总承包服务费

（4）单位工程报价＝分部分项工程费＋措施项目费＋其他项目费＋规费＋税金

（5）单项工程报价＝∑单位工程报价

（6）建筑安装工程总造价＝∑单项工程报价

六、工程量清单计价的依据

通过工程量清单计价可以确定工程总价。实际计价时有哪些依据？

工程量清单计价的编制依据见图 6-4。

（1）招标工程量清单　招标人随招标文件发布的工程量清单，是承包商投标报价的重要依据。承包商在计价时需全面了解清单项目特征及其所包含的工程内容，才能做到准确计价。

（2）招标文件　招标文件中具体规定了承发包工程范围、内容、期限、工程材料及设备采购供应办法，只有在计价时按规定进行，才能保证计价的有效性。

（3）施工图　清单工程量是分部分项工程量清单项目的主项工程量，不一定反映全部工程内容，所以承包商在投标报价时，需要根据施工图和施工方案计算报价工程量（计价工程量）。因而，施工图也是编制工程量清单报价的重要依据。

图 6-4　工程量清单计价的编制依据

（4）施工组织设计　施工组织设计或施工方案是施工单位针对具体工程编制的施工作业指导性文件，其中对施工技术措施、安全措施、施工机械配置、是否增加辅助项目等进行的详细设计，在计价过程中应予以重视。

（5）消耗量定额　消耗量定额有两种，一种是由建设行政主管部门发布的社会平均消耗量定额，如预算定额；另一种是反映企业平均先进水平的消耗量定额，即企业定额。企业定额是确定人工、材料、机械台班消耗量的主要依据。

（6）综合单价　从单位工程造价的构成分析，不管是招标控制价的计价，还是投标报价的计价，还是其他环节的计价，只要采用工程量清单方式计价，都是以单位工程为对象进行计价的。单位工程造价是由分部分项工程费、措施项目费、其他项目费、规费和税金组成，而综合单价是计算以上费用的关键。

（7）《建设工程工程量清单计价规范》（GB 50500—2013）　它是工程量清单计价中计算措施项目清单费、其他项目清单费的依据。

七、分部分项工程和单价措施项目综合单价的编制方法

（一）清单工程量与计价工程量

在计算综合单价时，涉及两种工程量，即清单工程量和计价工程量。

（1）清单工程量　清单工程量是分部分项清单项目和措施清单项目工程量的简称，是招标人按照《计算规范》中规定的计算规则和施工图纸计算的、提供给投标人作为统一报价的数量标准。

清单工程量是按设计图纸的图示尺寸计算的"净量"，不含该清单项目在施工中考虑具体施工方案时增加的工程量及损耗量。

（2）计价工程量　计价工程量又称报价工程量或实际施工工程量，是投标人根据拟建工程的分项清单工程量、施工图纸、所采用定额及其对应的工程量计算规则，同时考虑具体施工方案，对分部分项清单项目和措施清单项目所包含的各个工程内容（子项）计算出的实际施工工程量。

计价工程量既包括了按设计图纸的图示尺寸计算的"净量"，又包含了对各个工程内容（子项）施工时的增加量以及损耗量。

提示

计价工程量是用以满足工程量清单计价的实际作业工程量，是计算工程项目投标报价的重要基础。

（二）综合单价的编制

综合单价的计算采用定额组价的方法，即以计价定额为基础进行组合计算。因为《清单计价规范》和《定额》中的工程量计算规则、计量单位、工程内容不尽相同，综合单价的计算不是简单地将其所含的各项费用进行汇总，而是需通过具体计算后综合而成。综合单价的编制步骤见图 6-5。

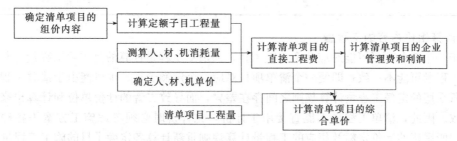

图 6-5　综合单价的编制步骤

1. 确定清单项目的组价内容

组价内容是指投标人根据工程量清单项目及其项目特征按报价使用的计价定额的要求确定的、组成"综合单价"的定额分项工程。

清单项目一般以一个"综合实体"列项，其包含了较多的工程内容，这样计价时可能出现一个清单项目对应多个定额子目的情况。因此，计算综合单价的第一步就是比较清单项目的工程内容与定额项目的工程内容，结合清单项目的特征描述，确定拟组价清单项目应该由哪几个定额子目来组合。

【例 6-1】　结合《房屋建筑与装饰工程工程量计算规范》和各地定额，以砌筑工程中的"砖基础"和楼地面工程中楼梯装饰的"现浇水磨石楼梯面层"清单项目为例，说明可能组合的定额子目名称，分别见表 6-2、表 6-3。

表 6-2　砖基础

项目编码	项目名称	项目特征	计量单位	工程量计算规则	工程内容	可能组合的定额项目名称
010401001	砖基础	1. 砖品种、规格、强度等级 2. 基础类型 3. 砂浆强度等级 4. 防潮层材料种类	m³	按设计图示尺寸以体积计算。包括附墙垛基础宽出部分体积，扣除地梁（圈梁）、构造柱所占体积，不扣除基础大放脚 T 形接头处的重叠部分及嵌入基础内的钢筋、铁件、管道、基础砂浆防潮层和单个面积≤0.3m² 的孔洞所占体积，靠墙暖气沟的挑檐不增加 基础长度：外墙按外墙中心线，内墙按内墙净长线计算	1. 砂浆制作、运输 2. 砌砖 4. 材料运输	砖基础
					3. 防潮层铺设	刚性防潮

表 6-3 现浇水磨石楼梯面层

项目编码	项目名称	项目特征	计量单位	工程量计算规则	工程内容	可能组合的定额项目名称
011106005	现浇水磨石楼梯面层	1. 找平层厚度、砂浆配合比 2. 面层厚度、水泥石子浆配合比 3. 防滑条材料种类、规格 4. 石子种类、规格、颜色 5. 颜料种类、颜色 6. 磨光、酸洗、打蜡要求	m²	按设计图示尺寸以楼梯(包括踏步、休息平台及≤500mm 的楼梯井)水平投影面积计算。楼梯与地面相连时，算至梯口梁内侧边沿；无梯口梁者，算至最上一层踏步边沿加 300mm	1. 基层清理 2. 抹找平层	找平层
					3. 抹面层 5. 磨光、酸洗、打蜡 6. 材料运输	现浇水磨石面层(楼梯)
					4. 贴嵌防滑条	防滑条

2. 计算组价内容的工程量

由于一个清单项目可能对应几个定额子目，而清单工程量计算的是主项工程量，与各定额子目的工程量可能不一致；即便一个清单项目对应一个定额子目，也可能由于清单工程量计算规则与所采用的定额工程量计算规则之间存在差异，而导致二者的计价单位和计算出来的工程量不一致。因此，清单工程量不能直接用于计价，在计价时必须考虑施工方案等各种影响因素，根据所采用的计价定额及相应的工程量计算规则重新计算各定额子目的施工工程量。

定额子目工程量应严格按照与所采用的定额相对应的工程量计算规则计算。

3. 测算人、材、机消耗量

人、材、机消耗量的测算，在编制招标控制价时一般参照政府颁发的消耗量定额进行确定；在编制投标报价时，一般采用反映企业水平的企业定额确定，若投标企业没有企业定额时可参照政府颁发的消耗量定额进行调整。

4. 确定人、材、机单价

人工单价、材料价格和施工机械台班单价，应根据工程项目的具体情况及市场资源的供求状况进行确定，采用市场价格作为参考，并考虑一定的调价系数。

5. 计算清单项目的直接工程费

根据确定的分项工程人工、材料和机械的消耗量及人工单价、材料单价和施工机械台班单价，与相应的计价工程量相乘即可得到各定额子目的直接工程费，汇总各定额子目的直接工程费得到清单项目的直接工程费。

直接工程费＝∑计价工程量×［∑(人工消耗量×人工单价)＋∑(材料消耗量×材料单价)＋∑(机械台班消耗量×台班单价)］

6. 计算清单项目的企业管理费和利润

企业管理费和利润通常根据各地区规定的费率乘以规定的计价基础得出。

(1) 企业管理费＝直接工程费（或直接工程费中人工费）×管理费费率

(2) 利润＝直接工程费（或直接工程费中人工费）×利润率

7. 计算清单项目的综合单价

汇总清单项目的直接工程费、企业管理费和利润得到该清单项目合价，将该清单项目合价除以清单项目的工程量即可得到该清单项目的综合单价。

$$清单项目综合单价＝（直接工程费＋企业管理费＋利润）/清单工程量$$

式中　企业管理费——应分摊到某一计价定额分项工程中的企业管理费，可以根据所用定额规定的计算方法确定；

　　　利润——某一分项工程应收取的利润，可以根据费用定额规定的利润率和计算方法确定。

提示

综合单价是工程量清单计价的关键，要熟练掌握需要做到以下几点：（1）深刻理解清单计价中的相关概念；（2）深刻理解清单计价的原理，以及清单项目与组价定额子目之间的关系；（3）掌握综合单价的编制流程。

【例 6-2】　某工程室内楼地面自上而下的具体做法如下：紫红色瓷质耐磨地砖（600mm×600mm）面层，白水泥嵌缝；20mm 厚 1∶4 干硬性水泥砂浆结合层；30 厚 C20 细石混凝土找平层；聚氨酯两遍涂膜防水层，四周卷起 150mm 高；20mm 厚 1∶3 水泥砂浆找平层；现浇混凝土楼板；招标文件中提出的紫红色瓷质耐磨地砖（600mm×600mm）的暂估价为 50 元/m²。

问题：

1. 试列出该清单项目名称。

2. 试描述该清单项目的项目特征。

3. 试确定组价内容。

4. 试确定该清单项目的综合单价。

【解】

1. 确定清单项目名称　经查 13 版《房屋建筑与装修工程工程量计算规范》，项目前九位编码为 011102003，项目名称为"块料楼地面"。这个"块料楼地面"就是一般特征，它没有区别"块料"的材质、大小、颜色，没有区别楼面、地面，也没有区别铺贴方式、铺贴部位等，即该清单项目的个体特征（包括影响施工的特征、工艺特征、自身特征等）并没有通过该项目名称反映出来。所以，要基于"块料楼地面"结合工程具体做法来确定项目名称。因此，该清单项目的名称应该是"在混凝土板上，铺贴瓷质耐磨地砖楼面"，这个项目名称反映了铺贴的部位是楼面，铺贴的块料种类是瓷质耐磨地砖。

2. 确定项目特征

（1）在确定项目名称后，进一步还应该确定该清单项目的项目特征。"在混凝土板上，铺贴瓷质耐磨地砖楼面"这个清单项目的项目特征，应根据工程设计、《房屋建筑与装修工程工程量计算规范》编码为 011102003 项目中的"项目特征"所列内容，并参考"工程内容"，去掉多余的、补充缺项的，进而详细准确地描述该清单项目的项目特征。本项目"工程内容"所提示的项目有：a. 基层清理；b. 抹找平层；c. 面层铺设、磨边；d. 嵌缝；e. 刷防护材料；f. 酸洗、打蜡；g. 材料运输。对照工程设计和规范所列"项目特征"，在分层叙述做法的同时，对块料的规格、黏结材料的种类进行描述。

该清单项目的项目特征描述详见表 6-4。

表 6-4　房屋建筑与装修工程分部分项工程量清单与计价表

序号	项目编码	项目名称	项目特征	计量单位	工程量	综合单价/元	合价/元
1	011102003001	混凝土板上,铺贴瓷质耐磨地砖楼面	1.20mm 厚 1：3 水泥砂浆找平层； 2.30 厚 C20 细石混凝土找平层； 3.20mm 厚 1：4 干硬性水泥砂浆结合层； 4.紫红色瓷质耐磨地砖(600mm×600mm)面层,白水泥嵌缝	m²	7.53		

【注意】在 13 版规范中,"聚氨酯两遍涂膜防水层,四周卷起 150mm 高"不包括在"铺贴瓷质耐磨地砖楼面"清单项目的项目特征描述中,"聚氨酯涂膜防水层"需单独设立清单项。

(2) 在描述项目特征时,应注意以下问题：

① 项目特征不等于计价定额的分项工程。本项目对应多个计价定额项目。因此,在描述项目特征时,不必考虑该清单项目对应几个定额分项工程,只需考虑描述的项目特征是否把设计图纸要求的施工过程全部概括在内。

② 凡与企业施工特点有关的施工过程,可不描述。

3. 确定组价内容　下面是根据山西省定额对该清单项目的组价内容进行分析的,见表 6-5。

表 6-5　房屋建筑与装修工程分部分项工程清单项目组价分析表

序号	项目编码	项目名称	项目特征	计量单位	工程量	可能组合的定额项目名称
1	011102003001	混凝土板上,铺贴瓷质耐磨地砖楼面	1.20mm 厚 1：3 水泥砂浆找平层； 2.30 厚 C20 细石混凝土找平层； 3.20mm 厚 1：4 干硬性水泥砂浆结合层； 4.紫红色瓷质耐磨地砖(600mm×600mm)面层,白水泥嵌缝	m²	7.53	水泥砂浆找平层 A10-20 子目 细石混凝土找平层 A10-22 子目 铺贴紫红色瓷质耐磨地砖面层 B1-45 子目

4. 确定综合单价　根据 13 版《房屋建筑与装饰工程工程量计算规范》中的清单工程量计算规则,铺设紫红色瓷质耐磨地砖楼面这个清单项目工程量为 7.53m²,组价内容工程量分别是：水泥砂浆找平层 7.53m²,细石混凝土找平层 7.53m²,瓷质地砖面层 7.53m²。按照编制招标控制价的要求(按总承包,不考虑风险),该清单项目综合单价计算如下：

(1) 水泥砂浆找平层：2011 年《山西省计价依据》建筑工程预算定额 A10-20 子目。

人工费：5.51×7.53＝41.49 (元),其中：

工日消耗量：0.0966×7.53＝0.7274 (工日),工日单价 57.00 元。

材料费：4.88×7.53＝36.75 (元),其中：

1：3 水泥砂浆：0.0202×7.53＝0.1521 (m³),其中：

矿渣硅酸盐水泥 32.5 级：404×0.1521＝61.4484 (kg),每公斤 0.34 元；

中（粗）砂：1.18×0.1521＝0.1795（m³），每立方米 61.00 元；

工程用水：0.3×0.1521＝0.04563（m³），每立方米 5.60 元；

工程用水：0.0094×7.53＝0.070782（m³），每立方米 5.60 元。

素水泥浆：0.0011×7.53＝0.008283（m³），其中：

矿渣硅酸盐水泥 32.5 级：1502×0.008283＝12.4411（kg），每公斤 0.34 元；

工程用水：0.52×0.008283＝0.0043（m³），每立方米 5.60 元。

机械费：0.33×7.53＝2.48（元），其中：

灰浆搅拌机 200L：0.0034×7.53＝0.0256（台班），台班单价 98.43 元。

企业管理费：（41.49＋36.75＋2.48）×6.39％＝5.16（元）

利润：（41.49＋36.75＋2.48）×6.2％＝5.00（元）

（2）细石混凝土找平层：2011 年《山西省计价依据》建筑工程预算定额 A10-22 子目。

人工费：4.45×7.53＝33.51（元），其中：

工日消耗量：0.078×7.53＝0.5873（工日），工日单价 57.00 元。

材料费：7.39×7.53＝55.65（元），其中：

工程用水：0.0121×7.53＝0.0911（m³），每立方米 5.60 元。

素水泥浆：0.001×7.53＝0.0075（m³），其中：

矿渣硅酸盐水泥 32.5 级：1502×0.0075＝11.265（kg），每公斤 0.34 元；

工程用水：0.52×0.0075＝0.0039（m³），每立方米 5.60 元。

现浇细石混凝土 C20，粒径 15mm：0.0303×7.53＝0.2282（m³），其中：

矿渣硅酸盐水泥 32.5 级：384×0.2282＝87.6288（kg），每公斤 0.34 元；

中（粗）砂：0.49×0.2282＝0.1118（m³），每立方米 61.00 元；

碎石 15mm：0.80×0.2282＝0.1826（m³），每立方米 79.00 元；

工程用水：0.204×0.2282＝0.0466（m³），每立方米 5.60 元。

机械费：0.57×7.53＝4.29（元），其中：

滚筒式混凝土搅拌机 400L：0.0038×7.53＝0.0286（台班），台班单价 142.32 元。

混凝土振动器：0.0024×7.53＝0.0181（台班），台班单价 13.69 元。

企业管理费：（33.51＋55.65＋4.29）×6.39％＝5.97（元）

利润：（33.51＋55.65＋4.29）×6.20％＝5.79（元）。

（3）瓷质地砖面层：2011 年《山西省计价依据》装饰工程预算定额 B1-45 子目。

人工费：20.51×7.53＝154.44（元），其中：

工日消耗量：0.3255×7.53＝2.4510（工日），工日单价 63.00 元。

材料费：40.48×7.53＝304.82（元），其中：

瓷质耐磨地砖 600mm×600mm，紫红色：1.02×7.53＝7.6806（m²），暂估价 50.00
元/m²，定额基价 34.85 元/m²。差价：（50－34.85）×1.02×7.53＝116.36（元）。

素水泥浆：0.00202×7.53＝0.0152（m³），其中：

矿渣硅酸盐水泥 32.5 级：1502×0.0152＝22.8304（kg），每公斤 0.34 元；

工程用水：0.52×0.0152＝0.0079（m³），每立方米 5.60 元。

1:4 水泥砂浆：0.0202×7.53＝0.1521（m³），其中：

矿渣硅酸盐水泥 32.5 级：303×0.1521＝46.0863（kg），每公斤 0.34 元；

中（粗）砂：1.33×0.1521＝0.2023（m³），每立方米 61.00 元；

工程用水：0.3×0.1521＝0.0456（m³），每立方米 5.60 元。

白色硅酸盐水泥：$0.11 \times 7.53 = 0.8283$ (kg)，每公斤 0.50 元。

工程用水：$0.0161 \times 7.53 = 0.1212$ (m³)，每立方米 5.60 元。

机械费：0。

企业管理费：$154.44 \times 12\% = 18.53$ (元)。

利润：$154.44 \times 11.5\% = 17.76$ (元)。

(4) (1) ～ (3) 项实物量汇总：

工日消耗量汇总：$0.7274 + 0.5873 + 2.4510 = 3.7657$ (工日)。

矿渣硅酸盐水泥 32.5 级汇总：

$61.4484 + 12.4411 + 11.265 + 87.6288 + 22.8304 + 46.0863 = 241.70$ (kg)。

中（粗）砂汇总：$0.1795 + 0.1118 + 0.2023 = 0.4936$ (m³)。

工程用水汇总：

$0.04563 + 0.070782 + 0.0043 + 0.0911 + 0.0039 + 0.0466 + 0.0079 + 0.0456 + 0.1212$
$= 0.4370$ (m³)。

碎石汇总：0.1826 (m³)。

瓷质耐磨地砖 600mm×600mm，紫红色：7.6806 (m²)。

灰浆搅拌机 200L：0.0256 (台班)。

滚筒式混凝土搅拌机 400L：0.0286 (台班)。

混凝土振动器：0.0181 (台班)。

综合单价分析表见表 6-6。

表 6-6　综合单价分析表

项目编码	011102003001	项目名称	混凝土板上，铺贴瓷质耐磨地砖楼面	计量单位	m²	工程量	7.53

清单综合单价组成明细

定额编号	定额项目名称	定额单位	数量	单价				合价				
				人工费	材料费	机械费	管理费和利润	人工费	材料费	动态调整	机械费	管理费和利润
A10-20	水泥砂浆找平层	m²	7.53	5.51	4.88	0.33		41.49	36.75		2.48	10.16
A10-22	细石混凝土找平层	m²	7.53	4.45	7.39	0.57		33.51	55.65		4.29	11.76
B1-45	瓷质地砖楼面面层	m²	7.53	20.51	40.48			154.44	304.82	116.36		36.29
人工单价				小计				229.44	397.22	116.36	6.77	58.21
57.63 元/工日				未计价材料								
清单项目综合单价										107.30		

材料费明细	主要材料名称、规格、型号	单位	数量	单价/元	合价/元	暂估单价/元	暂估合价/元
	矿渣硅酸盐水泥 32.5级	kg	241.70	0.34	82.18		
	中(粗)砂	m³	0.4936	61.00	30.11		
	碎石 5～15mm	m³	0.1826	79.00	14.43		
	瓷质耐磨地砖 600×600	m²	7.6806	34.85	267.67	50.00	384.03
	工程用水	m³	0.4370	5.60	2.45		
	其他材料费				0.38		
	材料费小计				397.22		

第二节 招标控制价的编制

一、13版《清单计价规范》对招标控制价的一般规定

1. 招标控制价

招标控制价是指招标人根据国家或省级、行业建设主管部门颁发的有关计价依据和办法，以及拟定的招标文件和招标工程量清单，结合工程具体情况编制的招标工程的最高投标限价。

2. 关于招标控制价的一般规定

(1) 国有资金投资的建设工程招标，招标人必须编制招标控制价。

我国对国有资金投资项目的投资控制实行的是投资概算审批制度，国有资金投资的工程原则上不能超过批准的投资概算。

国有资金投资的工程实行工程量清单招标，为了客观、合理地评审投标报价和避免哄抬标价，避免造成国有资产流失，招标人必须编制招标控制价，规定最高投标限价。

提 示

本条为强制性条文，必须严格执行。

(2) 招标控制价应由具有编制能力的招标人或受其委托具有相应资质的工程造价咨询人编制和复核。

(3) 工程造价咨询人接受招标人委托编制招标控制价，不得再就同一工程接受投标人委托编制投标报价。

(4) 招标控制价应按照本规范的相关规定编制，不应上浮或下调。

(5) 当招标控制价超过批准的概算时，招标人应将其报原概算审批部门审核。

(6) 招标人应在招标人发布招标文件时公布招标控制价，同时应将招标控制价及有关资料报送工程所在地或有该工程管辖权的行业管理部门工程造价管理机构备查。

招标控制价的作用决定了招标控制价不同于标底，无需保密。为体现招标的公平、公正性，防止招标人有意抬高或压低工程造价，招标人应在招标文件中如实公布招标控制价。

提 示

关于招标控制价，需要注意以下几点：(1) 何种投资项目必须编制招标控制价；(2) 招标控制价与项目批准概算之间的关系；(3) 招标控制价与投标报价之间的关系；(4) 关于编制招标控制价的工程造价咨询人的规定。

二、招标控制价的编制

(一) 编制招标控制价的依据

招标控制价的编制依据，见图6-6。

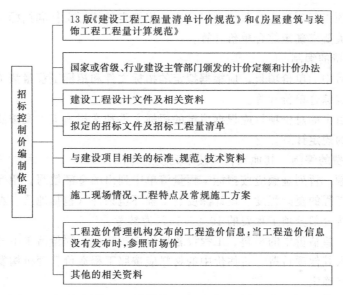

图 6-6　招标控制价编制依据

（二）编制招标控制价

编制招标控制价应遵循下列程序：

（1）了解编制要求与范围；

（2）熟悉工程图纸及有关设计文件；

（3）熟悉与建设工程项目有关的标准、规范、技术资料；

（4）熟悉拟定的招标文件及其补充通知、答疑纪要等；

（5）了解施工现场情况、工程特点；

（6）熟悉工程量清单；

（7）掌握工程量清单涉及计价要素的信息价格和市场价格，依据招标文件确定其价格；

（8）进行分部分项工程量清单计价；

（9）论证并拟定常规的施工组织设计或施工方案；

（10）进行措施项目工程量清单计价；

（11）进行其他项目、规费项目、税金项目清单计价；

（12）工程造价汇总、分析、审核；

（13）成果文件签认、盖章；

（14）提交成果文件。

（三）招标控制价的编制内容

采用工程量清单计价时，招标控制价的编制内容包括分部分项工程费、措施项目费、其他项目费、规费和税金。

1. 分部分项工程费的编制　分部分项工程费应根据拟定的招标文件中的分部分项工程量清单项目的特征描述及有关要求计价，并应符合下列规定。

（1）分部分项工程费采用综合单价的方法编制。综合单价中应包括招标文件中划分的应由投标人承担的风险范围及其费用。招标文件中没有明确的，如是工程造价咨询人编制，应提请招标人明确；如是招标人编制，应予明确。

（2）分部分项工程项目中的单价项目，应根据拟定的招标文件和招标工程量清单项目中的特征描述及有关要求确定综合单价计算。

2. 措施项目费的编制

（1）措施项目中的单价项目，应根据拟定的招标文件和招标工程量清单项目中的特征描述及有关要求确定综合单价计算。

（2）措施项目中的总价项目应根据拟定的招标文件和常规施工方案按照国家或省级、行业建设主管部门的规定计算。

3. 其他项目费的编制　其他项目应按下列规定计价。

（1）暂列金额　暂列金额应按招标工程量清单中列出的金额填写。招标工程量清单中列出的金额可根据工程的复杂程度、设计深度、工程环境条件（包括地质、水文、气候等）进行估算。一般可按分部分项工程费的 10％～15％ 为参考。

（2）暂估价　暂估价中的材料、工程设备单价应按招标工程量清单中列出的单价计入综合单价，不再计入其他项目费。暂估价中的材料应按照工程造价管理机构发布的工程造价信息或参考市场价格确定。

（3）暂估价中的专业工程金额应按招标工程量清单中列出的金额填写。

（4）计日工　招标人应按招标工程量清单中所列出的项目根据工程特点和有关计价依据确定综合单价计算。

（5）总承包服务费　招标人应根据招标工程量清单列出的内容和向承包人提出的要求参照下列标准计算：

① 招标人仅要求对分包的专业工程进行总承包管理和协调时，按分包的专业工程估算造价的 1.5％ 计算；

② 招标人要求对分包的专业工程进行总承包管理和协调并同时要求提供配合服务时，根据招标文件中列出的配合服务内容和提出的要求按分包的专业工程估算造价的 3％～5％ 计算；

③ 招标人自行供应材料的，按招标人供应材料价值的 1％ 计算。

4. 规费和税金的编制　规费和税金应按国家或省级、行业建设主管部门的规定计算，不得作为竞争性费用。

三、招标控制价的投诉与处理

在工程招投标过程中，若投标人对招标控制价的编制有质疑时，应按下列规定办理

1. 投标人经复核认为招标人公布的招标控制价未按照 13 版《清单计价规范》的规定进行编制的，应当在招标控制价公布后 5 天内向招投标监督机构和工程造价管理机构投诉。

2. 投诉人投诉时，应当提交由单位盖章和法定代表人或其委托人的签名或盖章的书面投诉书。投诉书应包括以下内容：

（1）投诉人与被投诉人的名称、地址及有效联系方式；

（2）投诉的招标工程名称、具体事项及理由；

（3）投诉依据及有关证明材料；

（4）相关请求及主张。

3. 投诉人不得进行虚假、恶意投诉，阻碍招投标活动的正常进行。

4. 工程造价管理机构在接到投诉书后应在 2 个工作日内进行审查。对有下列情况之一的，不予受理：

（1）投诉人不是所投诉招标工程招标文件的收受人；

（2）投诉书提交的时间不符合相应规定的（参见本部分 1.）；

（3）投诉书内容不符合相关内容规定的（参见本部分 2.）；

（4）投诉事项已进入行政复议或行政诉讼程序的。

5. 工程造价管理机构应在不迟于结束审查的次日将是否受理投诉的决定书面通知投诉人、被投诉人及负责该工程招投标监督的招投标管理机构。

6. 工程造价管理机构受理投诉后，应立即对招标控制价进行复查，组织投诉人、被投诉人或其委托的招标控制价编制人等单位人员对投诉问题逐一核对。有关当事人应当予以配合，并保证所提供资料的真实性。

7. 工程造价管理机构应当在受理投诉的 10 天内完成复查，特殊情况下可适当延长，并作出书面结论通知投诉人、被投诉人及负责该工程招投标监督的招投标管理机构。

8. 当招标控制价复查结论与原公布的招标控制价误差大于 ±3％时，应当责成招标人改正。

9. 招标人根据招标控制价复查结论需要重新公布招标控制价的，其最终公布的时间至招标文件要求提交投标文件截止时间不足 15 天的，应当延长投标文件的截止时间。

第三节　投标价的编制

一、13 版《清单计价规范》对投标报价的一般规定

1. 投标价

投标价是指投标人投标时响应招标文件要求所报出的对已标价工程量清单汇总后标明的总价。

2. 关于投标价的一般规定

（1）投标价应由投标人或受其委托具有相应资质的工程造价咨询人编制。

（2）投标人应按照投标报价编制依据自主确定投标报价。

（3）投标报价不得低于工程成本。

提 示

> 本条为强制性条文，必须严格执行。

（4）投标人必须按招标工程量清单填报价格。项目编码、项目名称、项目特征、计量单位、工程量必须与招标工程量清单一致。

提示

本条为强制性条文，必须严格执行。

（5）投标人的投标报价高于招标控制价的应予废标。

提示

关于投标报价，下面几点需特别关注：（1）投标报价与招标控制价之间的关系；（2）《建设工程工程量清单计价规范》（GB 50500—2013）中关于报价的强制性规定；（3）投标报价时分部分项工程量清单是闭口清单，必须与招标工程量清单一致，不得改动；措施项目清单是开口清单，可依据施工组织设计增补。

二、投标报价的编制

（一）编制投标价应遵循的原则

报价是投标的关键工作，报价是否合理直接关系投标工作的成败。工程量清单计价模式下编制投标报价时应遵循如下原则：

1. 投标报价由投标人自主确定，但必须执行《清单计价规范》中的强制性规定。投标价应由投标人或受其委托具有相应资质的工程造价咨询人编制。

2. 投标人的投标报价不得低于成本。

3. 按招标人提供的工程量清单填报价格。

4. 投标报价要以招标文件中设定的承发包双方责任划分，作为设定投标报价费用项目和费用计算的基础。

5. 投标报价的计算应以施工方案、技术措施等作为基本条件。

6. 报价计算方法要科学严谨，简明适用。

（二）编制投标报价的依据

投标报价的编制依据，见图6-7。

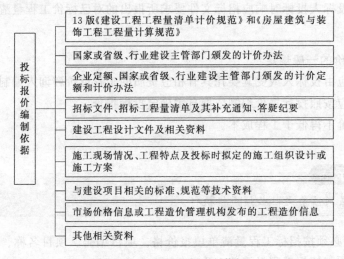

图 6-7　投标报价的编制依据

（三）投标报价的编制内容

在编制投标价前，需要先对招标工程量清单项目及工程量进行复核。

投标价的编制过程，应首先根据招标人提供的工程量清单编制分部分项工程项目清单计价表、措施项目清单计价表、其他项目清单计价表和规费、税金项目清单计价表，然后汇总得到单位工程投标报价汇总表，再层层汇总，分别得出单项工程投标报价汇总表和工程项目投标总价汇总表。

1. 分部分项工程费的编制

（1）综合单价中应包括招标文件中划分的应由投标人承担的风险范围及其费用，招标文件中没有明确的，应提请招标人明确。

在施工过程中，当出现的风险内容及其范围（幅度）在合同约定的范围内时，合同价款不作调整。

（2）分部分项工程中的单价项目，应根据招标文件和招标工程量清单项目中的特征描述确定综合单价计算。

（3）编制分部分项工程费的核心是确定其综合单价。综合单价的确定方法与招标控制价的确定方法相同，但确定的依据有所差异，主要体现在以下5个方面。

① 工程量清单项目特征描述　工程量清单中项目特征的描述决定了清单项目的实质，直接决定了工程的价值，是投标人确定综合单价最重要的依据。

在招投标过程中，若出现招标文件中分部分项工程量清单特征描述与设计图纸不符时，投标人应以分部分项工程量清单的项目特征描述为准，确定投标报价的综合单价；若施工中施工图纸或设计变更与工程量清单项目特征描述不一致时，发、承包双方应按实际施工的项目特征，依据合同约定重新确定综合单价。

② 企业定额　企业定额是施工企业根据本企业具有的管理水平、拥有的施工技术和施工机械装备水平而编制的，完成一个规定计量单位的工程项目所需的人工、材料、施工机械台班的消耗标准，是施工企业内部进行施工管理的标准，也是施工企业投标报价确定综合单价的依据之一。

投标企业没有企业定额时，可根据企业自身情况参照消耗量定额进行调整。

③ 资源可获取价格　综合单价中的人工费、材料费、机械费是以企业定额的人、料、机消耗量乘以人、料、机的实际价格得出的，因此投标人拟投入的人、料、机等资源的可获取价格直接影响综合单价的高低。

④ 企业管理费费率、利润率　企业管理费费率可由投标人根据本企业近年的企业管理费核算数据自行测定，也可以参照当地造价管理部门发布的平均参考值。

利润率可由投标人根据本企业当前盈利情况、施工水平、拟投标工程的竞争情况及企业当前经营策略自主确定。

⑤ 风险费用　招标文件中要求投标人承担的风险范围及其费用，投标人应在综合单价中予以考虑，通常以风险费率的形式进行计算。风险费率的测算应根据招标人要求结合投标人当前风险控制水平进行定量测算。

在施工过程中，当出现的风险内容及其范围（幅度）在招标文件规定的范围（幅度）内时，综合单价不得变动，工程款不作调整。

2. 措施项目费的编制　招标人在招标文件中列出的措施项目清单是根据一般情况确定的，没有考虑不同投标人的具体情况。因此，投标人投标报价时应根据自身拥有的施工装备、技术水平和采用的施工方法确定的施工方案，对招标人所列的措施项目进行调整，并确定措施项目费。

（1）措施项目中的单价项目，应根据招标文件和招标工程量清单项目中的特征描述确定按综合单价计算。

（2）措施项目中的总价项目金额，应根据招标文件及投标时拟定的施工组织设计或施工方案，按照 13 版《清单计价规范》的规定自主确定。其中安全文明施工费应按照国家或省级、行业建设主管部门的规定计算，不得作为竞争性费用。

3. 其他项目的编制　投标人对其他项目应按下列规定报价：

（1）暂列金额应按招标工程量清单中列出的金额填写，不得变动；

（2）材料、工程设备暂估价应按招标工程量清单中列出的单价计入综合单价，不得更改，材料、设备暂估价不再计入其他项目费；

（3）专业工程暂估价应按招标工程量清单中列出的金额填写，不得更改；

（4）计日工应按招标工程量清单中列出的项目和数量，自主确定综合单价并计算计日工金额；

（5）总承包服务费应根据招标工程量清单中列出的内容和提出的要求自主确定。

4. 规费和税金报价　应按国家或省级、行业建设主管部门的规定计算，不得作为竞争性费用。

5. 招标工程量清单与计价表中列明的所有需要填写的单价和合价的项目，投标人均应填写且只允许有一个报价。未填写单价和合价的项目，可视为此项费用已包含在已标价工程量清单中其他项目的单价和合价中。当竣工结算时，此项目不得重新组价、调整。

6. 投标价的汇总　投标总价应当与分部分项工程费、措施项目费、其他项目费和规费、税金的合计金额相一致。

第四节　工程计价表格

一、工程量清单计价表格

工程量清单计价表应采用统一格式，并应随招标文件发至投标人。工程量清单计价表格有哪些？

工程量清单计价表格包括下列内容。

1. 工程计价文件封面，包括：

（1）招标工程量清单封面（封-1）；

（2）招标控制价封面（封-2）；

（3）投标总价封面（封-3）；

（4）竣工结算书封面（封-4）；

（5）工程造价鉴定意见书封面（封-5）。

2. 工程计价文件扉页，包括：

（1）招标工程量清单扉页（扉-1）；

（2）招标控制价扉页（扉-2）；

（3）投标总价扉页（扉-3）；

（4）竣工结算总价扉页（扉-4）；

（5）工程造价鉴定意见书扉页（扉-5）。

3. 工程计价总说明：总说明（表-01）。

4. 工程计价汇总表，包括：

（1）建设项目招标控制价/投标报价汇总表（表-02）；

（2）单项工程招标控制价/投标报价汇总表（表-03）；

（3）单位工程招标控制价/投标报价汇总表（表-04）；

（4）建设项目竣工结算汇总表（表-05）；

（5）单项工程竣工结算汇总表（表-06）；

（6）单位工程竣工结算汇总表（表-07）。

5. 分部分项工程和措施项目计价表，包括：

（1）分部分项工程和单价措施项目清单与计价表（表-08）；

（2）综合单价分析表（表-09）；

（3）综合单价调整表（表-10）；

（4）总价措施项目清单与计价表（表-11）。

6. 其他项目计价表，包括：

（1）其他项目清单与计价汇总表（表-12）；

（2）暂列金额明细表（表-12-1）；

（3）材料（工程设备）暂估单价及调整表（表-12-2）；

（4）专业工程暂估价及结算价表（表-12-3）；

（5）计日工表（表-12-4）；

（6）总承包服务费计价表（表-12-5）；

（7）索赔与现场签证计价汇总表（表-12-6）；

（8）费用索赔申请（核准）表（表-12-7）；

（9）现场签证表（表-12-8）。

7. 规费、税金项目计价表（表-13）。

8. 工程计量申请（核准）（表-14）。

9. 合同价款支付申请（核准）表，包括：

（1）预付款支付申请（核准）（表-15）；

（2）总价项目进度款支付分解表（表-16）；

（3）进度款支付申请（核准）表（表-17）；

（4）竣工结算款支付申请（核准）表（表-18）；

（5）最终结清支付申请（核准）表（表-19）。

10. 主要材料、工程设备一览表，包括：

（1）发包人提供材料和工程设备一览表（表-20）；

（2）承包人提供主要材料和工程设备一览表（适用于造价信息差额调整法）（表-21）；

（3）承包人提供主要材料和工程设备一览表（适用于价格指数差额调整法）（表-22）。

以上各组成内容的具体格式见《建设工程工程量清单计价规范》（GB 50500—2013）附录 B 至附录 L。

二、工程量清单计价表格的使用规定

工程计价表宜采用统一格式。各省、自治区、直辖市建设行政主管部门和行业建设主管部门可根据本地区、本行业的实际情况，在《建设工程工程量清单计价规范》（GB 50500—2013）计价表格的基础上补充完善。但工程计价表格的设置应满足工程计价的需要，方便使用。

（一）招标控制价、投标报价、竣工结算的编制规定

1. 使用表格

（1）招标控制价使用的表格，包括封-2、扉-2、表-01、表-02、表-03、表-04、表-08、表-09、表-11、表-12（不含表-12-6 ～ 表-12-8）、表-13、表-20、表-21或表-22；

（2）投标报价使用的表格，包括封-3、扉-3、表-01、表-02、表-03、表-04、表-08、表-09、表-11、表-1 2（不含表-12-6～表-12-8）、表-13、表-16、招标文件提供的表-20、表-21或表-22；

（3）竣工结算使用的表格，包括封-4、扉-4、表-01、表-05、表-06、表-07、表-08、表-09、表-10、表-11、表-12、表-13、表-14、表-15、表-16、表-17、表-18、表-19、表-20、表-21或表-22。

2. 扉页应按规定的内容填写、签字、盖章，除承包人自行编制的投标报价和竣工结算外，受委托编制的招标控制价、投标报价、竣工结算，由造价员编制的应有负责审核的造价工程师签字、盖章及工程造价咨询人盖章。

3. 总说明应按下列内容填写

（1）工程概况：建设规模、工程特征、计划工期、合同工期、实际工期、施工现场及变化情况、施工组织设计的特点、自然地理条件、环境保护要求等；

（2）编制依据等。

（二）工程造价鉴定规定

1. 工程造价鉴定使用表格，包括封-5、扉-5、表-01、表-05～表-20、表-21或表-22。

2. 扉页应按规定内容填写、签字、盖章，应有承担鉴定和负责审核的注册造价工程师签字、盖执业专用章。

3. 说明应按规范规定填写。

提示

在投资项目招投标工作中会涉及大量的表格，关于表格的使用下面几点需明确：（1）工程量清单计价表格宜采用统一格式，但并不是一成不变的，在统一的基础上可以根据地区、行业的实际情况对《清单计价规范》中的表格进行完善；（2）要熟悉招标控制价、投标报价、竣工结算各阶段使用哪些表格，进而正确使用；（3）熟悉扉页、总说明的填写内容，便于各方了解熟悉工程情况，进而指导工作的开展。

本章小结

工程量清单计价是国际上通用的一种计价模式，也是我国深化工程造价管理改革的一项重要工作，但在定额计价模式下的施工图预算仍发挥着不可或缺的作用。在本章的学习中，应深刻理解和认识推行工程量清单计价的重要意义及其作用；应熟悉工程量清单计价的相关概念，以及工程量清单计价与定额计价的区别；进一步掌握综合单价的确定和工程量清单计价的编制，最终做到学以致用。

思考题

1. 何谓工程量清单计价？建筑安装工程造价包括哪些费用内容？
2. 何谓综合单价？如何理解这个概念？
3. 如何理解工程量清单计价中的单价项目和总价项目？
4. 清单计价与定额计价有何区别？
5. 清单工程量与计价工程量有何区别？
6. 何谓组价内容？你是如何理解该概念的？
7. 如何编制综合单价？
8. 如何编制招标控制价和投标价？二者的本质区别在哪？
9. 13版《清单计价规范》对招标控制价和投标报价有哪些一般规定？

习 题

某建设单位拟建一栋办公楼，框架结构，层高3.3m。采用工程量清单方式招标，部分工程量清单见表6-7、表6-8，地面砖暂估价为60元/m²。问题：

1. 依据你所在省份的预算定额计算分部分项工程量清单的综合单价。
2. 填写综合单价分析表。
3. 填写分部分项工程量清单计价表，确定分部分项工程量清单费用。

表 6-7 综合单价分析表

项目编码		项目名称		计量单位		工程量		
清单综合单价组成明细								
定额编号	定额项目名称	定额单位	数量	单价/元				合价/元
				人工费	材料费	机械费	管理费和利润	人工费 材料费 机械费 管理费和利润
人工单价			小计					
元/工日			未计价材料					
		清单项目综合单价						
材料费明细	主要材料名称、规格、型号	单位	数量	单价/元	合价/元	暂估单价/元	暂估合价/元	
	其他材料费							
	材料费小计							

表 6-8 分部分项工程清单与计价表

序号	项目编码	项目名称	项目特征描述	计量单位	工程量	金额/元		
						综合单价	合价	其中 暂估价
1	010502001001	现浇混凝土矩形柱	1. 矩形柱 2. C20 3. 柱截面 240mm×240mm	m³	10			
2	011102003001	块料楼地面	1. 面层 600mm×600mm 地面砖 2. 找平层:1:3 水泥砂浆,厚 20mm; C20 细石混凝土,厚 30mm 3. 结合层:1:4 水泥砂浆,厚 20mm	m²	520			

第七章 工程价款结算与竣工决算

问题导入

工程价款应如何结算？有哪些结算方式？如何调整合同价款？竣工决算包括哪些内容？

本章内容框架

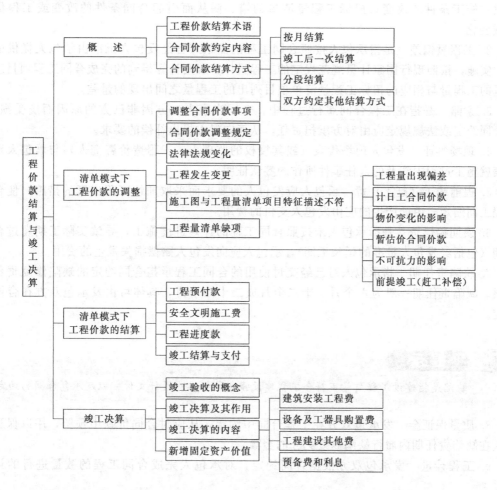

学习要求

1. 掌握 2013 版建设工程工程量清单计价规范中关于工程合同价款调整、合同价款中期支付和竣工结算与支付的相关规定；
2. 熟悉承包工程价款的主要结算方式；
3. 掌握竣工决算的基本概念及内容；
4. 熟悉新增固定资产价值的核算方法以及待摊投资的分摊方法。

第一节 概　述

一、《建设工程工程量清单计价规范》（GB 50500—2013）中与工程价款结算相关的术语

1. 工程变更　是指合同工程实施过程中由发包人提出或由承包人提出经发包人批准的合同工程任何一项工作的增、减、取消或施工工艺、顺序、时间的改变；设计图纸的修改；施工条件的改变；招标工程量清单的错、漏从而引起合同条件的改变或工程量的增减变化。

2. 工程量偏差　是指承包人按照合同工程的图纸（含经发包人批准由承包人提供的图纸）实施，按照现行国家计量规范规定的工程量计算规则计算得到的完成合同工程项目应予计量的工程量与相应的招标工程量清单项目列出的工程量之间出现的量差。

3. 索赔　是指在工程合同履行过程中，合同当事人一方因非己方的原因而遭受损失，按合同约定或法规规定应由对方承担责任，从而向对方提出补偿的要求。

4. 现场签证　发包人现场代表（或其授权的监理人、工程造价咨询人）与承包人现场代表就施工过程中涉及的责任事件所作的签认证明。

5. 提前竣工（赶工）费　承包人应发包人的要求而采取加快工程进度的措施，使合同工程工期缩短，由此产生的应由发包人支付的费用。

6. 误期赔偿费　是指承包人未按照合同工程的计划进度施工，导致实际工期超过合同工期（包括经发包人批准的延长工期），承包人应向发包人赔偿损失发生的费用。

7. 缺陷责任期　指承包人对已经交付使用的合同工程承担合同约定的缺陷修复责任的期限。缺陷责任期一般为六个月、十二个月或二十四个月，具体可由发承包双方在合同中约定。

提示

缺陷是指建设工程质量不符合工程建设强制性标准、设计文件，以及承包合同的约定。

8. 质量保证金　发承包双方在工程合同中约定，从应付合同价款中预留，用以保证承包人在缺陷责任期内履行缺陷修复义务的金额。

9. 工程计量　发承包双方根据合同约定，对承包人完成合同工程的数量进行的计算

和确认。

10. 工程结算　发承包双方根据合同约定，对合同工程在实施中、终止时、已完工后进行的合同价款计算、调整和确认。包括期中结算、终止结算、竣工结算。

11. 签约合同价　发承包双方在合同中约定的工程造价，即包括了分部分项工程费、措施项目费、其他项目费、规费和税金的合同总金额。

12. 预付款　是指在开工前，发包人按照合同约定预先支付给承包人用于购买合同工程施工所需的材料、工程设备，以及组织施工机械和人员进场等的款项。

13. 进度款　是指在合同工程施工过程中，发包人按照合同约定对付款周期内承包人完成的合同价款给予支付的款项，也是合同价款期中结算支付。

14. 合同价款调整　是指在合同价款调整因素出现后，发承包双方根据合同约定，对其合同价款进行变动的提出、计算和确认。

15. 竣工结算价　是指发承包双方依据国家有关法律、法规和标准规定，按照合同约定确定的，包括在履行合同过程中按合同约定进行的合同价款调整，是承包人按合同约定完成了全部承包工作后，发包人应付给承包人的合同总金额。

二、建设工程工程量清单计价规范对合同价款的约定

《建设工程工程量清单计价规范》（GB 50500—2013）中对合同价款的约定包括一般规定和约定内容。

（一）合同价款约定的一般规定

1. 实行招标的工程合同价款应在中标通知书发出之日起 30 日内，由发承包双方依据招标文件和中标人的投标文件在书面合同中约定。

合同约定不得违背招、投标文件中关于工期、造价、质量等方面的实质性内容。招标文件与中标人投标文件不一致的地方，以投标文件为准。

2. 不实行招标的工程合同价款，在发、承包双方认可的工程价款基础上，由发承包双方在合同中约定。

3. 实行工程量清单计价的工程，应当采用单价合同；建设规模较小、技术难度较低、工期较短、且施工图设计已审查批准的建设工程可以采用总价合同；紧急抢险、救灾及施工技术特别复杂的建设工程可以采用成本加酬金合同。

（二）合同价款约定的内容

《建设工程工程量清单计价规范》（GB 50500—2013）中规定发承包双方应在合同条款中对下列事项进行约定。

1. 预付工程款的数额、支付时间及抵扣方式。

【例如】　使用的水泥、钢材等大宗材料，可根据工程具体情况设置工程材料预付款。应在合同中约定预付款数额。可以是绝对数，如 50 万、100 万，也可以是额度，如合同金额的 10%、15%等；约定支付时间：如合同签订后一个月支付、开工日前 7 天支付等；约定

抵扣方式：如在工程进度款中按比例抵扣；约定违约责任：如不按合同约定支付预付款的利息计算，违约责任等。

2. 安全文明施工措施的支付计划、使用要求等。

3. 工程计量与支付工程进度款的方式、数额及时间。

【例如】 应在合同中约定计量时间和方式：可按月计量，如每月 30 日，可按工程形象部位（目标）划分分段计量，如±0 以下基础及地下室、主体结构 1～3 层、4～6 层等。进度款支付周期与计量周期保持一致，约定支付时间：如计量后 7 天、10 天支付；约定支付数额：如已完工作量的 70％、80％等；约定违约责任：如不按合同约定支付进度款的利率，违约责任等。

4. 工程价款的调整因素、方法、程序、支付及时间。

【例如】 约定调整因素：如工程变更后综合单价调整；钢材价格上涨超过投标报价时的 3％；工程造价管理机构发布的人工费调整等。约定调整方法：如结算时一次调整；材料采购时报发包人调整等。约定调整程序：承包人提交调整报告交发包人；由发包人现场代表审核签字等。约定支付时间与工程进度款支付同时进行等。

5. 施工索赔与现场签证的程序、金额确认与支付时间。

【例如】 约定索赔与现场签证的程序：如由承包人提出、发包人现场代表或授权的监理工程师核对等；约定索赔提出时间：如知道索赔事件发生后的 28 天内等；约定核对时间：收到索赔报告后 7 天以内、10 天以内等；约定支付时间：原则上与工程进度款同期支付等。

6. 承担计价风险的内容、范围及超出约定内容、范围的调整办法。

【例如】 约定风险的内容范围：如全部材料、主要材料等；约定物价变化调整幅度：如钢材、水泥价格涨幅超过投标报价的 3％，其他材料超过投标报价的 5％等。

7. 工程竣工价款结算编制与核对、支付及时间。

【例如】 约定承包人在什么时间提交竣工结算书，发包人或其委托的工程造价咨询企业，在什么时间内核对，核对完毕后，什么时间内支付等。

8. 工程质量保证（保修）金的数额、预留方式及时间。

【例如】 在合同中约定数额：如合同价款的 3％等；约定预付方式：竣工结算一次扣清等；约定归还时间：如质量缺陷期退还等。

9. 违约责任及发生工程价款争议的解决方法及时间。

【例如】 约定解决价款争议的办法：是协商还是调解，如调解由哪个机构调解；如在合同中约定仲裁，应标明具体的仲裁机关名称，以免仲裁条款无效，约定诉讼等。

10. 与履行合同、支付价款有关的其他事项等。

提示

　　合同中涉及价款的事项较多，能够详细约定的事项应尽可能具体约定，约定的用词应尽可能唯一，如有几种解释，最好对用词进行定义，尽量避免因理解上的歧义造成合同纠纷。

三、我国现行的合同价款结算方式

我国现行的合同价款结算方式主要有以下四种，如图 7-1 所示。

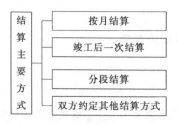

图 7-1 结算方式

（1）按月结算 是指先预付部分工程款，在施工过程中按月结算工程进度款，竣工后进行竣工结算。我国现行建筑安装工程价款结算中相当一部分实行该结算。

（2）竣工后一次结算 建设项目或单项工程全部建筑安装工程建设期在 12 个月以内，或工程承包合同价值在 100 万元以下的，可以实行工程价款每月月中预支，竣工后一次结算。

提 示

只有符合工期在一年以内或合同价值在 100 万元以内才能采用竣工后一次结算方式。

（3）分段结算 当年开工，当年不能竣工的单项工程或单位工程按照工程形象进度，划分不同阶段进行结算。分段结算也是按月预支工程款。

（4）其他结算方式 承发包双方根据要完成的任务，在合同中约定的其他结算方式。

第二节 工程量清单模式下工程价款的调整

一、发承包双方可以按照合同约定调整合同价款的事件

《建设工程工程量清单计价规范》（GB 50500—2013）规定：以下事项（但不限于）发生，发承包双方应当按照合同约定调整合同价款：

1. 法律法规变化；
2. 工程变更；
3. 项目特征不符；
4. 工程量清单缺项；
5. 工程量偏差；
6. 计日工；
7. 物价变化；
8. 暂估价；
9. 不可抗力；
10. 提前竣工（赶工补偿）；
11. 误期赔偿；
12. 索赔；
13. 现场签证；

14. 暂列金额；

15. 发承包双方约定的其他调整事项。

二、清单计价规范对工程价款调整的规定

在工程施工过程中，如果发生了工程价款调整，清单计价规范主要有以下几项规定：

1. 出现合同价款调增事项（不含工程量偏差、计日工、现场签证、索赔）后的14天内，承包人应向发包人提交合同价款调增报告并附上相关资料；承包人在14天内未提交合同价款调增报告的，视为承包人对该事项不存在调整价款请求。

2. 出现合同价款调减事项（不含工程量偏差、索赔）后的14天内，发包人应向承包人提交合同价款调减报告并附相关资料；若发包人在14天内未提交合同价款调减报告的，视为发包人认为该事项不存在调整价款请求。

3. 发（承）包人应在收到承（发）包人合同价款调增（减）报告及相关资料之日起14天内对其核实，予以确认的应书面通知承（发）包人。当有疑问时，应向承（发）包人提出协商意见。发（承）包人在收到合同价款调增（减）报告之日起14天内未确认也未提出协商意见的，应视为承（发）包人提交的合同价款调增（减）报告已被发（承）包人认可。发（承）包人提出协商意见的，承（发）包人应在收到协商意见后的14天内对其核实，予以确认的应书面通知发（承）包人。承（发）包人在收到发（承）包人的协商意见后14天内既不确认也未提出不同意见的，应视为发（承）包人提出的意见已被承（发）包人认可。

4. 发包人与承包人对合同价款调整的不同意见不能达成一致的，只要对发承包双方履约不产生实质影响，双方应继续履行合同义务，直到其按照合同约定的争议解决方式得到处理。

5. 经发承包双方确认调整的合同价款，作为追加（减）合同价款，应与工程进度款或结算款同期支付。

三、法律法规变化时合同价款的调整

在工程施工过程中，如果法律法规发生变化时，清单计价规范对其合同价款调整的规定：

1. 招标工程以投标截至日前28天、非招标工程以合同签订前28天为基准日，其后因国家的法律、法规、规章和政策发生变化引起工程造价增减变化的，发承包双方应当按照省级或行业建设主管部门或其授权的工程造价管理机构据此发布的规定调整合同价款。

2. 因承包人原因导致工期延误，按上述规定的调整时间在合同工程原定竣工时间之后，不予调整合同价款。

四、工程发生变更时合同价款的调整

（一）工程变更

1. 工程变更的定义

工程项目的复杂性决定发包人在招投标阶段所确定的方案往往存在某方面的不足。随着工程的进展和对工程本身认识的加深，以及其他外部因素的影响，常常在工程施工过程中需要对工程的范围、技术要求等进行修改，形成工程变更。

工程变更是指在合同实施过程中，当合同状态改变时，为保证工程顺利实施所采取的对原合同文件的修改与补充的一种措施。

2. 工程变更的范围

当工程在实施过程中出现以下情况时，都会发生变更：

（1）更改有关部分的标高、基线、位置和尺寸；

（2）合同中任一项工作的增减取消；

（3）改变有关工程的施工工艺、顺序、时间；

（4）设计图纸的修改；

（5）施工条件的改变；

（6）招标工程量清单错漏从而引起合同条件的改变或工程量的增减变化。

（二）工程变更引起已标价工程量清单项目或其工程数量发生变化时的调整

《建设工程工程量清单计价规范》（GB 50500—2013）规定：工程变更如果引起已标价工程量清单项目或其工程数量发生变化，应按下列规定调整：

1. 已标价工程量清单中有适用于变更工程项目的，采用该项目的单价；但当工程变更导致该清单项目的工程数量发生变化，且工程量偏差超过15%，此时，该项目单价的调整应按照本规范工程量偏差的相关规定调整。

【例如】某工程施工过程中，由于设计变更，新增加轻质材料隔墙1200m²，已标价工程量清单中有此轻质材料隔墙项目综合单价，且新增部分工程量偏差在15%以内，就应直接采用该项目综合单价。

2. 已标价工程量清单中没有适用但有类似于变更工程项目的，可在合理范围内参照类似项目的单价。

【例如】某工程现浇混凝土梁为C25，施工过程中设计调整为C30，此时，可仅将C30混凝土价格替换C25混凝土价格，其余不变，组成新的综合单价。

3. 已标价工程量清单中没有适用也没有类似于变更工程项目的，由承包人根据变更工程资料、计量规则和计价办法、工程造价管理机构发布的信息价格和承包人报价浮动率提出变更工程项目的单价，并应报发包人确认后调整。承包人报价浮动率可按下列公式计算。

招标工程：

$$承包人报价浮动率 L=（1-中标价/招标控制价）\times100\%$$

非招标工程：

$$承包人报价浮动率 L=（1-报价值/施工图预算）\times100\%$$

【例 7-1】　某工程招标控制价为 8413949 元，中标人的投标报价为 7972282 元，承包人报价浮动率为多少？施工过程中，屋面防水采用 PE 高分子防水卷材（1.5mm），清单项目中无类似项目，工程造价管理机构发布有该卷材单价为 18 元/m²，该项目综合单价如何确定？

【解】　(1) L =（1－中标价/招标控制价）×100%

$$=（1-7972282/8413949）×100\%=5.25\%$$

(2) 查项目所在地该项目定额人工费为 3.78 元，除卷材外的其他材料费为 0.65 元，管理费和利润为 1.13 元。

$$该项目综合单价=（3.78+18+0.65+1.13）×（1-5.25\%）$$
$$=23.56×94.75\%=22.32（元）$$

发承包双方可按 22.32 元协商确定该项目综合单价。

4. 已标价工程量清单中没有适用也没有类似于变更工程项目，且工程造价管理机构发布的信息价格缺价的，应由承包人根据变更工程资料、计量规则、计价办法和通过市场调查等取得有合法依据的市场价格提出变更工程项目的单价，并应报发包人确认后调整。

(三) 工程变更引起施工方案改变使措施项目发生变化时的调整

《建设工程工程量清单计价规范》（GB 50500—2013）规定：工程变更引起施工方案改变并使措施项目发生变化时，承包人提出调整措施项目费的，应事先将拟实施的方案提交发包人确认，并应详细说明与原方案措施项目相比的变化情况。拟实施的方案经发承包双方确认后执行，并应按照下列规定调整措施项目费：

1. 安全文明施工费，按照实际发生变化的措施项目依据本规范相应规定调整。

2. 采用单价计算的措施项目费，应按照实际发生变化的措施项目，按本规范上述相关规定确定单价。

3. 按总价（或系数）计算的措施项目费，按照实际发生变化的措施项目调整，但应考虑承包人报价浮动因素，即调整金额按照实际调整金额乘以本规范规定的承包人报价浮动率计算。

> **提 示**
>
> 如果承包人未事先将拟实施的方案提交给发包人确认，则视为工程变更不引起措施项目费的调整或承包人放弃调整措施项目费的权利。

(四) 工程变更引起了因非承包人原因删减合同中的某项原定工作或工程时的调整

《建设工程工程量清单计价规范》（GB 50500—2013）规定：如果发包人提出的工程变更，因为非承包人原因删减了合同中的某项原定工作或工程，致使承包人发生的费用或（和）得到的收益不能被包括在其他已支付或应支付的项目中，也未被包含在任何替代的工作或工程中，则承包人有权提出并得到合理的利润补偿。

五、施工图（含设计变更）与工程量清单项目特征描述不符时，合同价款的调整

在工程施工过程中，当发生施工图或设计变更与工程量清单项目特征描述不符时，《建设工程工程量清单计价规范》（GB 50500—2013）规定：

1. 发包人在招标工程量清单中对项目特征的描述，应被认为是准确全面的，并且与实际施工要求相符合。承包人应按照发包人提供的工程量清单，根据其项目特征描述的内容及有关要求实施合同工程，直到其被改变为止。

 提示

　　项目特征是构成清单项目价值的本质特征，单价的高低与项目特征具有必然的联系。

2. 承包人应按照发包人提供的设计图纸实施合同工程，若在合同履行期间出现实际施工设计图纸（含设计变更）与招标工程量清单任一项目的特征描述不符，且该变化引起该项目工程造价增减变化的，应按照实际施工的项目特征，按本规范相关条款的规定重新确定相应工程量清单项目的综合单价，并调整合同价款。

　　【例如】 招标时，某现浇混凝土构件项目特征描述中混凝土强度等级为 C20，但施工过程中发包人变更为混凝土强度等级为 C30，很明显，这时应该重新确定其综合单价，因为 C20 与 C30 的混凝土价格是不一样的。

 提示

　　当施工图（含设计变更）与工程量清单项目特征描述中不符时，应按照实际施工的项目特征重新确定相应工程量清单项目的综合单价，调整合同价款。

六、工程量清单缺项时合同价款的调整

　　在工程实施过程中，当发生工程量清单缺项时，《建设工程工程量清单计价规范》（GB 50500—2013）规定：

　　1. 合同履行期间，由于招标工程量清单中缺项，新增分部分项工程清单项目的，应按本规范相应条款的规定确定单价，并调整合同价款。

　　2. 新增分部分项工程清单项目后，引起措施项目发生变化的，应按照本规范相关规定，在承包人提交的实施方案被发包人批准后调整合同价款。

　　3. 由于招标工程量清单中措施项目缺项，承包人应将新增措施项目实施方案提交发包人批准后，按照本规范中的相关规定确定调整合同价款。

七、工程量出现偏差时合同价款的调整

　　在工程施工过程中，当工程量出现偏差时，《建设工程工程量清单计价规范》（GB 50500—2013）规定：

　　1. 对于任一招标工程量清单项目，当应计算的实际工程量与招标工程量清单出现的偏差或由于工程变更等原因导致工程量偏差超过 15% 时，可进行调整。当工程量增加 15% 以上时，增加部分的工程量的综合单价应调低；当工程量减少 15% 以上时，减少后剩余部分的工程量的综合单价应调高。此时，按下列公式调整结算分部分项工程费：

　　（1）当 $Q_1 > 1.15Q_0$ 时，$S = 1.15Q_0P_0 + (Q_1 - 1.15Q_0)P_1$

（2）当 $Q_1 < 0.85Q_0$ 时，$S = Q_1 P_1$

式中　S——调整后的某一分部分项工程费结算价；

　　Q_1——最终完成的工程量；

　　Q_0——招标工程量清单中列出的工程量；

　　P_1——按照最终完成工程量重新调整后的综合单价；

　　P_0——承包人在工程量清单中填报的综合单价。

采用上述两式的关键是确定新的综合单价，即 P_1。其确定的方法主要有下列两种：一是发承包双方协商确定；二是与招标控制价相联系，当工程量偏差项目出现承包人在工程量清单中填报的综合单价与发包人招标控制价相应清单项目的综合单价偏差超过 15％时，工程量偏差项目综合单价的调整可参考以下公式。

（1）当 $P_0 < P_2(1-L)(1-15\%)$ 时，该类项目的综合单价：P_1 按照 $P_2(1-L)(1-15\%)$ 调整。

（2）当 $P_0 > P_2(1+15\%)$ 时，该类项目的综合单价：P_1 按照 $P_2(1+15\%)$ 调整。

式中　P_0——承包人在工程量清单中填报的综合单价；

　　P_2——发包人招标控制价相应项目的综合单价；

　　L——承包人报价浮动率。

（3）当 $P_0 > P_2(1-L)(1-15\%)$ 或 $P_0 < P_2(1+15\%)$ 时，可不调整。

【例 7-2】　某工程项目招标工程量清单数量为 1520m³，施工中由于设计变更调增为 1824m³，该项目招标控制价的综合单价为 350 元，投标报价的综合单价为 406 元，工程变更后的综合单价如何调整？调整后的分项工程结算价为多少？

【解】　（1）由于设计变更工程量增加了 $(1824-1520)/1520 = 20\% > 15\%$

所以应该进行调价：$S = 1.15Q_0 P_0 + (Q_1 - 1.15Q_0)P_1$

（2）计算 P_1

由于 $(406-350)/350 = 16\% > 15\%$

按上述公式计算：$P_2 \times (1+15\%) = 350 \times (1+15\%) = 402.50$（元）

由于 406 大于 402.50，因此，该项目变更后的综合单价 P_1 应调整为 402.50 元。

（3）调整后的分项工程结算价应为：

$$S = 1.15Q_0 P_0 + (Q_1 - 1.15Q_0)P_1$$
$$= 1.15 \times 1520 \times 406 + (1824 - 1.15 \times 1520) \times 402.50 = 740278 \text{（元）}$$

【例 7-3】　某工程项目招标工程量清单数量为 1520m³，施工中由于设计变更调减为 1216m³，该项目招标控制价的综合单价为 350 元，投标报价的综合单价为 287 元，该工程投标报价下浮率为 6％，综合单价是否调整？调整后的分项工程结算价为多少？

【解】　（1）由于设计变更工程量减少了 $(1216-1520)/1520 = -20\%$，减少量也超过了 15％，所以应该进行调价：$S = Q_1 P_1$

（2）计算 P_1

由于 $(287-350)/350 = -18\%$，偏差也超过了 15％；

按上述公式计算：$P_2(1-L) \times (1-15\%) = 350 \times (1-6\%) \times (1-15\%) = 279.65$（元）

由于 287 元大于 279.65，该项目变更后的综合单价 P_1 可不予调整。

（3）调整后的分项工程结算价应为：

$$S = Q_1 P_1 = 1216 \times 287 = 348992 \text{（元）}$$

2. 如果工程量出现因某种原因导致工程量偏差超过15%，且该变化引起相关措施项目相应发生变化时，按系数或单一总价方式计价的，工程量增加的措施项目费调增，工程量减少的措施项目费适当调减。

八、计日工合同价款的调整

《建设工程工程量清单计价规范》（GB 50500—2013）规定：

1. 发包人通知承包人以计日工方式实施的零星工作，承包人应予执行。

2. 采用计日工计价的任何一项变更工作，在该项变更的实施过程中，承包人应按合同约定提交下列报表和有关凭证送发包人复核以下内容。

（1）工作名称、内容和数量；

（2）投入该工作所有人员的姓名、工种、级别和耗用工时；

（3）投入该工作的材料名称、类别和数量；

（4）投入该工作的施工设备型号、台数和耗用台时；

（5）发包人要求提交的其他资料和凭证。

3. 任一计日工项目持续进行时，承包人应在该项工作实施结束后的24h内向发包人提交有计日工记录汇总的现场签证报告一式三份。发包人在收到承包人提交现场签证报告后的2天内予以确认，并将其中一份返还给承包人，作为计日工计价和支付的依据。发包人逾期未确认也未提出修改意见的，应视为承包人提交的现场签证报告已被发包人认可。

4. 任一计日工项目实施结束后，承包人应按照确认的计日工现场签证报告核实该类项目的工程数量，并应根据核实的工程数量和承包人已标价工程量清单中的计日工单价计算，提出应付价款；已标价工程量清单中没有该类计日工单价的，由发承包双方按本规范相关规定商定计日工单价计算。

5. 每个支付期末，承包人应按照相关规定向发包人提交本期间所有计日工记录的签证汇总表，见表7-1，并应说明本期间自己认为有权得到的计日工金额，调整合同价款，列入进度款支付。

九、物价变化时合同价款的调整

1. 《建设工程工程量清单计价规范》（GB 50500—2013）规定：

（1）合同履行期间，因人工、材料、工程设备、机械台班价格波动影响合同价款时，应根据合同约定，按本规范附录A物价变化合同价款调整方法之一调整价款。

（2）承包人采购材料和工程设备的，应在合同中约定主要材料、工程设备价格变化的范围或幅度，如没有约定，且材料、工程设备单价变化超过5%，超过部分的价格应按照本规范附录A物价变化合同价款调整方法计算调整材料、工程设备费。

（3）发生合同工程工期延误的，应按照下列规定确定合同履行期的价格调整：

① 因非承包人原因导致工期延误的，计划进度日期后续工程的价格，应采用计划进度日期与实际进度日期两者的较高者。

② 因承包人原因导致工期延误的，计划进度日期后续工程的价格，应采用计划进度日期与实际进度日期两者的较低者。

（4）发包人供应材料和工程设备的，不适用本规范的相关规定，应由发包人按照实际变化调整，列入合同工程的工程造价内。

表 7-1 现场签证表

工程名称： 标段： 编号：

施工部位		日期	

致：_____（发包人全称）

根据_____（指令人姓名） 年 月 日的口头指令或你方_____（或监理人） 年 月 日的书面通知,我方要求完成此项工作应支付价款金额为(大写)_____(小写_____),请予核准。

附:1. 签证事由及原因

2. 附图及计算式

承包人(章)

承包人代表_____

日期_____

复核意见： 你方提出的此项签证申请经复核： □不同意此项签证,具体意见见附件 □同意此项签证,签证金额的计算,由造价工程师复核 <div align="right">监理工程师_____ 日期_____</div>	复核意见： □此项签证按承包人中标的计日工单价计算,金额为(大写)_____元,(小写___元) □此项签证因无计日工单价,金额为(大写____元,小写___元。 <div align="right">造价工程师_____ 日期_____</div>

审核意见：

□不同意此项签证

□同意此项签证,价款与本期进度款同期支付

发包人(章)

发包人代表_____

日期_____

注：1. 在选择栏中的"□"内作标识"√"。

2. 本表一式四份,由承包人在收到发包人（监理人）的口头或书面通知后填写,发包人、监理人、造价咨询人、承包人各存一份。

2. 物价发化时造价信息价差法的调整方法

（1）适用范围：施工中消耗工程材料品种较多、用量较小的项目。

（2）调整依据：按本《计价规范》附录A.2：施工期内，因人工、材料、工程设备、施工机械台班价格波动影响合同价格时，人工、机械使用费按照国家或省、自治区、直辖市工程造价管理机构发布的人工成本信息、机械台班单价或机械使用费系数进行调整；需要进行价格调整的材料，其单价和采购数应由发包人复核，发包人确认需调整的材料单价及数量，作为调整合同价款差额的依据。

（3）信息价差法人工费调整

① 人工单价报价＜人工费信息单价。

调整方法：调价差＝人工费信息单价－人工单价报价

② 人工单价报价＞人工费信息单价，不予调整。

【例如】　某省某工程总合同额1700万元，投标时投标人人工费报价为48元/工日，当时该省人工费定额是58元/工日。因为发包人原因造成推迟开工，项目开工时当地管理部门公布的人工费价格是68元/工日，双方同意对人工费进行调价，承包人认为调整价格为：（68－48）元/工日，发包人方认为调整价格为（68－58）元/工日，双方对人工费调整的具体额度产生纠纷。

分析：首先明确人工费应调整。因开工时公布的人工费发生变化。该费用由发包人承担。

其次投标时人工费定额价是58元/工日，承包人报价48元/工日，人工费存在价差，那么就是说承包人愿意承担（58－48）＝10元/工日的人工费价差的风险。开工时，承包人应继续承担人工费上涨10元/工日的风险，不能因人工费的上涨而改变。项目开工时该省建设管理部门公布的人工费价格是68元/工日，因此承包人应承担10(58－48)元/工日人工费上涨的风险，而发包人应承担10(68－58)元/工日人工费上涨的风险。所以人工费涨价风险由双方承担。

（4）信息价差法材料费调整

信息价差法材料费调整主要有以下几种方法。

① 方法1　本《计价规范》附录A.2规定：当承包人投标时的材料单价低于当时基准单价的，施工期间遇到材料涨价时，材料单价涨幅以基准单价为基础超过合同约定的风险幅度以上；或遇到材料跌价时，材料单价跌幅以投标报价为基础超过合同约定的风险幅度以下的，其超过以上或以下部分约定涨价幅度以外，按实调整（不利于承包人原则）。

【例如】　某工程合同约定承包人承担5%钢材价格风险，其预算用量为150t，承包人投标报价3900元/t，同时期地方部门发布的钢材单价为4000元/t。结算时该钢材价格涨至4400元/t。请问如何调整该钢材价差。

分析：该题基准价格大于投标价，当钢材价格在3900元及4200元之间波动时，钢材价格不调整，一旦高于4200元，超过部分据实调整：

结算时钢材价格为：$3900＋(4400－4000×1.05)＝4100$（元/t）

而不是：$3900＋(4400－3900×1.05)＝4200$(元/t)

② 方法2　本《计价规范》附录A.2规定：当承包人投标时的材料单价高于当时的基准单价的，施工期间遇到材料跌价时，材料单价跌幅以基准单价为基础超过合同约定的风险幅度以下的；或遇到材料涨价时，材料单价涨幅以投标报价为基础超过合同约定的风险幅

上的，其超过以下或以上的部分按实调整（不利于承包人原则）。

【例如】 某工程合同约定承包人承担5%钢材价格风险，其预算用量为150t，当时地方部门发布的钢材单价为4000元/t，承包人投标报价4100元/t，施工期间钢材价格跌至3700元/t，请问如何调整该钢材价差。

分析：本案例中投标价高于基准价格，当钢材价格在3800元及4000元之间波动时，钢材价格不调整，一旦低于3800元，超过部分据实调整。结算时钢材价格为：$4000+(3700-4000\times0.95)=3900$(元/t)

而不是：$4100+(3700-4000\times0.95)=4000$(元/t)

③ 方法3 本《计价规范》附录A.2规定：当承包人投标中材料单价等于当时地方发布的基准单价的，施工期间遇到材料涨价或跌价时，材料单价涨、跌幅以基准单价为基础超过合同约定风险幅度值时，超过其以上或以下部分按实调整。

【例如】 某工程合同约定承包人承担5%钢材价格风险，其预算用量为150t，当时地方部门发布的钢材单价为4000元/t，承包人投标报价4000元/t，结算时该钢材价格跌至3700元/t。请问如何调整该钢材价差。

分析：本案例中投标价等于当时基准价格，当钢材价格在4000～3800元之间波动时，钢材价格不调整，一旦低于3800元，超过部分据实调整。

结算时钢材价格为：$4000+(3700-4000\times0.95)=3900$(元/t)

十、暂估价合同价款的确定

《建设工程工程量清单计价规范》（GB 50500—2013）规定：

1. 发包人在招标工程量清单中给定暂估价的材料、工程设备属于依法必须招标的，应由发承包双方以招标的方式选择供应商，确定价格，并应以此为依据取代暂估价，调整合同价格。

2. 发包人在招标工程量清单中给定暂估价的材料、工程设备不属于依法必须招标的，应由承包人按照合同约定采购，经发包人确认单价后取代暂估价，调整合同价格。

【例如】 某工程招标，将现浇混凝土构件钢筋作为暂估价，为4000元/t，工程实施后，根据市场价格变动，将各种规格现浇钢筋加权平均认定为4295元/t，此时，应在综合单价中以4295元/t取代4000元。

3. 发包人在工程量清单中给定暂估价的专业工程不属于依法必须招标的，应按照本规范相应规定确定专业工程价款，并应以此为依据取代专业工程暂估价，调整合同价格。

4. 发包人在招标工程量清单中给定暂估价的专业工程，依法必须招标的，应当由发承包双方依法组织招标选择专业分包人，并接受有管辖权的建设工程招标投标管理机构的监督。还应符合下列要求：

（1）除合同另有约定外，承包人不参与投标的专业工程发包招标，应由承包人作为招标人，但拟定的招标文件、评标工作、评标结果应报送发包人批准。与组织招标工作有关的费用应当被认为已经包括在承包人的签约合同价（投标总报价）中。

（2）承包人参加投标的专业工程发包招标，应由发包人作为招标人，与组织招标工作有关的费用由发包人承担。同等条件下，应优先选择承包人中标。

（3）应以专业工程发包中标价为依据取代专业工程暂估价，调整合同价格。

提 示

暂估材料或工程设备的单价确定后，在综合单价中只取代原暂估单价，不应再在综合单价中涉及企业管理费或利润等其他费用的变动。

十一、遇上不可抗力时合同价款的调整

1. 不可抗力所具备的条件和属性。不可抗力应具备以下四个条件：一是不能预见；二是不能避免；三是不能克服；四是客观事件。只有同时满足这四个条件，才能构成不可抗力。

不可抗力的两个属性，一是自然性，一是社会性。

2.《建设工程工程量清单计价规范》（GB 50500—2013）规定：

因不可抗力事件导致的人员伤亡、财产损失及其费用增加，发承包双方应按下列原则分别承担并调整合同价款和工期：

（1）合同工程本身的损害、因工程损害导致第三方人员伤亡和财产损失，以及运至施工场地用于施工的材料和待安装的设备的损害，应由发包人承担。

（2）发包人、承包人人员伤亡应由其所在单位负责，并承担相应费用。

（3）承包人的施工机械设备损坏及停工损失，由承包人承担。

（4）停工期间，承包人应发包人要求留在施工场地的必要的管理人员及保卫人员的费用应由发包人承担。

（5）工程所需清理、修复费用，应由发包人承担。

3. 不可抗力的价款调整注意事项

（1）因不可抗力解除后复工的，发包人要求赶工的，赶工费用由发包人承担。

（2）因不可抗力造成合同解除的费用承担，需要判断是谁的责任，谁的责任谁来承担。

提 示

不可抗力的价款调整原则：各自损失各自承担。

十二、提前竣工（赶工补偿）合同价款的调整

1. 提前竣工（赶工补偿）的概念

（1）提前竣工是因发包人的需求，承发包双方商定对工程的进度计划进行压缩，使得实际工期在少于原定合同工期（日历天数）内完成。

（2）赶工补偿是因发包人提出提前竣工的需求，承包人采取相关措施实施赶工，对此，发包需要向承包人支付的合同价款的增加额。赶工补偿是发包人对承包人提前竣工的一种补偿机制。

（3）区分：提前竣工费是在合同签约之前，依据招标人要求压缩的工期天数是否超过定额工期的20％来确定，在招标文件中已有明示是否存在赶工费用。而赶工补偿费是在合同签约之后，因发包人要求合同工程提前竣工，为此承包商有权获得直接和间接的赶工补偿。往往没有约定，因而由此易发生索赔。

2.《建设工程工程量清单计价规范》（GB 50500—2013）规定：

（1）招标人应依据相关工程的工期定额合理计算工期，压缩的工期天数不得超过定额工期的 20％，超过者，应在招标文件中明示增加赶工费用。

（2）发包人要求合同工程提前竣工的，应征得承包人同意后与承包人商定采取加快工程进度的措施，并修订合同工程进度计划。发包人应承担承包人由此增加的提前竣工（赶工补偿）费。

3. 发承包双方应在合同中约定提前竣工每日历天应补偿额度。此项费用应作为增加合同价款列入竣工结算文件中，与结算款一并支付。

提 示

提前竣工（赶工补偿）费作为追加合同价款，与工程进度款同期支付。

十三、发生误期赔偿时合同价款的调整

1. 误期赔偿费的概念和属性

（1）误期赔偿费是承包人未按照合同工程的计划进度施工，导致实际工期超过合同工期（包括经发包人批准的延长工期），承包人应向发包人赔偿损失的费用。

（2）法律属性：误期赔偿费本质上属于业主对承包商的一项索赔。

（3）与罚款的区分：误期赔偿费是承包人应向发包人赔偿损失的实际费用，而罚款则是通过征收一笔罚金来保证合同的履行，带有惩罚性质，通常大于实际损失。但如果误期赔偿费标准明显高于业主的损失太大，则有可能被法律认定此规定没有效力。

2.《建设工程工程量清单计价规范》（GB 50500—2013）规定：

（1）承包人未按照合同约定施工，导致实际进度迟于计划进度的，承包人应加快进度，实现合同工期。

合同工程发生误期，承包人应赔偿发包人由此造成的损失，并按照合同约定向发包人支付误期赔偿费。即使承包人支付误期赔偿费，也不能免除承包人按照合同约定应承担的任何责任和应履行的任何义务。

（2）发承包双方应在合同中约定误期赔偿费，明确每日历天应赔额度。误期赔偿费应列入竣工结算文件中，并应在结算款中扣除。

（3）如果在工程竣工之前，合同工程内的某单项（位）工程已通过了竣工验收，且该单项（位）工程接收证书中表明的竣工日期并未延误，而是合同工程的其他部分产生了工期延误时，误期赔偿费应按照已颁发工程接收证书的单项（位）工程造价占合同价款的比例幅度予以扣减。

【例如】　某建设工程项目由发包人和承包人签订了施工承包合同，合同规定：工程分为三个标段施工，开工日期为 2011 年 7 月 20 日，完工日期为 2011 年 12 月 10 日，施工日历天数为 140 天。并约定：承包人必须按提交的各项工程进度计划的时间节点组织施工，否则，每误期一天，向开发商支付 20000 元。在实际施工过程中，标段 1 和标段 2 均已按期完成，标段 3 因承包人自身原因导致工程误期 5 天，标段 3 的工程价款占整个建设项目合同价款的 40％。则误期赔偿费应该如何确定？

分析：按照合同约定标段 3 的工程价款占整个合同价款的 40％，则标段 3 导致的误期赔偿的标准为 20000×40％＝8000 元/天，按照合同约定的误期赔偿标准以及实际误期时间，

处理结果：误期赔偿费＝8000 元/天×5 天＝40000 元。

十四、发生索赔时合同价款的确定

《建设工程工程量清单计价规范》（GB 50500—2013）规定：

1. 当合同一方向另一方提出索赔时，应有正当的索赔理由和有效证据，并应符合合同的相关约定。

2. 根据合同约定，承包人认为非承包人原因发生的事件造成了承包人的损失，应按以下程序向发包人提出索赔。

（1）承包人应在知道或应当知道索赔事件发生后 28 天内，向发包人提交索赔意向通知书，说明发生索赔事件的事由。承包人逾期未发出索赔意向通知书的，丧失索赔的权利。

（2）承包人应在发出索赔意向通知书后 28 天内，向发包人正式提交索赔通知书。索赔通知书应详细说明索赔理由和要求，并应附必要的记录和证明材料。

（3）索赔事件具有连续影响的，承包人应继续提交延续索赔通知，说明连续影响的实际情况和记录。

（4）在索赔事件影响结束后的 28 天内，承包人应向发包人提交最终索赔通知书，说明最终索赔要求，并应附必要的记录和证明材料。

3. 承包人索赔应按下列程序处理。

（1）发包人收到承包人的索赔通知书后，应及时查验承包人的记录和证明材料。

（2）发包人应在收到索赔通知书或有关索赔的进一步证明材料后的 28 天内，将索赔处理结果答复承包人，如果发包人逾期未做出答复，视为承包人索赔要求已经发包人认可。

（3）承包人接受索赔处理结果的，索赔款项应作为增加合同价款，在当期进度款中进行支付；承包人不接受索赔处理结果的，应按合同约定的争议解决方式办理。

提示

承包人接受的索赔款项作为追加合同价款，与工程进度款同期支付。

4. 承包人要求赔偿时，可以选择以下一项或几项方式获得赔偿：

（1）延长工期；

（2）要求发包人支付实际发生的额外费用；

（3）要求发包人支付合理的预期利润；

（4）要求发包人按合同的约定支付违约金。

5. 当承包人的费用索赔与工期索赔要求相关联时，发包人在做出费用索赔的批准决定时，应结合工程延期，综合做出费用赔偿和工程延期的决定。

6. 发承包双方在按合同约定办理了竣工结算后，应被认为承包人已无权再提出竣工结算前所发生的任何索赔。承包人在提交的最终结清申请中，只限于提出竣工结算后的索赔，提出索赔的期限应自发承包双方最终结清时终止。

7. 根据合同约定，发包人认为由于承包人的原因造成发包人的损失，应参照承包人索赔的程序进行索赔。

8. 发包人要求赔偿时，可以选择以下一项或几项方式获得赔偿。

(1) 延长质量缺陷修复期限。

(2) 要求承包人支付实际发生的额外费用。

(3) 要求承包人按合同的约定支付违约金。

9. 承包人应付给发包人的索赔金额可从拟支付给承包人的合同价款中扣除，或由承包人以其他方式支付给发包人。

十五、现场签证合同价款的确定

《建设工程工程量清单计价规范》（GB 50500—2013）规定：

1. 承包人应发包人要求完成合同以外的零星项目、非承包人责任事件等工作的，发包人应及时以书面形式向承包人发出指令，并应提供所需的相关资料；承包人在收到指令后，应及时向发包人提出现场签证要求。

2. 承包人应在收到发包人指令后的 7 天内向发包人提交现场签证报告，发包人应在收到现场签证报告后的 48h 内对报告内容进行核实，予以确认或提出修改意见。发包人在收到承包人现场签证报告后的 48h 内未确认也未提出修改意见的，应视为承包人提交的现场签证报告已被发包人认可。

3. 现场签证的工作如已有相应的计日工单价，现场签证中应列明完成该类项目所需的人工、材料、工程设备和施工机械台班的数量。

如现场签证的工作没有相应的计日工单价，应在现场签证报告中列明完成该签证工作所需的人工、材料设备和施工机械台班的数量及其单价。

4. 合同工程发生现场签证事项，未经发包人签证确认，承包人便擅自施工的，除非征得发包人书面同意，否则发生的费用应由承包人承担。

5. 现场签证工作完成后的 7 天内，承包人应按照现场签证内容计算价款，报送发包人确认后，作为增加合同价款，与进度款同期支付。

提示

经发包方认可的现场签证款，作为追加合同价款，与工程进度款同期支付。

6. 在施工过程中，当发现合同工程内容因场地条件、地质水文、发包人要求等不一致时，承包人应提供所需的相关资料，并提交发包人签证认可，作为合同价款调整的依据。

十六、清单计价规范对暂列金额的规定

《建设工程工程量清单计价规范》（GB 50500—2013）规定：

1. 已签约合同价中的暂列金额应由发包人掌握使用。

2. 发包人按照本规范相关规定支付后，暂列金额余额归发包人所有。

提示

暂列金额虽然列入合同价款，但并不属于承包人所有，也不一定必然发生。

【例如】 某工程建设方提供的招标控制价中规定了暂列金额为 200 万元，中标单位的投标书中却没有这一项，请问竣工结算怎么处理？

分析：依据《计价规范》6.2.5 条"暂列金额按招标工程量清单中列出的金额填"。投标人未填报暂列金额时，不能视作该费用已隐含在其它项目费用中，应视同没有响应招标文件要求。若投标单位中标，招标人应向监管部门投诉评标委员会评标违规，评标结果无效，应重新进行招标。

解决建议：鉴于工程已进入结算阶段，建议双方协商处理。暂列金额是发包人用于支付施工中不能预见、不能确定因素引起价款调整的一笔预留金。如果发生工程价款调整时，经发、承包双方确认后，应作为追加（减）合同价款与工程进度款同期支付。

第三节　工程量清单模式下工程价款结算

工程量清单计价模式下工程价款结算主要包括预付款、安全文明施工费、总承包服务费、进度款、质量保证（修）金、竣工结算等。

一、预付款

（一）工程量清单计价规范对预付款的支付和扣回的具体规定

1. 承包人应将预付款专用于合同工程。

2. 包工包料工程的预付款的支付比例不得低于签约合同价（扣除暂列金额）的 10%，不宜高于签约合同价（扣除暂列金额）的 30%。

3. 承包人应在签订合同或向发包人提供与预付款等额的预付款保函后，向发包人提交预付款支付申请。

4. 发包人应对在收到支付申请的 7 天内进行核实，向承包人发出预付款支付证书，并在签发支付证书后的 7 天内向承包人支付预付款。

5. 发包人没有按合同约定按时支付预付款的，承包人可催告发包人支付；发包人在预付款期满后的 7 天内仍未支付的，承包人可在付款期满后的第 8 天起暂停施工。发包人应承担由此增加的费用和延误的工期，并应向承包人支付合理利润。

6. 预付款应从每一个支付期应支付给承包人的工程进度款中扣回，直到扣回的金额达到合同约定的预付款金额为止。

7. 承包人的预付款保函的担保金额根据预付款扣回的数额相应递减，但在预付款全部扣回之前一直保持有效。发包人应在预付款扣完后的 14 天内将预付款保函退还给承包人。

（二）预付款的扣回方法

发包人支付给承包人的预付款其性质是预支。随着工程进度的推进，拨付的工程进度款数额不断增加，原已支付的预付款应以抵扣的方式陆续扣回，抵扣的方式必须在合同中约定。扣款的方法主要有两种。

1. 从起扣点开始起扣的方法　起扣点是指工程预付款开始扣回时的累计完成工程量

金额。根据未完工程所需主要材料和构件的费用等于工程预付款数额时确定累计工作量的起扣点。从每次结算的工程价款中按材料比重抵扣工程价款，竣工前全部扣清。其计算公式为：

$$T = P - \frac{M}{N}$$

式中　T——起扣点；

　　　M——工程预付款数额；

　　　N——主要材料及构件占工程价款总额的比重；

　　　P——承包工程价款总额。

【例7-4】　某工程计划完成年度建筑安装工作量为850万元，根据合同规定工程预付款额度为25%，材料比例为50%，试计算累计工作量起扣点。

【解】　工程预付款=850×25%=212.5（万元）

累计工作量起扣点=850-212.5/50%=425（万元）

2. 等比率或等额扣款的方法　承发包双方可以约定在承包人完成工程金额累积达到合同总价的10%以后，由承包人开始向发包人还款，发包人从每次应付给承包人的金额中扣回工程预付款，发包人至少在合同规定的完工期前三个月将工程预付款的总计金额以等比率或等额扣款的办法扣回。

提　示

在实际经济活动中情况比较复杂，也可针对工程实际情况在合同中具体规定。

二、工程量清单计价规范对安全文明施工费的规定

《建设工程工程量清单计价规范》（GB 50500—2013）规定：

1. 安全文明施工费包括的内容和使用范围，应符合国家现行有关文件和计量规范的规定。

2. 发包人应在工程开工后的28天内预付不低于当年施工进度计划的安全文明施工费总额的60%，其余部分应按照安排的原则进行分解，并应与进度款同期支付。

3. 发包人没有按时支付安全文明施工费的，承包人可催告发包人支付；发包人在付款期满后的7天内仍未支付的，若发生安全事故的，发包人应承担连带责任。

4. 承包人对安全文明施工费应专款专用，在财务账目中应单独列项备查，不得挪作他用，否则发包人有权要求其限期改正；逾期未改正的，造成的损失和延误的工期应由承包人承担。

三、工程进度款支付（工程价款中间结算）

（一）工程进度款支付

工程进度款支付一般是指施工单位按照在合同中约定的工程价款结算期限（如按月或形象进度），根据统计进度报表向建设单位（业主）办理工程进度款的支付活动，因此也叫工程价款中间结算。

（二）工程进度款的计算及合同收入

1. 工程进度款的计算　计算工程进度款主要涉及两个量，即已完成的工程量和单价。由于采用的是清单结算，因此，工程量以已经完成的并经过监理工程师认可的实际清单工程量为准，单价以投标报价中的综合单价为准。

提示

综合单价法包含了风险费用在内的全费用单价，故不受时间价值的影响。

2. 合同收入包括的内容　财政部制定的《企业会计准则——建造合同》中对合同收入的组成内容进行了解释，合同收入包括两部分：

（1）合同中规定的初始收入（即合同价款）　合同双方在最初签订合同时确定的合同总金额，是合同收入的基本内容。

（2）因合同变更、索赔、奖励等构成的收入　这部分并不构成双方在签订合同时的合同总金额，而是在执行合同过程中由于合同变更、索赔、奖励等原因而形成的追加收入。这部分追加收入在前面合同价款调整中已做过详细介绍。

（三）工程进度款的支付程序

1. 工程进度款的支付程序　工程进度款的支付程序如图 7-2 所示。

图 7-2　工程进度款的支付程序

2. 施工方完成的工程量的确认　承包人已完成工程量的确认是建设单位支付工程进度款的依据。承包人应按专用条款约定的时间，向工程师提交已完工程量的报告。工程师接到报告后 7 天内按设计图纸核实已完工程量（以下称计量），并在计量前 24h 通知承包人，承包人为计量提供便利条件并派人参加。承包人收到通知后不参加计量，计量结果有效。作为工程价款支付的依据。工程师收到承包人报告后 7 天内未进行计量，从第 8 天起，承包人报告中所列的工程量即视为被确认，作为工程价款支付的依据。工程师不按照时间通知承包人，致使承包人未能参加计量，计量结果无效。合同双方另有约定的，按合同执行。

提示

对承包人超出设计图纸范围和因承包人原因造成返工的工程量，工程师不予计量。

（四）工程量清单计价规范对工程进度款的支付规定

《建设工程工程量清单计价规范》（GB 50500—2013）对工程进度款的支付主要有以下规定：

1. 发承包双方应按照合同约定的时间、程序和方法，根据工程计量结果，办理期中价款结算，支付进度款。

2. 进度款支付周期应与合同约定的工程计量周期一致。

3. 已标价工程量清单中的单价项目，承包人应按工程计量确认的工程量和综合单价计算；综合单价发生调整的，以发承包双方确认调整的综合单价计算进度款。

4. 已标价工程量清单中的总价项目和按本规范相关规定形成的总价合同，承包人应按合同中约定的进度款支付分解，分别列入进度款支付申请中的安全文明施工费和本周期应支付的总价项目的金额中。

5. 发包人提供的甲供材料金额，应按照发包人签约提供的单价和数量从进度款支付中扣除，列入本周期应扣减的金额中。

6. 承包人现场签证和得到发包人确认的索赔金额应列入本周期应增加的金额中。

7. 进度款的支付比例按照合同约定，按期中结算价款总额计，不低于 60%，不得高于 90%。

8. 承包人应在每个计量周期到期后的 7 天内向发包人提交已完工程进度款支付申请一式四份，详细说明此周期认为有权得到的款额，包括分包人已完工程的价款。支付申请的内容包括以下内容。

（1）累计已完成工程的工程价款。

（2）累计已实际支付的工程价款。

（3）本周期合计完成的工程价款。

① 本周期已完成单价项目的金额。

② 本周期应支付的总价项目的金额。

③ 本周期已完成的计日工价款。

④ 本周期应支付的安全文明施工费。

⑤ 本周期应增加的金额。

（4）本周期合计应扣减的金额。

① 本周期应扣回的预付款。

② 本周期应扣减的金额。

（5）本周期实际应支付的合同价款。

9. 发包人应在收到承包人进度款支付申请后的 14 天内，根据计量结果和合同约定对申请内容予以核实，确认后向承包人出具进度款支付证书。若发承包双方对部分清单项目的计量结果出现争议，发包人应对无争议部分的工程计量结果向承包人出具进度款支付证书。

10. 发包人应在签发进度款支付证书后的 14 天内，按照支付证书列明的金额向承包人支付进度款。

11. 若发包人逾期未签发进度款支付证书，则视为承包人提交的进度款支付申请已被发包人认可，承包人可向发包人发出催告付款的通知。发包人应在收到通知后的 14 天内，按照承包人支付申请阐明的金额向承包人支付进度款。

12. 发包人未按照本规范相关规定支付进度款的，承包人可催告发包人支付，并有权获得延迟支付的利息；发包人在付款期满后的 7 天内仍未支付的，承包人可在付款期满后的第 8 天起暂停施工。发包人应承担由此增加的费用和延误的工期，向承包人支付合理利润，并承担违约责任。

13. 发现已签发的任何支付证书有错、漏或重复的数额，发包人有权予以修正，承包人也有权提出修正申请。经发承包双方复核同意修正的，应在本次到期的进度款中支付或扣除。

四、竣工结算与支付

（一）竣工结算

竣工结算是指施工企业按照合同规定的内容全部完成所承包的工程，经验收质量合格，并符合合同要求之后，向发包单位进行的最终工程价款结算。竣工结算分为单位工程竣工结算、单项工程竣工结算和建设项目竣工总结算。其计算公式为：

竣工结算工程价款＝合同价款＋合同价款调整数额－预付及已结算工程价款－保修金

（二）工程量清单计价规范对竣工结算与支付的一般规定

《建设工程工程量清单计价规范》（GB 50500—2013）对竣工结算与支付主要有以下规定：

1. 工程完工后，发承包双方必须在合同约定时间内办理工程竣工结算。

2. 工程竣工结算应由承包人或受其委托具有相应资质的工程造价咨询人编制，并应由发包人或受其委托具有相应资质的工程造价咨询人核对。

3. 当发承包双方或一方对工程造价咨询人出具的竣工结算文件有异议时，可向工程造价管理机构投诉，申请对其进行执业质量鉴定。

4. 工程造价管理机构对投诉的竣工结算文件进行质量鉴定，宜按本规范中的相关规定进行。

5. 竣工结算办理完毕，发包人应将竣工结算文件报送工程所在地或有该工程管辖权的行业管理部门的工程造价管理机构备案，竣工结算文件应作为工程竣工验收备案、交付使用的必备文件。

（三）工程量清单计价规范对竣工结算的编制规定

《建设工程工程量清单计价规范》（GB 50500—2013）对竣工结算的编制主要有以下规定：

1. 分部分项工程和措施项目中的单价项目应依据发承包双方确认的工程量与已标价工程量清单的综合单价计算；发生调整的，应以发承包双方确认调整的综合单价计算。

2. 措施项目中的总价项目应依据已标价工程量清单的项目和金额计算；发生调整的，应以发承包双方确认调整的金额计算，其中安全文明施工费应按本规范相关规定计算。

3. 其他项目应按下列规定计价

（1）计日工应按发包人实际签证确认的事项计算；

（2）暂估价应按本规范关于暂估价的相关规定计算；

（3）总承包服务费应依据已标价工程量清单金额计算；发生调整的，应以发承包双方确认调整的金额计算；

（4）索赔费用应依据发承包双方确认的索赔事项和金额计算；

（5）现场签证费用应依据发承包双方签证资料确认的金额计算；

（6）暂列金额应减去合同价款调整（包括索赔、现场签证）金额计算，如有余额归发包人。

4. 规费和税金应按本规范相关规定计算。规费中的工程排污费应按工程所在地环境保护部门规定的标准缴纳后按实列入。

5. 发承包双方在合同工程实施过程中已经确认的工程计量结果和合同价款，在竣工结算办理中应直接进入结算。

（四）工程量清单计价规范对竣工结算的具体规定

《建设工程工程量清单计价规范》（GB 50500—2013）对竣工结算主要有以下规定：

1. 合同工程完工后，承包人应在经发承包双方确认的合同工程期中价款结算的基础上汇总编制完成竣工结算文件，应在提交竣工验收申请的同时向发包人提交竣工结算文件。

承包人未在合同约定的时间内提交竣工结算文件，经发包人催告后14天内仍未提交或没有明确答复的，发包人有权根据已有资料编制竣工结算文件，作为办理竣工结算和支付结算款的依据，承包人应予以认可。

2. 发包人应在收到承包人提交的竣工结算文件后的28天内核对。

发包人经核实，认为承包人还应进一步补充资料和修改结算文件，应在上述时限内向承包人提出核实意见，承包人在收到核实意见后的28天内应按照发包人提出的合理要求补充资料，修改竣工结算文件，并应再次提交给发包人复核后批准。

3. 发包人应在收到承包人再次提交的竣工结算文件后的28天内予以复核，并将复核结果通知承包人，并应遵守下列规定。

(1) 发包人、承包人对复核结果无异议的，应在7天内在竣工结算文件上签字确认，竣工结算办理完毕。

(2) 发包人或承包人对复核结果认为有误的，无异议部分按照相关规定办理不完全竣工结算；有异议部分由发承包双方协商解决，协商不成的，按照合同约定的争议解决方式处理。

4. 发包人在收到承包人竣工结算文件后的28天内，不审核竣工结算或未提出审核意见的，应视为承包人提交的竣工结算文件已被发包人认可，竣工结算办理完毕。

承包人在收到发包人提出的核实意见后的28天内，不确认也未提出异议的，视为发包人提出的核实意见已被承包人认可，竣工结算办理完毕。

5. 承包人在收到发包人提出的核实意见后的28天内，不确认也未提出异议的，应视为发包人提出的核实意见已被承包人认可，竣工结算办理完毕。

6. 发包人委托造价咨询人核对竣工结算的，工程造价咨询人应在28天内核对完毕，核对结论与承包人竣工结算文件不一致的，应提交给承包人复核；承包人应在14天内将同意核对结论或不同意见的说明提交工程造价咨询人。工程造价咨询人收到承包人提出的异议后，应再次复核，复核无异议的或仍有异议的，按本规范相关规定办理。

承包人逾期未提出书面异议，视为工程造价咨询人核对的竣工结算文件已经承包人认可。

7. 对发包人或发包人委托的工程造价咨询人指派的专业人员与承包人指派的专业人员经核对后无异议并签名确认的竣工结算文件，除非发承包人能提出具体、详细的不同意见，发承包人都应在竣工结算文件签名确认，如其中一方拒不签认的，按下列规定办理：

(1) 若发包人拒不签认的，承包人可不提供竣工验收备案资料，并有权拒绝与发包人或其上级部门委托的工程造价咨询人重新核对竣工结算文件。

(2) 若承包人拒不签认的，发包人要求办理竣工验收备案的，承包人不得拒绝提供竣工验收资料，否则，由此造成的损失及相应责任由承包人承担。

8. 合同工程竣工结算核对完成，发承包双方签字确认后，发包人不得要求承包人与另一个或多个工程造价咨询人重复核对竣工结算。

9. 发包人对工程质量有异议，拒绝办理工程竣工结算的，已竣工验收或已竣工未验收但实际投入使用的工程，其质量争议应按该工程保修合同执行，竣工结算应按合同约定办理；已竣工未验收且未实际投入使用的工程及停工、停建工程的质量争议，双方应就有争议的部分委托有资质的检测鉴定机构进行检测，并应根据检测结果确定解决方案，或按工程质量监督机构的处理决定执行后办理竣工结算，无争议部分的竣工结算应按合同约定办理。

（五）工程量清单计价规范对结算款支付规定

《建设工程工程量清单计价规范》（GB 50500—2013）对结算款支付主要有以下规定：

1. 承包人应根据办理的竣工结算文件向发包人提交竣工结算款支付申请。申请应包括下列内容。

（1）竣工结算合同价款总额。

（2）累计已实际支付的合同价款。

（3）应预留的质量保证金。

（4）实际应支付的竣工结算款金额。

2. 发包人应在收到承包人提交竣工结算款支付申请后 7 天内予以核实，向承包人签发竣工结算支付证书。

3. 发包人签发竣工结算支付证书后的 14 天内，按照竣工结算支付证书列明的金额向承包人支付结算款。

4. 发包人在收到承包人提交的竣工结算款支付申请后 7 天内不予核实，不向承包人签发竣工结算支付证书的，视为承包人的竣工结算款支付申请已被发包人认可；发包人应在收到承包人提交的竣工结算款支付申请 7 天后的 14 天内，按照承包人提交的竣工结算款支付申请列明的金额向承包人支付结算款。

5. 发包人未按照本规范相关规定支付竣工结算款的，承包人可催告发包人支付，并有权获得延迟支付的利息。发包人在竣工结算支付证书签发后或者在收到承包人提交的竣工结算款支付申请 7 天后的 56 天内仍未支付的，除法律另有规定外，承包人可与发包人协商将该工程折价，也可直接向人民法院申请将该工程依法拍卖。承包人应就该工程折价或拍卖的价款优先受偿。

（六）工程量清单计价规范对质量保证金的规定

《建设工程工程量清单计价规范》（GB 50500—2013）对质量保证金主要有以下规定：

1. 发包人应按照合同约定的质量保证金比例从结算款中预留质量保证金。

2. 承包人未按照合同约定履行属于自身责任的工程缺陷修复义务的，发包人有权从质量保证金中扣除用于缺陷修复的各项支出。经查验，工程缺陷属于发包人原因造成的，应由发包人承担查验和缺陷修复的费用。

3. 在合同约定的缺陷责任期终止后，发包人应按照本规范相关规定，将剩余的质量保证金返还给承包人。

提示

　　剩余质量保证金的返还，并不能免除承包人按照合同约定应承担的质量保修责任和应履行的质量保修义务。

（七）工程量清单计价规范对最终结清的规定

《建设工程工程量清单计价规范》（GB 50500—2013）对最终结清主要有以下规定：

1. 缺陷责任期终止后，承包人应按照合同约定向发包人提交最终结清支付申请。发包人对最终结清支付申请有异议的，有权要求承包人进行修正和提供补充资料。承包人修正后，应再次向发包人提交修正后的最终结清支付申请。

2. 发包人应在收到最终结清支付申请后的 14 天内予以核实，并应向承包人签发最终结清支付证书。

3. 发包人应在签发最终结清支付证书后的 14 天内，按照最终结清支付证书列明的金额向承包人支付最终结清款。

4. 发包人未在约定的时间内核实，又未提出具体意见的，应视为承包人提交的最终结清支付申请已被发包人认可。

5. 发包人未按期最终结清支付的，承包人可催告发包人支付，并有权获得延迟支付的利息。

6. 最终结清时，承包人被预留的质量保证金不足以抵减发包人工程缺陷修复费用的，承包人应承担不足部分的补偿责任。

7. 承包人对发包人支付的最终结清款有异议的，应按照合同约定的争议解决方式处理。

【例 7-5】 某项工程业主与承包商签订了施工合同，合同中包含两个子项目工程，估算工程量 A 项为 $2300m^3$，B 项为 $3200\ m^3$，经协商合同综合单价 A 项为 180 元/m^3，B 项为 160 元/ m^3。开工前业主应向承包商支付合同价 20% 的预付款；承业主自第一个月起，从承包商的工程款中，按 5% 的比例扣留保修金；合同规定当子项工程实际工程量超过估算工程量 10% 时，可进行调价，调整系数为 0.9，工程师签发月度付款最低金额为 25 万元，预付款在最后两个月扣除，每月扣 50%。承包商每月实际完成并经过工程师签证确认的工程量如表 7-2 所示。

表 7-2　承包商每月实际完成并经过工程师签证确认的工程量　　　　单位：m^3

月份	1 月	2 月	3 月	4 月
A 项	500	800	800	600
B 项	700	900	800	600

求预付款、从第一个月起每月工程量价款、工程师应签证的工程款、实际签发的付款凭证金额各是多少？

【解】 （1）预付款金额为：$(2300\times180+3200\times160)\times20\%=18.52$（万元）

（2）第一个月，工程量价款为：$500\times180+700\times160=20.2$（万元）

应签证的工程款为：$20.2\times(1-5\%)=19.19$（万元）

由于合同规定工程师签发的最低金额为 25 万元，故本月工程师不予签发付款凭证。

（3）第二个月，工程量价款为：$800\times180+900\times160=28.8$（万元）

应签证的工程款为：$28.8\times0.95=27.36$ 万元

本月工程师实际签发的付款凭证金额为：$19.19+27.36=46.55$（万元）

（4）第三个月，工程量价款为：$800\times180+800\times160=27.2$（万元）

应签证的工程款为：$27.2\times0.95-18.52\times50\%=25.84-9.26=16.58$（万元）

因本月应付款金额小于 25 万元，故工程师不予签发付款凭证。

（5）第四个月，A 项工程累计完成工程量为 $2700m^3$，比原估算工程量 $2300m^3$ 超出 $400m^3$，已超过估算工程量的 10%，超出部分其单价应进行调整，则超过估算工程量 10% 的工程量为：$2700-2300\times(1+10\%)=170$（$m^3$）

这部分工程量单价应调整为：$180\times0.9=162$（元/m^3）

A 项工程工程量价款为：$(600-170)\times180+170\times162=10.494$（万元）

B 项工程累计完成工程量为 $3000m^3$，比原估算工程量 $3200m^3$ 减少了 $200m^3$，没有超过估算工程量的 10%，因此，其单价不与进行调整。

B 项工程工程量价款为 $600\times160=9.6$（万元）

本月完成 A、B 两项工程量价款合计为：$10.49+9.6=20.09$（万元）

应签证的工程款为：$20.09\times0.95-18.52\times50\%=19.09-9.26=9.83$（万元）

本月工程师实际签发的付款凭证金额为：

$16.58+9.83=26.41$（万元）

【例 7-6】 某建筑工程的合同承包价为 489 万元，工期为 8 个月，工程预付款占合同承包价的 20%，主要材料及预制构件价值占工程总造价的 65%，保留金占工程总价的 5%，该工程每月实际完成的产值及合同价款调整增加额见表 7-3。

表 7-3　某建筑工程每月实际完成的产值及合同价款调整值

月份	1	2	3	4	5	6	7	8	合同价调整增加额
完成产值/万元	25	36	89	110	85	76	40	28	67

问题：

1. 该工程应支付多少工程预付款？

2. 该工程预付款起扣点为多少？

3. 该工程每月应结算的工程进度款及累计拨款分别为多少？

4. 该工程应付竣工结算价款为多少？

5. 该工程保留金为多少？

6. 该工程 8 月份实付竣工结算价款为多少？

【解】 1. 工程预付款$=489\times20\%=97.8$ 万元

2. 工程预付款起扣点$=489-97.8/65\%=338.54$（万元）

3. 每月应结算的工程进度款及累计拨款如下：

1 月份应结算工程进度款 25 万元，累计拨款 25 万元。

2 月份应结算工程进度款 36 万元，累计拨款 61 万元。

3 月份应结算工程进度款 89 万元，累计拨款 150 万元。

4 月份应结算工程进度款 110 万元，累计拨款 260 万元。

5 月份应结算工程进度款 85 万元，累计拨款 345 万元。

因 5 月份累计拨款已超过 338.54 万元的起扣点，所以，应从 5 月份的 85 万元进度款中扣除一定数额的预付款。

超过部分$=345-338.54=6.46$（万元）

5 月份结算进度款$=(85-6.46)+6.46\times(1-65\%)=80.80$（万元）

5 月份累计拨款$=260+80.80=340.80$（万元）

6 月份应结算工程进度款$=76\times(1-65\%)=26.6$（万元）

6 月份累计拨款 367.40 万元

7 月份应结算工程进度款$=40\times(1-65\%)=14$（万元）

7 月份累计拨款 381.40 万元

8 月份应结算工程进度款$=28\times(1-65\%)=9.80$（万元）

8月份累计拨款 391.2 万元，加上预付款 97.8 万元，共拨付工程款 489 万元

4. 竣工结算价款＝合同总价＋合同价调整增加额＝489＋67＝556（万元）

5. 保留金＝556×5‰＝27.80（万元）

6. 8月份实付竣工结算价款＝9.80＋67－27.80＝49（万元）

第四节　竣　工　决　算

一、竣工验收的定义

竣工验收是建设项目建设全过程的最后一个程序，是全面考核建设工作，检查设计、工程质量是否符合要求，审查投资使用是否合理的重要环节，是投资成果转入生产或使用的标志。只有验收合格的工程，才能交付使用。

提示

凡是新建、扩建、改建的基本建设项目和技术改造项目，都需要按照批准的设计文件所规定的设计内容和验收标准进行及时的验收，并办理固定资产移交手续。

二、竣工决算及其作用

1. 竣工决算

竣工决算是建设单位在整个建设项目或单项工程竣工验收之后，由业主的财务及有关部门以竣工结算等资料为基础编制的，全面反映竣工项目从筹建开始到项目竣工交付使用为止的全部建设费用、建设成果和财务收支情况的文件。它是竣工验收报告的重要组成部分，是正确核定新增固定资产价值，考核分析投资效果，建立健全经济责任制的依据，是反映建设项目实际造价和投资效果的文件。

2. 竣工决算的作用

（1）它是综合、全面地反映竣工项目建设成果及财务情况的总结性文件，是用实物数量、货币指标、建设工期等各种指标综合反映建设项目从筹建到竣工为止的全部建设成果和财务状况的文件。

（2）它是办理交付使用资产的依据，通过及时办理竣工决算，能反映交付使用资产的全部价值。

（3）通过竣工决算，可以全面清理基本建设财务，做到工完账清，便于及时总结经验，积累各项技术经济资料、考核和分析投资效果，提高工程建设的管理水平和投资效果。

（4）通过竣工决算的编制，有利于进行设计概算、施工图预算和竣工决算的对比，考核实际投资效果。

三、竣工决算的费用

竣工决算的内容应包括从筹划到竣工投产全过程的全部实际费用，即建安工程费、设备

及工器具购置费、工程建设其他费、预备费和利息。如图 7-3 所示。

图 7-3　竣工决算的内容

四、新增固定资产价值的确定

1. 固定资产核算

竣工项目的固定资产，又称新增固定资产或交付使用的固定资产。其核算的主要内容包括：

（1）已经投入生产或交付使用的建筑安装工程价值；

（2）达到固定资产标准的设备及工器具的购置价值；

（3）增加固定资产价值的应分摊的待摊投资。

2. 待摊投资

待摊投资是指属于整个建设项目或两个以上的单项工程的其他费用。一般情况下，建筑工程、需安装的设备及其安装工程应分摊"待摊投资"；运输设备及其他不需安装的设备，不分摊"待摊投资"。

待摊投资的分摊方法就是将新增固定资产的其他费用，按照受益单项工程以一定比例共同分摊。分摊时，哪些费用由哪些工程分摊，又有具体规定。一般是建设单位管理费由建筑工程、安装工程、需安装的设备价值总额等按比例方法分摊；土地征用费、勘察设计费等费用只按建筑工程造价分摊。

【例 7-7】 某建设单位编制某工业项目的竣工决算，已知该项目由 A、B、C 三个主要生产车间、三个辅助车间及附属办公和员工宿舍组成。在建设期内，各单项工程竣工决算数据如表 7-4 所示。工程建设其他投资完成情况为：支付土地使用权出让金 1000 万元，建设单位管理费为 180 万元（其中 160 万元构成固定资产），勘查设计费为 200 万元。

表 7-4　竣工决算数据　　　　　　　　　　　　　　　　单位：万元

项目名称	建筑工程	安装工程	需安装设备	不需安装设备	生产工器具	
					总额	达到固定资产标准
A 生产车间	1800	600	1600	400	160	110
B 生产车间	1600	400	1400	300	120	70
C 生产车间	1400	300	1200	250	110	50
辅助生产车间	2400	400	600	250	80	40
附属建筑	600	60		30		
合计	7800	1760	4800	1230	470	270

问题：（1）新增固定资产价值包括的内容有哪些？

（2）A、B、C 三个车间的新增固定资产价值是多少？

【解】 （1）新增固定资产包括以下内容。

① 建筑、安装工程造价。

② 达到固定资产标准的设备及工、器具购置费。

③ 新增固定资产价值的其他费用：土地征用及土地补偿费、联合试运转费、勘察设计费、可行性研究费、施工机构迁移费、报废工程损失费和建设单位管理费中达到固定资产的费用。

（2）各车间新增固定资产应由建筑安装工程造价，达到固定资产标准的设备及工、器具购置费，应分摊的建设单位管理费和应分摊的土地征用及土地补偿费，联合试运转费等其他费用组成，其中建筑工程、需安装的设备及其安装工程应分摊"待摊投资"；运输设备及其他不需安装的设备，不分摊"待摊投资"。建设单位管理费，按建筑工程、安装工程、需安装设备价值总额作等比列分摊，土地征用费、勘查设计费等费用按建筑工程造价分摊。

① A 车间新增固定资产＝（1800＋600＋1600＋400＋110）＋160×（1800＋600＋1600）÷（7800＋1760＋4800）＋200×1800÷7800＝4510＋44.57＋46.15＝4600.72（万元）

② B 车间新增固定资产＝（1600＋400＋1400＋300＋70）＋160×（1600＋400＋1400）÷（7800＋1760＋4800）＋200×1600÷7800＝3770＋37.88＋41.03＝3848.91（万元）

③ C 车间新增固定资产＝（1400＋300＋1200＋250＋50）＋160×（1400＋300＋1200）÷（7800＋1760＋4800）＋200×1400÷7800＝3200＋32.31＋35.9＝3268.21（万元）

本章小结

本章内容主要包括工程价款结算和竣工决算两部分，本章首先介绍了《建设工程工程量清单计价规范》（GB 50500—2013）中与工程价款结算相关的概念术语。其次，重点介绍了该规范中有关工程价款结算和调整的相关规定。最后，对竣工决算的相关概念和新增固定资产价值的核算进行了粗略的介绍。

思考题

1. 什么是工程价款结算？我国现行的合同价款结算方式有哪几种？

2. 实行工程量清单计价的工程，一般应采用什么合同？特殊情况下有哪些规定？

3. 什么是工程预付款？其用途是什么？

4. 什么是起扣点？如何计算？

5. 什么是工程进度款支付？如何计算工程进度款？合同收入包括哪些内容？

6. 什么是工程质量保证金？工程量清单计价规范对质量保证金有哪些规定？

7. 什么是竣工结算？如何计算？

8. 哪些事件发生时，发承包双方可以按照合同约定调整合同价款？

9. 什么是工程变更？包括哪些内容？

10. 什么是竣工验收？

11. 什么是竣工决算？具有哪些作用？竣工决算的费用内容包括哪些？

12. 新增固定资产价值是如何确定的？

习 题

1. 某工程的合同承包价为 1495 万元，工期为 7 个月，工程预付款占合同承包价的 25%，主要材料及预制构件价值占工程总价的 63%，保留金占工程总价的 5%，该工程每月实际完成产值及合同价调整增加额见表 7-5。

表7-5 某工程每月实际完成产值及合同价调整增加额

月份	1	2	3	4	5	6	7	合同价调整增加额/万元
完成产值/万元	110	200	250	360	330	180	65	86

问题：

(1) 该工程应支付多少工程预付款？

(2) 工程预付款的起扣点为多少？

(3) 每月应结算的工程进度款及累计拨款分别是多少？

(4) 应付竣工结算价款为多少？

(5) 保留金为多少？

(6) 7月份实付竣工结算价款为多少？

2. 某框架结构工程在年内已竣工，合同承包价为820万元。其中，分部分项工程量清单费690万元，措施项目清单费80万元，其他项目清单费10万元，规费12万元，税金28万元。查该地区工程造价管理部门发布的该类工程本年度以分部分项工程量清单费为基础的竣工调价系数为1.015。

问题：

(1) 求规费占分部分项工程量清单费、措施项目清单费和其他项目清单费的百分比。

(2) 求税金占上述四项费用的百分比。

(3) 求调价后的竣工工程价款。

3. 某工程项目由A、B、C、D四个分项工程组成，合同工期为6个月。施工合同规定：

(1) 开工前建设单位向施工单位支付10%的工程预付款，工程预付款在4、5、6月份结算时分月均摊抵扣；

(2) 保留金为合同总价的5%，每月从施工单位的工程进度款中扣留10%，扣完为止；

(3) 工程进度款逐月结算，不考虑物价调整；

(4) 分项工程累计实际完成工程量超出计划完成工程量的20%时，该分项工程工程量超出部分的结算单价调整系数为0.95。

各月计划完成工程量及全费用单价，如表7-6所示。

表7-6 各月计划完成工程量及全费用单价

月份 分项工程名称	1	2	3	4	5	6	全费用单价/ （元/m³）
A	500m³	750m³					180
B		600m³	800m³				480
C			900m³	1100m³			360
D				850m³	950m³		300

1、2、3月份实际完成的工程量，如表7-7所示。

表7-7 1、2、3月份实际完成的工程量表

月份 工程量	1	2	3	4	5	6
A	560m²	550m²				
B		680m²	1050m²			
C			450m²			
D						

问题：

(1) 该工程预算为多少万元？应扣留的保留金为多少万元？

(2) 各月应抵扣的预付款各是多少万元？

(3) 根据表 7-7 提供的数据，1、2、3 月份应确认的工程进度款各为多少万元？

4. 某企业编制的工业项目竣工决算。该项目完成建筑工程 1000 万元，安装工程 200 万元，需要安装的设备 450 万元，不需要安装的设备 100 万元，生产工器具 70 万元（其中 20 万元达到固定资产标准）。工程建设的其他情况如下：建设单位管理费 80 万元（其中 30 万元构成固定资产），勘察设计费 40 万元，土地征用费 120 万元，支付土地使用权出让金 200 万元。

问题：

(1) 竣工决算的组成内容有哪些？

(2) 该建设项目包括生产车间及辅助生产车间两个单项工程，根据表 7-8 数据确定两车间新增固定资产。

表 7-8　生产车间及辅助生产车间的相关数据　　　　　单位：万元

项目	建筑工程	安装工程	需安装设备	不需安装设备	达到固定资产的工器具
生产车间	600	120	300	80	12
辅助车间	400	80	150	20	8
合计	1000	200	450	100	20

5. 某建设项目及其第一车间的建筑工程费、安装工程费、需安装设备费以及应摊入费用如表 7-9 所示。试求第一车间新增固定资产价值。

表 7-9　建设项目和第一车间竣工决算表　　　　　单位：万元

项目名称	建筑工程	安装工程	需安装设备	建设单位管理费	土地征用费	勘察设计费	合计
建设项目竣工决算	240	50	100	7.8	12	4.8	414.6
第一车间竣工决算	60	20	40				

参考文献

[1] 中华人民共和国国家标准. 建设工程工程量清单计价规范（GB 50500—2013）. 北京：中国计划出版社，2013.

[2] 中华人民共和国国家标准. 房屋建筑与装饰工程工程量计算规范（GB 50854—2013）. 北京：中国计划出版社，2013.

[3] 规范编制组. 2013建设工程计价计量规范辅导. 北京：中国计划出版社，2013.

[4] 马楠，张丽华. 建筑工程预算与报价. 北京：科学出版社，2010.

[5] 徐林. 建筑工程概预算与工程量清单计价. 哈尔滨：哈尔滨工业大学出版社，2009.

[6] 闫瑾. 建筑工程计量计价. 北京：机械工业出版社，2007.

[7] 李锦华. 工程计量与计价. 北京：人民交通出版社，2009.

[8] 郭婧娟. 工程造价管理. 北京：清华大学出版社；北京交通大学出版社，2005.

[9] 张国栋. 图解装饰装修工程工程量清单计算手册. 北京：机械工业出版社，2009.

[10] 张国栋. 图解建筑工程工程量清单计算手册. 北京：机械工业出版社，2009.

[11] 山西省工程建设标准定额站. 建筑工程预算定额. 太原：山西科学技术出版社，2011.

[12] 山西省工程建设标准定额站. 装饰工程预算定额. 太原：山西科学技术出版社，2011.

[13] 山西省工程建设标准定额站. 建设工程费用定额. 太原：山西科学技术出版社，2011.

[14] 山西省建设工程造价管理协会. 全国建设工程造价员从业资格考试山西省培训教材. 太原：山西科学技术出版社，2013.

[15] 住房城乡建设部、财政部关于印发《建筑安装工程费用项目组成》[建标（2013）44号].

[16] 马楠.《建筑工程施工发包与承包计价管理办法》深度解读暨全流程工程造价计价关键技术实务.

参考文献